# 地震地下水物理动态观测方法

许秋龙　编著

地震出版社

**图书在版编目（CIP）数据**

地震地下水物理动态观测方法 / 许秋龙编著 . — 北京：地震出版社，2016.10

ISBN 978-7-5028-4780-7

Ⅰ. ①地… Ⅱ. ①许… Ⅲ. ①地下水 — 地震观测 — 研究 Ⅳ. ① P315.72

中国版本图书馆 CIP 数据核字（2016）第 237677 号

**地震版** XM3875

**地震地下水物理动态观测方法**

许秋龙 编著

责任编辑：樊 钰

责任校对：凌 樱

出版发行：地震出版社

北京市海淀区民族大学南路 9 号 邮编：100081

发行部：68423031 68467993 传真：88421706

门市部：68467991 传真：68467991

总编室：68462709 68423029 传真：68455221

http: //www.dzpress.com.cn

经销：全国各地新华书店

印刷：北京地大彩印有限公司

版（印）次：2016 年 10 月第一版 2016 年 10 月第一次印刷

开本：787 × 1092 1/16

字数：292 千字

印张：13.75

书号：ISBN 978-7-5028-4780-7/P（5478）

定价：98.00 元

# 序

《地震地下水物理动态观测方法》一书即将出版，许秋龙高级工程师希望我能作序以表示对地下水地震监测预报工作的支持。此书为新疆维吾尔自治区地震局的重要成果，我理应欣然应诺，撰此拙序。况且许秋龙高级工程师作为我局地下水领域的学科带头人，长期工作在地震监测预报第一线，做了大量的实验研究工作，积累了丰富的实践经验，该书也是他近年来潜心研究的成果。尽管我不曾深入研究过地下水物理动态的科学问题，但因一直从事地震预报科研和管理工作，知悉井水位、井（泉）水流量和井（泉）水温的观测在我国地震前兆台网中占有的测项数最多，台网规模也最大，是我国地震前兆观测的重要手段之一，也是地震短临预报信息获取的主要测项。

地下水作为人们认识地震自然现象的重要物性介质，从古至今一直备受关注。宋朝李昉等编纂的《太平御览》中就记载过："墨子曰：三苗欲灭时，地震泉涌"，讲的是距今约 4300 年前舜帝时期山西永济发生地震出现地下水变化的现象。1963 年傅承义先生在论述有关地震预报问题的论文中，列举了一系列前兆现象，其中就提出震前地下水位变化是一种值得注意的前兆现象。郭增建先生 1964 年也提出，地震前地下水位、流量、泉水温度变化与震源区岩石变形引起地层变化有直接关系。1966 年河北邢台宁晋 7.2 级地震发生后，我国开展了现场地震地下水监测工作，并且依据这些观测井的水位急剧涨落、井水翻花、发浑等临震异常，对 1966 年 3 月 26 日发生在宁晋百尺口 6.2 级余震提出了较好的预测意见；新疆地区多次强震前均获得一些异常突出的震兆信息。粗览地震监测预测实践历史，总能获得一些强震的地下水物理观测前兆异常资料，但这些观测研究结果尚不能支撑建立地震孕育模型对地下水前兆异常现象给予科学解释和有效监测，要较准确掌握地震孕育规律，加强地震监测技术的基础工作仍然是一个长期任务。

《地震地下水物理动态观测方法》一书，依据地下流体学科监测预报人员的需要，从地下水物理参数基本知识，地下水物理动态，台网和台站建设现状与发展趋势，井水位、井水和泉水温度观测以及井水和泉水流量观测方法，数据管理与处理等方面，给出了系统知识性资料和观测方法最新研究成果。相信本书的出版，对监测预报人员了解和学习地下水物理动态观测技术与方法具有参考价值，尤其是对“地震地下流体观测方法”系列地震行业标准的宣贯具有重要参考价值。我期望本书在出版后能发挥应有的作用，也祝愿新疆地下流体学科建设更上一层楼，在推动学科建设方面作出更大的贡献。

王海涛

2016 年 3 月 8 日

# 前　言

地震地下流体（或地震流体）观测研究分为物理量观测和化学量观测两大类。物理量观测是以地下水为观测对象，学科基础是水文地质学、地热学等。从地震监测与预测预报的需求来讲，观测地下水物理量的基本理论依据是：在强地震孕育、发生过程中，必然引起孕震区及其周围地下介质应力积累或介质性质变化，这些信息会通过地下水动态和地下介质的热效应等物理过程表现出来。观测研究地下水物理动态特征，并通过震例积累、资料处理与理论模型研究等途径，逐步建立用于强地震地点、震级与时间三要素的预测方法，为提高地震监测预报水平奠定坚实基础。

地下水物理动态观测的目的是研究承压含水层以及深循环温泉地下水水动力过程和热动力过程，分析这些动态异常变化与块体活动、断裂运动以及地壳介质变形等作用的相互关系，揭示与地震孕育和发生过程的物理机制，提取地震孕育和发生过程中，在区域应力作用下地壳变形或物质运移等引起的地下水位、流量变化异常和地下水温度变化异常。但上述各个环节的转化是一个复杂的物理过程，每一个环节中都有特殊的物理机理，因此，要想科学地认识这些动态过程与地震孕育、发生的关系，需要对每一个关键环节进行深入研究，而进行大量而深入的观测工作是开展以上研究的关键性基础。

地下水的物理动态观测，主要包括地下水位（埋深或水头）、流量和地下水温度的长期和短期变化过程。从动力学角度来讲，地壳的应力积累、变形以及介质的破裂等都与施加在岩石介质上的动力作用和过程有关。观测层为承压含水层的观测井被认为是一个灵敏的"体应变计"，井–含水层系统则是"体应变计"的传感器部分，通过井–含水层系统可以获取地壳介质应力–应变与地下水物理动态之间的物理关系。另一个观测系统是泉–含水层系统，特别是在深大断裂带附近分布的构造上升泉、地热异常区分布的各类温泉等，均是连接深部物质活动的重要通道。因此，观测地下水物理动态是研究构造活动及其地震前兆的重要基础工作，而如何规范地下水物理动态观测方法又是非常重要的环节，也是本书重点要论述的内容。

本书在一定程度上是为与地下水物理观测相关的中华人民共和国国家标准 GB/T 19 51.4—2004，DB/T 20.1—2006 与 DB/T 48—2012，DB/T 49—2012，DB/T 50—2012 五个技术标准的宣贯而编写的。GB/T 1951.4—2004 为地下水观测台站的观测环境要求，DB/T 20.1—2006 为水位与水温观测台站建设规范，DB/T 48—2012 为井水位观测的技术要求，DB/T 49—2012 为井（泉）水温度观测的技术要求，DB/T 50—2012 为井（泉）水流量观测的技术要求。上述技术标准中只是对相关的技术提出了要求，而没有提出各项要求的背景与依据。本书恰好针对这一不足作了补充与说明。

本书内容分为七章。第一章论述地下水的基本知识，主要是从地下水及其赋存概述了地下水在地壳中的存储特点，其中重点论述了含水层地下水的运动特征，简要介绍了地下水的化学组成及其物理化学特性。第二章论述地下水的物理动态特征及其分类，简要论述了地下水的正常动态、干扰动态以及与地震前兆有关的动态，系统阐述了井水位、井水和泉水温度以及井水和泉水流量动态特征，通过对地下水物理动态特征的分析，了解如何分析地震前兆动态的方法。第三章概述了地下水观测台站建设的基本内容，从观测井地形地貌、气象水文、地层岩性、地质构造以及现今构造作用等方面论述观测井建设的基本要求，同时对观测井位的勘选、井孔设计、施工要求及其施工经费估标等内容进行了较详细表述，最后给出了观测房建设的几种类型及其主要指标。第四章至第六章分别论述了井水位观测技术、井（泉）水温观测技术和井（泉）流量观测的观测原理与观测目的，观测仪器与观测技术，数据处理与分析方法等。第七章论述了地下水物理动态观测的数据汇集、台网管理以及相关的技术要求等。以上章节尽可能简洁明了，让读者既可以从宏观角度了解地下水物理动态观测的基本原理，又可以从中获取在工作中解决问题的经验和方法。

作者

2016 年 2 月 18 日

# 目　录

# 第一章　地下水的基本知识

## 第一节　地下水的赋存

### 一、地壳与岩石的概念

地下水是指分布在地壳上层岩土空隙中的水。

地球内部呈圈层构造，其外壳称为地壳，主要由岩土等固体介质构成，平均厚度为16km；在海洋较薄，一般平均 7km，在大陆较厚，一般 30 ～ 70km，平均 33km。

地壳之下为地幔，其底层埋深为 2900km，一般认为其上部（约 250km 深度以上）呈熔融态，其下为固态；再向下为地核，埋深为 2900 ～ 6371km，介质状态不明，有的学者认为呈高密度的液态，也有的学者认为呈固态。地球内部的上述分层，是根据地震波传播的速度差异划分的（图 1-1）。

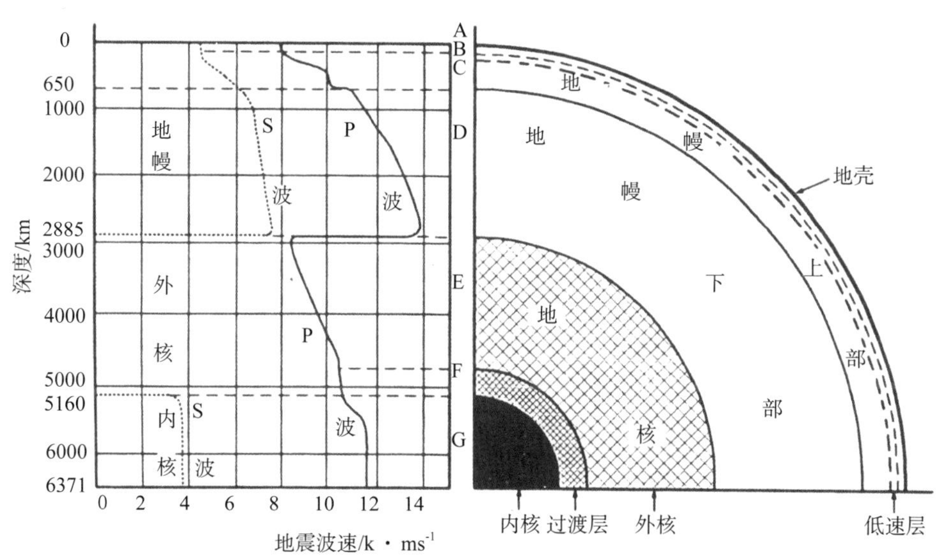


图 1-1　地球的圈层构造（据王新文等，1999）

大陆地壳又可分为上、中、下三个不同深度的圈层。一般 0 ～ 10km 为上地壳，10 ～ 20km 为中地壳，20 ～ 30km 为下地壳，当然各地略有差异。现已查明，不同深度的地壳主要是岩石构成的。岩石，按其形成作用，可分为岩浆岩、沉积岩与变质岩三大类。岩浆岩，地壳的主要组成岩石，是地壳下部和地幔上部呈熔融态的物质（称其为岩浆），沿地壳中的薄弱部位上升侵入，甚至喷出地壳，由于环境温度与压力状态的变化凝固而成的。由于原始岩浆的组成不同，成岩后的岩石化学组成也不同，一般可按 $SiO_2$ 含量分为酸性岩（$SiO_2$75% ～ 65%）、中性岩（$SiO_2$65% ～ 52%）、基性岩（$SiO_2$52% ～ 45%）、超基性岩（$SiO_2$<45%）。由于岩浆成岩的环境不同，可分为深成侵入岩、浅成侵入岩与喷出岩，不同岩石具有不同的结构与构造，结构指岩石中矿物颗粒的结晶程度、晶体大小、晶体形状及其组合关系，构造指矿物集合体的大小、形状、排列等外观特征。

常见的岩浆岩是花岗岩，是深成侵入而成的酸性岩，它的基本特征是常呈微红或灰色，主要由石英、长石组成，常含有黑云母等暗色矿物，多呈粒状结晶结构、块状结构。其他较为常见的岩浆岩还有玄武岩、辉长岩、闪长岩、凝灰岩等。玄武岩是基性喷出岩，多呈黑灰色、灰褐色等，具有气孔或杏仁结构；辉长岩是基性深成侵入岩，多呈黑色、黑灰色，多具中粗粒全晶质结构与块状构造；闪长岩是中性深成侵入岩，一般呈灰色、灰绿色，具有细晶结构、块状构造；凝灰岩是各类岩浆喷出地壳时带来的火山灰沉积而成的，介于岩浆岩与沉积岩之间的岩石。主要岩浆岩及其特征，如表 1-1 所列。

**表1-1　主要的岩浆岩及其特征表**

<table>
<tr><th colspan="4">按化学成分分类</th><th>超基性岩</th><th>基性岩</th><th>中性岩</th><th>酸性岩</th></tr>
<tr><td rowspan="4">主要矿物成分及基岩含量</td><td colspan="3">石英（$SiO_2$，%）</td><td><45</td><td>45～52</td><td>52～65</td><td>>65</td></tr>
<tr><td colspan="3">正长石（%）</td><td>无</td><td>无</td><td>极少</td><td>>20</td></tr>
<tr><td colspan="3">斜长石（%）</td><td><45</td><td>>50</td><td>>50</td><td><30</td></tr>
<tr><td colspan="3">暗色矿物</td><td>橄榄石、辉石</td><td>辉石、角闪石</td><td>角闪石、黑云母</td><td>黑云母、角闪石</td></tr>
<tr><td colspan="4">颜色</td><td>黑—绿黑</td><td>黑灰—灰</td><td>灰—灰绿</td><td>灰白—肉红</td></tr>
<tr><td colspan="2">岩石产状</td><td>构造</td><td>结构</td><td colspan="4">代表性岩石</td></tr>
<tr><td>喷出岩</td><td>火山锥岩被</td><td>气孔杏仁流纹</td><td>隐晶质</td><td>金伯利岩</td><td>玄武岩</td><td>安山岩</td><td>英安岩、流纹岩</td></tr>
<tr><td>浅成岩</td><td>岩脉岩床</td><td>气孔块状</td><td>细晶石等粒</td><td>苦橄玢岩</td><td>辉绿岩、辉绿玢岩</td><td>闪长玢岩</td><td>花岗斑岩</td></tr>
<tr><td>深成岩</td><td>岩株岩基</td><td>块状</td><td>中粗晶等粒</td><td>橄榄岩、辉石岩</td><td>辉长岩</td><td>闪长岩</td><td>花岗岩</td></tr>
</table>

注：据《水文地质手册》简化，1978。

沉积岩是地壳表层受到各种风化作用产生的物质（碎屑物、溶液等），经水、冰、风、重力与生物等的搬运，在地表地凹处（江、河、湖、海等）沉积，经固结与胶结而成的。地壳表面，约 75% 的面积被沉积岩覆盖。沉积岩可以分为碎屑岩类、黏土岩类与化学岩和生物化学岩类。碎屑岩类指碎屑物（砾石、砂等）经胶结而成的，按碎屑物质的粒径大小可分为砾岩与砂岩（砾岩是指粒径 2mm 以上的、颗粒含量 >50% 的沉积岩），砂岩又可细分为粗砂岩（粒径 2 ～ 0.5mm、颗粒含量＞ 50%）、中砂岩（粒径 0.5 ～ 0.25mm，颗粒含量＞ 50%）、细砂岩（粒径 0.25 ～ 0.1mm，颗粒含量 >50%）、粉砂岩（粒径 0.1 ～ 0.01mm，颗粒含量＞ 50%）。因砂砾岩的胶结物（黏土、钙、铁质等）不同，分别称为泥质砂岩、钙质砂岩、铁质砂岩等。火山喷发而成的碎屑岩称为火山碎屑岩，如凝灰岩、火山角砾岩等。黏土岩是由粒径小于 0.01mm 的细颗粒碎屑物质经胶结而成的，其矿物成分较为复杂，主要有高岭石、水云母、石英、长石等，颜色多样，端口光滑，质地均匀。化学岩类是风化而生的溶液在海水、湖水等地化学沉淀而成的，有生物参与的化学岩称生物化学岩。一般矿物成分单一，具有一定的结晶结构，常见的化学岩是石灰岩与白云岩，均属于碳酸盐岩类岩石。石灰岩是典型的化学沉积岩，其主要矿物成分是方解石（$CaCO_3$），具有隐晶－结晶结构，具有层状构造，颜色以灰白色为主，含杂质时呈灰黑色（含沥青）、浅红色（含赤铁矿）等其他颜色。白云岩是一种以白云石为主要组分的碳酸盐岩，常混入方解石、黏土矿物、石膏等杂质。

近代风化作用而成的碎屑物质与黏土物质经搬运沉积后还未成岩者，称为砾砂(也可分粗砂、中砂、细砂、粉砂）与黏性土（也可细分为亚砂土、亚黏土与黏土），一般统称为松散砂土。

变质岩是指已成岩的岩浆岩与沉积岩（也可以是早期生成的变质岩）受到后期地球内动力作用，由于所处的温度、压力及介质环境发生变化，使其原来的矿物组成与结构、构造等发生变化而成的新的岩石。常见的变质岩有千枚岩、片岩、片麻岩、碎裂岩、糜棱岩等。千枚岩多是页岩等黏土岩变质而成的，颜色多呈灰绿色，具千枚状构造，即片理面上可见丝绢光泽。片岩是千枚岩进一步变质而成的，具有明显的片理构造。片麻岩是各类岩石经区域性的深变质作用，在高温高压下经重结晶等作用而成的，具有片麻状构造。碎裂岩与糜棱岩是动力变质作用产生的岩石，多与断裂作用有关，与断裂伴生。

## 二、地下水的赋存形式与类型

### 1. 地下水的赋存形式

各类岩石，自形成至今经历了几万至几十万年，甚至几千万年乃至上亿年的地质历史，其间经受了各类风化作用与构造运动等多种地质动力作用，使其具备了各种各样的空隙。碎屑岩中由于碎屑颗粒间尚未完全被胶结物充填，甚至完全未被胶结物填充而具有的空隙

（图 1-2a）；各类岩石经历风化作用与构造作用产生风化裂隙与构造裂隙，有些岩石成岩冷凝时产生的成岩裂隙等（图 1-2b）；石灰岩、白云岩等可溶性岩石经后期地下水的溶蚀作用生成溶孔、溶隙与溶洞等（图 1-2c）。这些空隙为地下水的赋存与活动提供了空间。

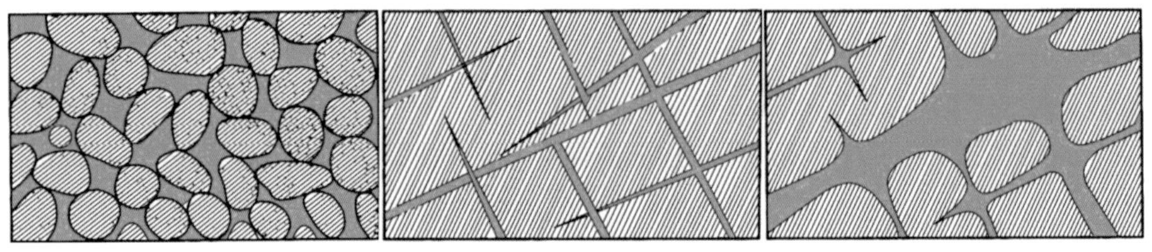

(a) 砂土中的孔隙与孔隙水　(b) 岩石中的裂隙与裂隙水　(c) 可溶岩中的溶隙与溶洞及岩溶水

图 1-2　岩石中的空隙示意图（据《流体百科》）

地下水赋存的主要空间是岩土中的空隙，即孔隙、裂隙、溶隙与溶洞等。除空隙外，岩土的固体颗粒中也有水存在，它们常常以分子（$H_2O$）、离子（$OH^-$、$H^+$）等形式存在于构成岩石的矿物之间或之中，称为矿物水。矿物水又可细分为沸石水、结晶水与结构水。沸石水指以水分子的形式赋存在矿物晶团之间的水，如蛋白石（$SiO_2 \cdot nH_2O$）中的水（$nH_2O$）。结晶水指以水分子形式赋存在矿物晶格内部的水，如石膏（$CaSO_4 \cdot 2H_2O$）中的水（$2H_2O$）。结构水指以 $OH^-$ 或 $H^+$ 形式赋存在矿物晶格中的水，如白云母（$KAl_2[Si_3AlO_{10}](OH,F)_2$）中的水（$OH^-$）。这些水，一般赋存在固体颗粒的矿物内部，不参加自然界的水循环，对地下水物理动态的形成与变化无影响，因此不是地震地下水动态观测与研究的对象。然而，这种水大量赋存于地壳深部，对地震的孕育与发生过程可能有重要作用。

岩土空隙中的地下水，其赋存形式多种多样。挖一口井时，一般情况下，刚开始土是干的，再继续挖下去土会变潮湿，而且越来越潮湿，最终发现从井壁上渗出水并蓄积在井底，如图 1-3（a）所示。土层变潮湿处的水，称为毛细水，它是在靠近地下水面处由于毛细作用（水的表面张力）而沿毛细孔隙上升来的地下水；由井壁渗出的水，称为重力水，它是重力作用下可在岩土空隙自由运动的液态地下水，是地壳地下水监测与研究的主要对象。在不见水的“迹象”的干土层中，一般没有液态水，但多含有气态水，以水分子的形式分散于岩土空隙的空气中。空气中的水分子与岩土颗粒之间，由于水分子呈阴性（即一端带负电子），岩土颗粒表面呈阳性（即一端带正电子），静电引力作用下水分子常被岩土颗粒表面吸引，在其表面形成具有一定厚度的水分子层，这个水分子层的水一般称为结合水。结合水按其与固体颗粒结合的程度，又可细分为吸着水与薄膜水，如图 1-3(b) 所示。这种水由于是通过静电引力被吸附在固体颗粒表面上的，其运动不受重力作用的影响。然而，静电引力由岩土颗粒表面向外逐渐变小，结合水与岩土颗粒表面的结合程度也由强到弱，最终脱离岩土颗粒表面静力引力的控制而成为自由水，这种水也因受重力作用的控制而成为重力水。综上所述，岩土空隙中的水，可分为重力水、毛细水、结合水（吸着水与薄膜水），它们多以液态存在，但其运动受不同力的控制。岩土空隙中的水主要呈液态，但是也有气态水与固态水。固态水指地下冰，如地下冰洞中可见到的冰体与北方和高山地区冻土中见到的冰体。呈液态的重力水是地震地下水动态观测与研究的主要对象。

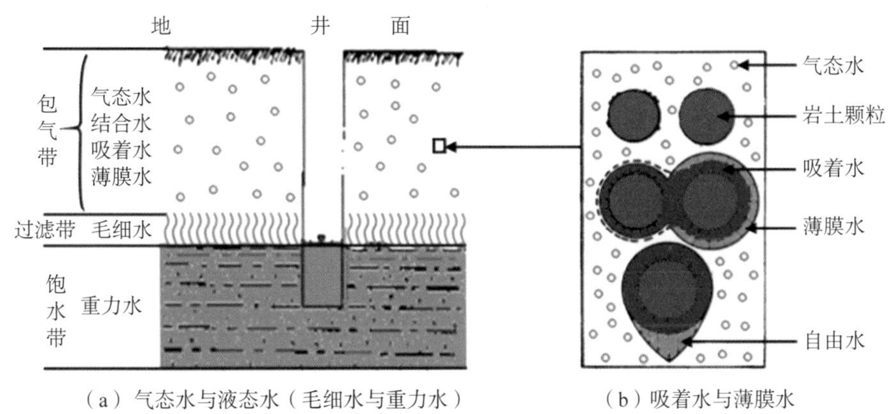


（a）气态水与液态水（毛细水与重力水）　　（b）吸着水与薄膜水

图 1–3　岩土空隙中地下水的赋存形式

### 2. 重力水的赋存类型

重力水，主要分布在岩土的空隙中，由于空隙分为孔隙、裂隙、溶洞三大类，相应地，把分布在其中的地下水也分别称为孔隙水、裂隙水、溶洞（喀斯特）水。

孔隙水主要见于沉积岩层与沉积砂砾中，如松散的砂、砾石孔隙中的水。部分孔隙水也可分布在孔隙未完全被胶结物充填的半胶结的砂岩、砾岩中。因此，孔隙水多见于第四系砂层与砾石层中，广泛分布在现代平原、河谷盆地、山间盆地的浅部，部分见于第三系甚至白垩系、侏罗系的沉积层中。其中的地下水含量主要取决于其孔隙率（岩土中孔隙的体积所占岩土总体积的比例或百分比），不同沉积物或沉积岩的孔隙率不同（表 1–2），其含水性也不同。但岩土的含水性不仅与孔隙率有关，还与其连通性等其他特征有关。由表 1–2 可见，一般来说，颗粒越粗孔隙率越大，胶结程度越差孔隙率越高，岩土的含水性越强；但同时必须要注意，对细颗粒的沉积物或沉积岩而言不完全如此，粉砂与粉砂岩的孔隙率一般也可较大，有时黏土的孔隙率更大，可高达 40% ～ 60%，它们往往可含有很多水，但因孔隙的个体很小，其中的水很难在重力作用下自由流动，因此被认为含水性很弱。

**表1–2　一般沉积物与沉积岩的孔隙率参考值**

| 沉积物 | 孔隙率/% | 沉积岩/% | 孔隙率/% |
|---|---|---|---|
| 砾石 | 30～40 | 砂岩 | 5～30 |
| 中粗砂 | 35～40 | 粉砂岩 | 20～40 |
| 中细砂 | 30～35 | 页岩 | 0～10 |
| 细砂 | 25～50 | | |
| 粉砂 | 40～50 | | |

裂隙水，可见于各种岩石中，特别常见于各类结晶岩与碎屑岩中。由于形成不同岩类的成岩作用与成岩后经历的风化作用和构造作用等不同，其裂隙发育特征也千差万别，裂隙的大小、数量、张开度、延伸度、连通性、填充程度等各异，导致各类岩石甚至同一种岩石在不同状态下裂隙率的差异很大（表 1-3），自然其含水性也不同。

表1-3 若干岩石的裂隙率参考值

| 岩石类别 | 砂砾岩 | 结晶岩 | | | 完整玄武岩 |
|---|---|---|---|---|---|
| | | 经构造作用 | 经风化作用 | 未经构造、风化作用 | |
| 裂隙率/% | 3～30 | 5～10 | 20～40 | 2～5 | 1～12 |

岩溶水，又称喀斯特水，多见于石灰岩、白云岩等可溶性岩石中。地下水赋存于被地下水溶蚀形成的溶孔、溶隙、溶洞之中，其规模差异很大，小者如针孔，大者可行船，自然岩溶率也有大有小，一般在 0 ～ 20% 之间。

综上所述，地下水主要分布在上地壳中，赋存于岩石的空隙中；其赋存形式多样，可存在于固体颗粒内部，但多赋存于固体颗粒间的空隙中。空隙中的水按其相态可分为液态水、气态水与固态水；液态水又可分为重力水、毛细水、结合水；重力水按其赋存空隙类型分孔隙水、裂隙水与岩溶水。地壳地下水动态观测与研究的是赋存并流动于孔隙、裂隙、溶隙中的重力水。

## 第二节 含水层与蓄水构造

### 一、岩土的水理性质

岩土的水理性质指岩石与水接触后表现出的物理性质。岩土的水理性质较多，本节只介绍与地下水动态的形成与变化有关的水理性质，即容水性、持水性、给水性、透水性等。

容水性指岩土空隙中可容纳水的性能，一般用容水度表示。容水度（$C_w$）定义为一定体积的岩土空隙完全被水饱和后，水的体积（$V_w$）与岩土体积（$V_m$）之比：

$$C_w = V_w / V_m \text{ 或 } \frac{V_w}{V_m} \times 100\%$$

显然，一般情况下容水度与空隙率（度）在数值上是相关的，当岩土饱水时容水度与体积含水量相当，但岩土空隙未被水充填满时二者会存在差异，体积含水量小于容水度。

持水性指饱水的岩土在重力作用下释水后还能保持住一定水量的性能，被留在岩土空隙中的水是受毛细力影响才可流动的毛细水与受静电引力作用才可流动的结合水，即其运动不受重力作用影响的地下水。岩土的持水性，一般用持水度（$C_r$）表示，即岩土空隙中残留的水的体积（$V_r$）与岩土体积（$V_m$）之比：

$$C_r = V_r / V_m \text{ 或 } \frac{V_r}{V_m} \times 100\%$$

给水性指饱水的岩土在重力作用下能够自由给出水的性能，一般用给水度（$C_y$）表示，其定义是在重力作用下能够自由给出的水体积（$V_y$）与岩土体积（$V_m$）之比：

$$C_y = V_y / V_m \text{ 或 } \frac{V_y}{V_m} \times 100\%$$

由此可见，饱水岩土的容水度、持水度与给水度之间存在下列基本关系：

$$C_w = C_r + C_y$$

常见的松散砂土的给水度，如表 1-4 所列。

**表1-4　常见砂土的给水度（据《水文地质手册》，1978）**

| 砂土名称 | 砾砂 | 粗砂 | 中砂 | 细砂 | 粉砂 | 亚砂土 | 亚黏土 |
|---|---|---|---|---|---|---|---|
| 给水度 | 0.30～0.35 | 0.25～0.30 | 0.20～0.25 | 0.15～0.20 | 0.10～0.15 | 0.0～0.10 | 0.04～0.09 |

透水性是与地震地下水动态的形成和变化关系十分密切的岩土水理性质，是指岩土允许重力水通过的性能，一般用渗透系数表示其强弱。渗透系数的概念是指含水层中流动的地下水的水力坡度（梯度，$I$）为 1 时，其中的地下水流速大小。如图 1-4 所示，假设地下水由含水层的孔 1 断面运动到孔 2 断面，其间的距离为 $\Delta L$，孔 1 断面处的水头为 $H_1$ 或 $h_1$，孔 2 断面处的水头为 $H_2$ 或 $h_2$ 时，其间的水流运动可描述如下：

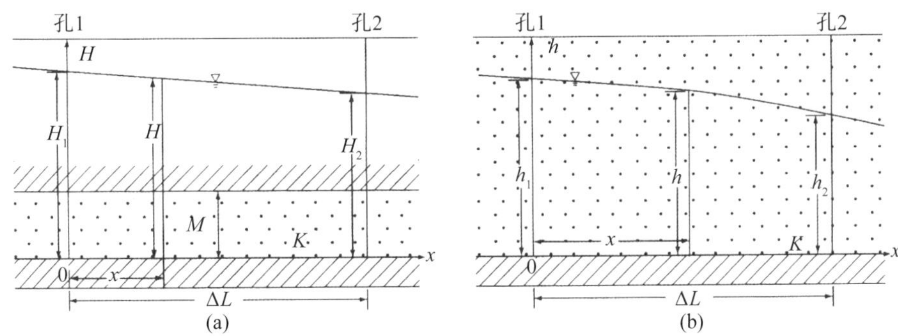


图 1-4　含水层中水流（渗流）与渗透系数的概念示意图

（a）承压含水层中；（b）潜水含水层中

$$Q = V \cdot M = K \cdot M \cdot \frac{\Delta H(\text{或}\,\Delta h)}{\Delta H}$$

式中，$Q$ 为地下水流量，$M$ 为含水厚度（在潜水停水层中为 $h$），$V$ 为地下水流速，$K$ 为含水层（饱和水的岩土层）的渗透系数，$\Delta H$ 或 $\Delta h$ 为断面 1 与断面 2 之间的水头差，

$\frac{\Delta H(或\Delta h)}{\Delta L}$ 为水力梯度（坡度，$I$）。由此可见，当 $I=1$ 时，渗透系数（$K$）等于地下水渗流速度（$V$），渗透系数又称水力传导系数，其量纲为 $[LT^{-1}]$，常用单位为 m/d。关于含水层、水头等概念，将在本节的第三部分详述。常见岩土的渗透系数，列于表 1-5 与表 1-6 中。特别要注意，岩体的渗透系数，多与岩石类型关系不大，主要取决于其中裂隙的发育程度。裂隙发育较强的岩体的渗透系数比表中列出的数值可大得多。

**表1-5　常见砂土的渗透系数（$K$）（据《水文地质手册》，1978）**

| 松散砂土 | $K$/ (m/d) |
|---|---|
| 砾 | 50.00～150.00 |
| 粗砂 | 20.00～50.00 |
| 中砂 | 5.00～20.00 |
| 细砂 | 1.00～5.00 |
| 粉砂 | 0.50～1.00 |
| 亚黏土 | 0.10～0.50 |
| 亚黏土 | 0.001～0.10 |
| 黏土 | 1～4 |

**表1-6　常见岩石（体）的渗透系数（$K$）参考值（据车用太，1984）**

| 岩石（体） | 地质特征 | 渗透系数$K$/ (m/d) |
|---|---|---|
| 花岗岩 | 新鲜完整 | 1～5 |
| 玄武岩 | 裂隙不发育 | 1 |
| | 裂隙中等发育 | 10 |
| | 裂隙发育 | 100 |
| 结晶盐岩 | 新鲜的风化的 | 10～16 |
| | | 0.1 |
| 凝灰岩 | | 0.5～3.8 |
| 石灰岩 | 溶隙不发育 | 0.2 |
| | 溶隙发育 | 3.1～45.8 |
| | 有管道发育 | 3500～7300 |
| 页岩 | 新鲜，微裂隙 | 0.3 |
| | 风化，裂隙中等发育 | 0.4～0.5 |
| 砂岩 | 新鲜 | 0.3 |
| | 新鲜，裂隙中等发育 | 7.4 |
| | 裂隙发育 | 8.6 |

## 二、含水层（体）与隔水层（体）

沉积岩常呈层状分布在地壳中，一般称为岩层。岩浆岩则常呈体状分布在地壳中，一般称为岩体。变质岩则有时呈层状、有时呈体状分布。这些岩层或岩体，由于其空隙率不同，其容水性与透水性等也不同，于是被分成含水层（体）、隔水层（体）及弱透水层（体）。

### 1. 含水层（体）

含水层（体）指自然状态下可赋存与流通重力水的岩土层（或岩体）。这种岩层或岩体，无疑具有较强的容水性与透水性。常见的含水层是第四系沉积层中的砾石与砂，有时亚砂土、亚黏土层也可成为含水层；其次是沉积岩中孔隙与裂缝较发育的砾岩与砂岩、岩溶较发育的灰岩与白云岩层；岩浆喷出岩有时也可成为含水层。含水体多见于裂隙发育的各类结晶岩（如花岗岩、辉长岩、闪长岩、片麻岩等）中，特别是其中的断层破碎带是十分常见的含水体或含水带。

### 2. 隔水层（体）

隔水层(体)指自然状态下不允许重力水自由流通的岩土层(或岩体)。这种岩体或岩层，无疑具有较强的持水性或较低的给水性，其透水性极弱。一般认为，这种岩层或岩体的渗透系数＜ 0.001m/d。常见的隔水层是第四系松散层中的黏土层及沉积岩中的泥岩、黏土岩、页岩等；岩溶不发育的灰岩层与白云岩层也可成为隔水层；裂隙不发育的结晶岩体，常常也是隔水岩体。

由上可见，岩层与岩体的含水性与隔水性不仅与岩性有关，更与其中的空隙发育特征，尤其是与空隙率密切相关，同一种岩性的岩层或岩体，由于其中空隙发育特征不同，既可以成为含水层（体），也可成为隔水层（体）。

常见的含水层（体）与隔水层（体）岩性类别如表 1-7 所列。

表1-7　含水层（体）与隔水层（体）的岩性类别

| 岩性类别 | 含水层（体） | | 隔水层（体） |
|---|---|---|---|
| | 岩土层（体）特征与岩性 | 其中赋存的地下水类型 | |
| 沉积岩类 | 松散砂砾石 | 孔隙水 | 黏土 |
| | 半胶结的砂岩层，有裂隙发育 | 孔隙—裂隙水 | 泥岩 |
| | 裂隙发育的可溶岩 | 裂隙水 | 裂隙不发育的各种沉积岩 |
| | 岩溶发育的可溶岩（灰岩、白云岩等） | 岩溶水 | 岩溶不发育的可溶岩 |
| 岩浆岩类 | 裂隙发育的各种岩浆岩（花岗岩、闪长岩、辉长岩等） | 裂隙水 | 裂隙不发育的岩浆岩 |
| 变质岩类 | 裂隙发育的变质岩（片岩、片麻岩等） | 裂隙水 | 裂隙不发育的各种变质岩 |
| 断层岩类 | 断层破碎带（碎裂岩、压碎岩等） | 裂隙水 | 糜棱岩 |

### 3. 透水层（体）与弱透水层（体）

透水层（体）指自然状态下允许重力水自由流通的岩土层（或岩体）。这种岩体或岩层无疑具有较强的透水性，可以是含水层，但不一定含水，或有时含水而有时不含水。可以含水而不含水的透水层，常分布在地面以下，潜水含水层之上，其岩性与空隙发育特征，与含水层的岩性与空隙发育特征是一样的。

自然界的岩层与岩体空隙发育特征千差万别，有发育得强的，也有发育得弱的，甚至没有发育的，因此，透水层（体）与隔水层（体）往往是相对的，其间存在着不是绝对的透水层或绝对的隔水层（体）。空隙较小或连通性较差的岩层或岩体，一般情况下可视为隔水层（体），但特殊情况下则必须看成是透水层（体），例如，岩层的上下或岩体的左右存在较大的水头压力差时，或在较长的时间尺度（几年或几十年）上，可视为透水层（体）。这种岩层或岩体（体），一般称为弱透水层（体）或相对隔水层（体）。

## 三、潜水层与承压水层

### 1. 包气带与上层滞水

一般情况下，地面以下常发育有透水层，无雨季节，在其岩土空隙中，充满着大气，并无重力水只有气态水分布，这个带称为包气带。在这个包气带中，雨季常有重力水向下流动渗透，下渗时若遇到局部隔水层，可能会有部分下渗的水滞留在其上，成为上层滞水，如图 1-5 中 A。

### 2. 潜水与潜水层

潜水是指地面以下第一个稳定的隔水层之上的地下水，见图 1-5 中 B。含有潜水的含水层称为潜水层，潜水层的地下水面是一个自由面（潜水面）。这里的地下水，通过包气带与地表面相连通，因此大气降雨可以直接渗入补给地下水，因此潜水面往往随季节，甚至随日而变化。潜水有时还与地表水体（河、湖、海等）相连通，因此其水面随地表水位的涨落而变化。显然，潜水层及其中的潜水，由于常受水文、气象因素的影响，一般不宜作为地震地下水动态观测对象。

### 3. 承压水与承压水层

承压水指位于地下第一个稳定隔水层与第二个稳定隔水层间的含水层中的地下水（图 1-5 中 C），当然第 $n$ 个稳定隔水层与第 $n$+1 个隔水层之间含水层中的地下水也是承压水。含有承压水的含水层称为承压水层。承压水层顶板上，一般承受水压力，因此一旦钻井打穿该含水层顶板时，地下水会沿钻井上升，上升的高度与承压大小有关，承压大时上升的高度也高，有时甚至高出地面而自流。承压含水层顶板上各点压力大小是不同的，因此如果在含水层中打许多钻井，每口井中都会有地下水上升到一定高度，此时把每个钻井中的高点相连则可绘出一个地下水面，这个面就是承压水面，当然这个面是假想面。由于承压含水层中地下水与地表面无直接的连通通道，一般受地表气象水文的影响少，因此适宜作为地震地下水动态观测对象。

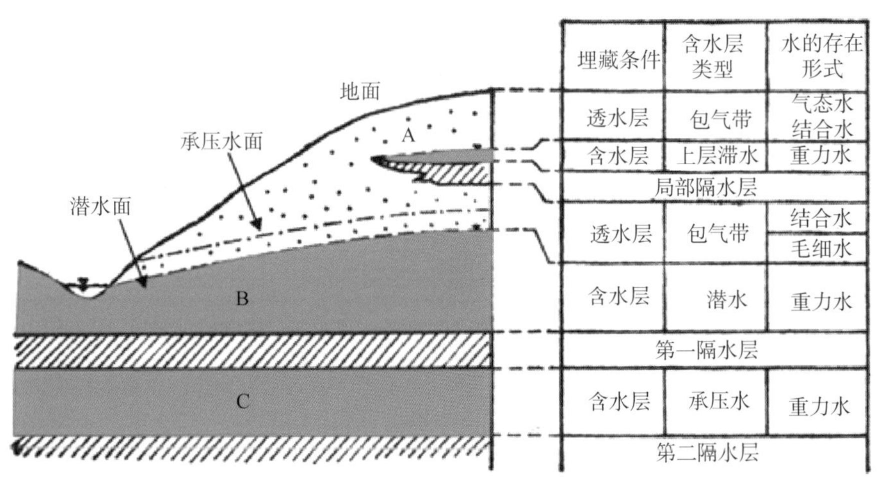


图 1-5　上层滞水（A）、潜水（B）与承压水（C）示意图

## 四、含水岩组与蓄水构造

### 1. 含水岩组

在第四系松散砂土层发育地区，含水层的发育往往不是孤立的一层，而是多个含水层成组发育，而且各个含水层间还存在着一定水力联系，彼此间可有隔水层，但其连续性不强，或隔水性不强，相互间地下水一定程度上是连通的，这样成组的孔隙含水层称为含水岩组。

同一个含水岩组常常具有相同的生成年代，岩性相近，具有统一的地下水面，地下水的物理化学特性也相似。在山前地区、河谷与盆地及某些平原的浅部（约几十至百米深度），常见第四系孔隙含水岩组发育。

### 2. 蓄水构造

在基岩发育地区，含水层（体）的发育往往与地质构造条件密切相关。发育有含水层（体）的地质构造单元，称为蓄（储）水构造，这种构造的基本特征是含水层的上、下或左、右发育有隔水层（体），隔水层（体）可以一个，也可以多个。常见的蓄水构造有单斜蓄水构造、向斜蓄水构造、背斜蓄水构造、断层蓄水构造、岩脉蓄水构造等，一个蓄水构造有自己的地下水补给与排泄区，构成一个独立的地下水动力系统，如图 1-6 所示。

单斜蓄水构造发育在单斜构造发育区，含水层夹在两个倾斜的隔水层间，往往在出露于高处的含水层一端接受大气降水或地表水的补给，出露于低处的含水层一端排泄。向斜蓄水构造发育在向斜构造发育区，含水层赋存在两个向下弯曲的隔水层之间，往往也在出露于高处的含水层一端接受补给，由出露于低处的含水层一端排泄；这种蓄水构造是最主要的地下水蓄水场地。背斜蓄水构造发育在背斜构造的脊部（向上弯曲的顶部），此处常发育有岩层受力弯曲时生成的张裂隙，从而成为地下水的赋存场地，此处的地下水多为潜

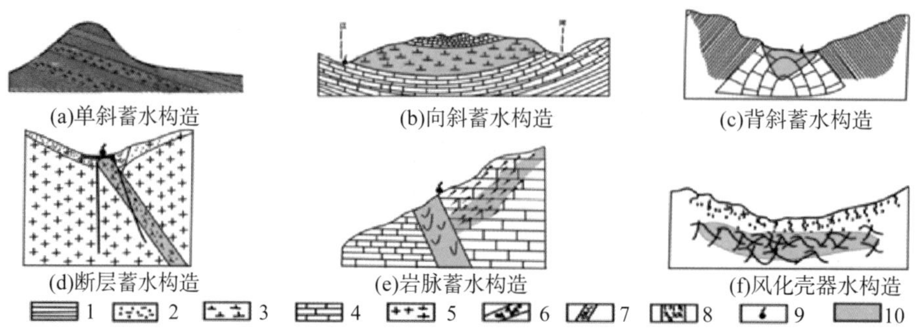


1.泥岩；2.砂岩；3. 玄武岩；4.灰岩；5.花岗岩；6.断层带；7.岩脉；8.风化壳；9.泉；10.储水构造

图 1-6　常见的蓄（储）水构造（据沈照理等，1985）

水，含水层（体）的规模也不大。断层蓄水构造发育在断层带中碎裂岩发育的部位，可以发育在断层破碎带中，也可以发育在断层带一侧岩体破裂的断盘中。岩脉蓄水构造的发育与大型岩脉有关，是岩脉插入围岩中时受力破坏生成裂隙所致，可以发育在岩脉内，也可以发育在岩脉两侧围岩中。断层蓄水构造与岩脉蓄水构造中，往往发育的是承压自流水，且常常有深部地下水沿此类蓄水构造上涌，地表生成上升泉。有时风化壳、沉积间断面、古潜山等处可成为蓄水构造。

断裂带的蓄水构造多种多样，一般情况下张性断裂带（往往是正断层带）是蓄水构造，压性断裂带（往往是逆断层带）本身常常不是蓄水构造，但其相邻的断盘岩体，尤其是上盘岩体破碎带常成为蓄水构造。岩脉型蓄水构造也一样，岩脉本身较破碎时可成为蓄水构造，但岩脉较完整时其两侧岩体，尤其是上部岩体因相对破碎而成为蓄水构造。

上述蓄水构造中，向斜蓄水构造与断层蓄水构造是较利于建立地震地下水动态观测井的地区，由于风化壳蓄水构造与背斜蓄水构造中发育的含水层多是潜水层，因此不宜建立地震地下水动态观测井。

## 第三节　含水层中地下水的运动

### 一、自然界的水循环

含水层中地下水运动是自然界水循环系统的一环。

自然界的水，分布极广，在地球的外围大气圈及地球表面的水圈与地球表层的岩石圈中都广泛存在，而且彼此相关联，形成了水循环系统。

如图 1-7 所示，首先是占地球表面 79% 面积的海洋上，由于太阳辐射热的作用，海水将大量蒸发，在大气中形成云，并随海风吹向大陆；当遇到大陆山地吹下来的冷风时，就形成大气降水落到地面上；落到地面上的雨水，一部分沿地表流入江、河、湖泊中成为地表水，另一部分将渗入地下成为地下水；地表水顺着江、河最终汇入大海，地下水也经含水层最终归入大海。这样形成了自然界水的大循环。

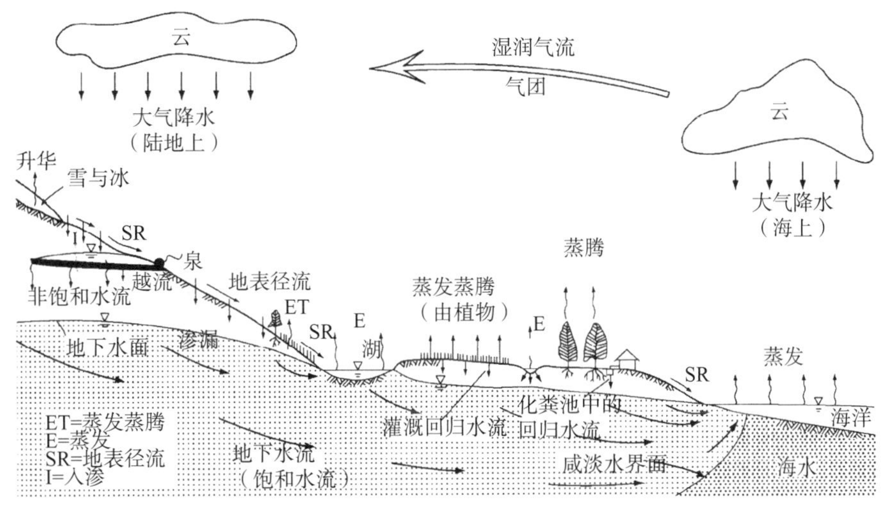


图 1-7　自然界水循环系统示意图（据王大纯等，1995）

当然，自然界的水循环，除了上述的大循环外，还有很多不同规模的水循环系统。在海洋的海水蒸发成云后，不仅可吹向陆地，也可在高空遇到冷空气时在当地成雨落回到海面上；由大陆上空落下的大气降水沿地面的江、河、湖泊流动时，也可渗入到地下成为地下水，同样地下水在适当的条件下也可外露流入地表水体中；江、河、湖水面上也可发生蒸发作用，使地表水成为云并最终形成大气降水；潜水层中的地下水，当其上的包气带不厚时，由于土壤的毛细作用或植物的蒸腾作用等也可以升空成云并最终以大气降雨落回到地面上，等等。总之，地球表面上的水处于不断的循环运动之中。

## 二、含水层中地下水的补给与排泄

### 1. 地下水的补给

地下水的补给指增加含水层中地下水储水量的作用，其结果首先使含水层中地下水位、流量等发生变化，同时也可能引起地下水的化学组分与温度等的变化。常见的地下水补给作用有大气降水、地表水、相邻地下水的补给。

大气降水渗入补给是地下水补给的最主要方式。分布在地面以下约 10km 以上厚度中的地下水，多是大气降水渗入形成的。大气降水落至地面后，由于表层岩土层多具透水性，将在包气带内垂直下渗到潜水面上，直接补入含水层中。这种补给量的大小，不仅取决于降雨量大小和降雨方式；而且还取决于降雨渗入补给区的地面坡度、植被发育情况及包气带的岩性、厚度、雨前的含水量等多种条件。一般来说，地形平缓、植被发育、包气带岩土透水性强、厚度小、雨前的含水量大的情况下，绵绵细雨的降雨方式渗入补给效果最佳。包气带岩性对降雨渗入补给的影响，常用降雨入渗系数表述，不同岩性的降雨入渗系数如表 1-8 所列。表中入渗系数指大气降水量中渗入地下的水量比值。

**表1-8 不同岩性土的降雨入渗系数值（据周广川等，2014）**

| 包气带岩性 | 砂砾石 | 粉细砂 | 亚砂土 | 坚硬基岩 | | 可溶岩 | |
|---|---|---|---|---|---|---|---|
| | | | | 裂隙发育 | 裂隙不发育 | 岩溶发育 | 岩溶不发育 |
| 入渗系数 | 0.20～0.70 | 0.20～0.55 | 0.20～0.46 | 0.10～0.25 | 0.01～0.05 | 0.15～0.80 | 0.02～0.15 |

地表水的渗入补给发生在地表水（江、河、海、湖、渠、库、池、塘等）的水位高于含水层中地下水位时，常见于山前地区与平原地区，例如，在山前地区有一条河流流过时，往往靠平原一侧的河岸岩体有可能接受地表水补给。在平原地区河床发育高于平原面（称为地上河）时，地下水受地表水的补给，如，黄河中下游地区经长期的冲积作用后，其河床高出两岸平原，河水补给两岸的地下水。地表水补给地下水的最典型现象是在岩溶发育地区常见的河流突然消失，河水完全渗入地下成为地下暗河。当人们修水库、水渠等人工蓄水或引水构筑物，其中有蓄水或引水时，一般地表水也补给两岸的地下水。

地下水的渗流补给发生在相邻含水层具有较高的水头，而且两个含水层间有水力联系或透水（导水）通道时。例如，在山前地区潜水层受到大气降水渗入补给后潜水面抬升（水头变大）时，其中的地下水将向埋在平原区下部的承压含水层流动，对相邻的承压含水层构成了补给。又如，基岩地区有多个含水层间，含水层间发育有导水（透水）的断层时，水头高（水压大）的含水层地下水将补给水头低（水压小）的含水层地下水等。

地下水的补给还有其他方式，如农田灌溉水的补给、融雪水的渗入补给、沙漠地区凝结水的渗入补给及人工注水补给，等等。

### 2. 地下水的排泄

地下水的排泄指减少含水层中地下水储水量的作用。常见的地下水排泄方式是泉、井、地下水流。地下水面埋深较浅时，蒸发作用与蒸腾作用等也是不可忽视的潜水排泄方式。

泉是地下水的天然露头，是最主要的天然排泄方式。潜水含水层中的大多数泉是潜水面被地形面切割，使地下水在地形低洼处，如河谷岸坡、沟谷、洼地等的斜坡流出地面而成的。承压含水层中的泉是含水层的承压水面高于地形面海拔高程的地区因发育有沟通深层含水层到地表面的导水通道如断层、岩脉等而成的。按照泉水的成因，常见的泉有侵蚀泉、接触泉、溢出泉、断层泉等，如图 1-8 所示。侵蚀泉指地下水面或承压水面被地形切割而成的(图 1-8a，b)。接触泉是含水层中的地下水向下运动时遇到隔水层（体），从而沿隔水层面流出地表而成的（图 1-8c，d）。溢出泉是地下水在流动的前方遇到隔水层（体）而不能再向前流动时，被迫在隔水层（体）后流出地表而成的（图 1-8e，f）。断层泉是相对深处的含水层水平流动过程中遇到断层带，或因断层带自身导水而沿断层带上涌后流出地表，或因其一侧导水而沿断层带一侧（往往是通水流的一侧）上涌流出地表而成的（图 1-8g，h）。

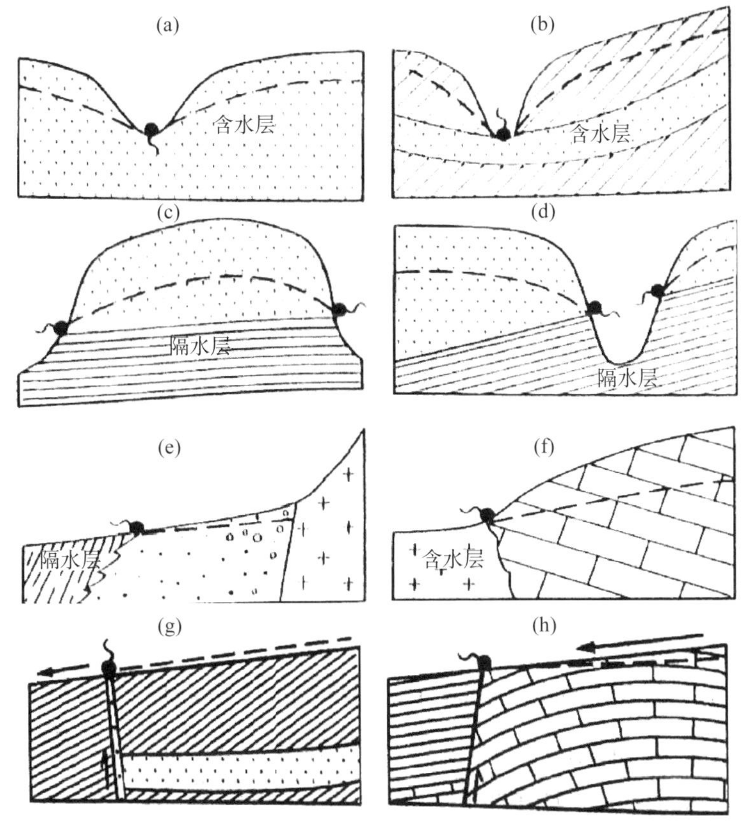


图 1-8　常见的泉水成因类型（据周广川等，2014）

（a），（b）—侵蚀泉；（c），（d）—接触泉；（e），（f）—溢出泉；（g），（h）—断层泉

泉除成因分类外，还常按水动力特性分类。泉水来自潜水含水层时称其为下降泉（图 1-8 中的 a，c，d），来自承压含水层时称其为上升泉（图 1-8 中 b，e，f，g，h）。上升泉的泉口，可见泉水由下向上涌上来的特征。有些泉水的温度高于当地的平均气温，常称为温泉。上升泉尤其是上升型的温泉，是地震地下水动态观测的主要对象。

含水层地下水排泄的另一个方式是人类对地下水资源的开发。随着人类社会的发展，人类对水资源的需求越来越大，开凿很多的井抽取大量的地下水，成为地下水排泄的主要方式。在缺少地表水资源的干旱与半干旱地区，地下水开采井的数量日益增多，开采井的深度日益加深，开采量日益增加，远远超出含水层同期得到的补给量，导致地下水位大幅

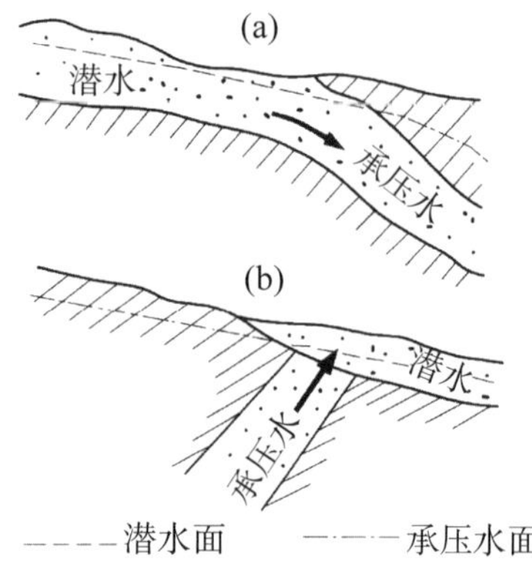


图 1-9 相邻两个含水层地下水间的补给与排泄关系

（a）潜水排泄于承压水（承压水接受潜水补给）；（b）承压水排泄于潜水（潜水接受承压水补给）

度下降，即含水层中地下水的储水量急剧减少。地下水开采，不仅使含水层地下水量急剧减少，而且给地震地下水动态观测带来严重的干扰。

对于某一个含水层中地下水而言，与相邻含水层有水力联系，且该含水层的水头（水压）高（或低）于相邻含水层的水头时，其中的地下水会流入相邻含水层中去，即相互构成了一种补排方式（图 1-9）。地下水，在相似的原理下，也可以流入地表水中，某一含水层中地下水与相邻地表水之间，均存在着互为补给与排泄的情况（图 1-10）。而补给和排泄关系，关键取决于含水层中地下水的水头（水压）或地下水与地表水中水头（水压）大小。地下水在含水层中由补给区向排泄区的流动，叫地下水的运动。

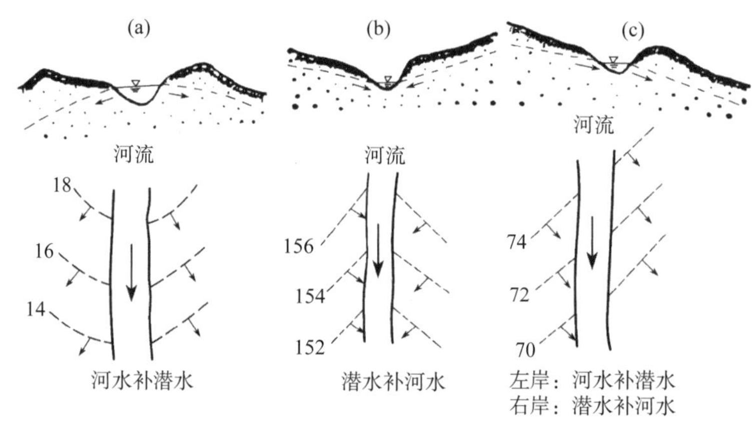


图 1-10 地表水地下水之间的补给与排泄关系

（a）河流补给地下水（地下水受地表水补给）；（b）地下水排泄于河水；（c）河流右岸地下水补给河水（地下水排泄于地表水）、河流左岸地表水补给地下水（地下水接受河水补给）

（图中虚线为地下水流场的流线，小箭头为水流方向）

## 三、含水层中地下水的运动

### 1. 水头与水流的概念

含水层中地下水面以下的任何一个点上，地下水都承受一定的压力，称其为孔隙压力，它是静水压力，各个方向上大小相等。这个压力（$P$）大小，可表述如下：

$$P = r_{\mathrm{w}} \cdot h$$

式中，$r_{\mathrm{w}}$ 为水的重度（比重），$h$ 为该点到地下水面的垂直距离（在承压含水层中则为该点到承压水面间的垂直距离)，即水柱高度。为了描述含水层中某一个断面上的水压力特性及不同断面间的水流运动，引进了水头的概念，其定义是含水层底板以下某一假定的水平面（$OO'$）到地下水面或承压水面的垂直距离，如图 1–11 所示。当含水层底板为水平面时，可把这个面作为假定的水平面（图 1–11a)，当含水层底板不是水平面时，需另设一个假定的水平面（图 1–11b)。

当含水层为承压水层,且其底板水平时（图 1–11a),某一断面的水头（$H$）可表述如下：

$$H = Z + h = Z + \frac{P_A}{r_w}$$

式中，$Z$ 为含水层中某一点（如 $A$）至含水层底板间 ($OO'$) 的垂直距离。

当含水层为潜水层，且其底板为非水平面，另设了一个假定的水平面（$OO'$）时（图 1–11b)，某一断面的水头（$H$）可表述如下：

$$H = Z + h = Z + \frac{P_A}{r_w}$$

式中，$Z$ 为含水层中某一点（如 $A$）至假设水平面间的垂直距离。

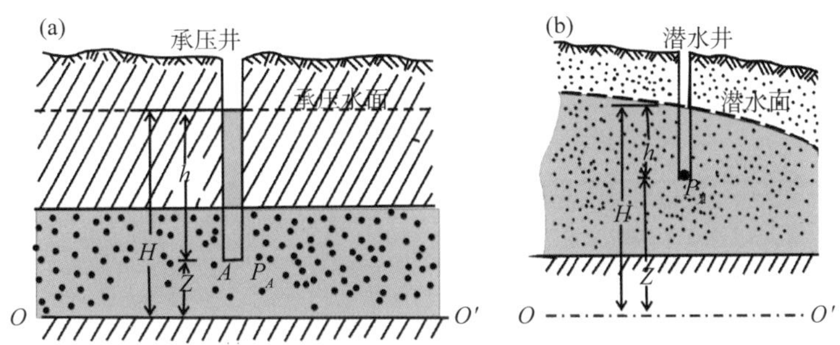


图 1–11　含水层水头示意图

（a）承压含水层，其底板水平；（b）潜水含水层，其底板不水平

当含水层的两个断面之间有水头差时，即有水流运动。如图 1–12 所示，$A$ 断面的水头为 $H_A$，$B$ 断面的水头为 $H_B$，且 $H_A > H_B$ 时，则由 $A$ 断面到 $B$ 断面间有了水流运动。水流运动的特征，既取决于两个断面间的水头差（$\Delta H = H_A - H_B$）与间距（$\Delta L$)，二者之比，即为水力梯度或水力坡度（$I = \frac{H_A - H_B}{\Delta L} = \frac{\Delta H}{\Delta L}$),还与含水层及岩土的渗透系数（$K$）有关，如渗流速度为：

$$V = K \cdot I$$

描述含水层中水流运动的主要参数，除渗透系数外还有渗透率、导水系数等多种。渗透率是表述含水岩土允许重力水通过能力的参数，但考虑了水的粘滞性对其的影响，常用单位是达西，量纲为 [$L^2$]。达西的概念是粘滞系数为 0.01dyn · s/cm$^2$ 的水，在 1 个

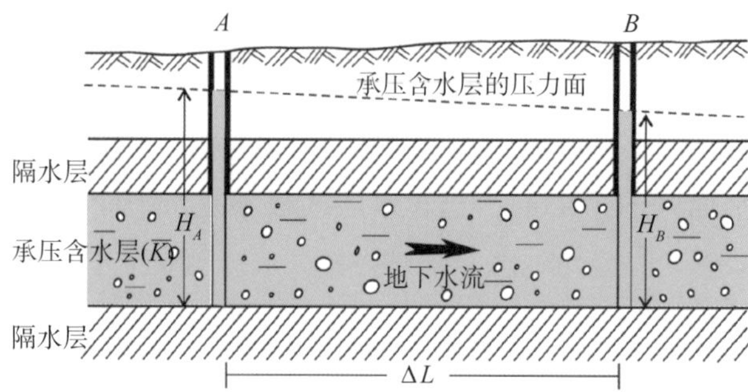


图 1-12　承压含水层中的水流运动（据《流体百科》）

大气压（等于 $1.0132\times10^8$dyn・s/cm$^2$ 或 0.1MPa）的水力梯度下，通过面积为 1cm$^2$、长度为 1cm 的岩土流量为 1cm$^3$/s/ 秒时，岩土的渗透率为 1 达西，即 $9.8697\times10^{-9}$cm$^2$。导水系数（$T$）是表述含水层全部厚度（$M$）上允许通过重力水能力的参数，其量纲为 [$L^2T^{-1}$]，其大小为 $T=KM$，式中 $K$ 为渗透系数。

含水层中的水流运动态势，一般分为层流态与紊流态（图 1-13）。层流指地下水在含水层岩土空隙中流动时，流体质点运动是有序的，质点运动轨迹相互平行，互不掺混，大多数含水层中水流运动呈层流态。紊流仅见于岩溶区的暗河、大型断层破碎带等快速地下水流中，地下水的各个质点运动无序，运动轨迹相互交叉。不同流态的地下水运动遵循不同的运动规律。

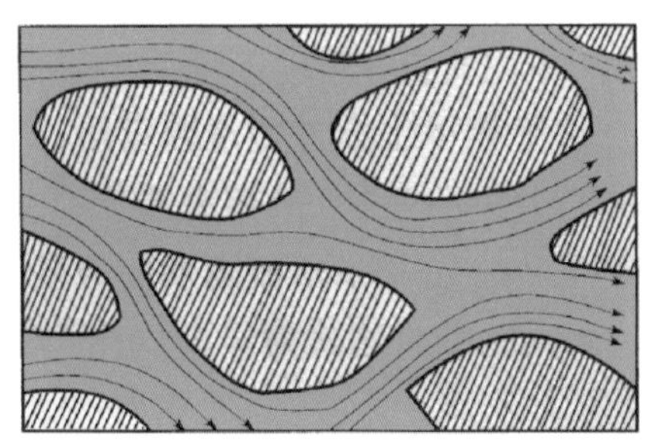
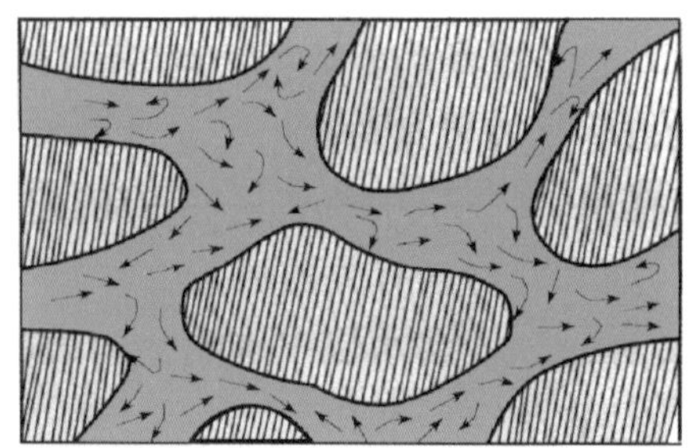

图 1-13　含水层中地下水运动的流态示意图

### 2. 地下水运动的基本规律

含水层中不同流态的地下水的运动规律是不同的。

层流运动的基本规律（达西定律）如下：

$$V_{层}=K\cdot I$$

$$Q_{层}=V_{层}\cdot M=K\cdot I\cdot M$$

紊流运动的基本规律（哲才定律）如下：

$$V_{紊} = K \cdot I^{1/2}$$

$$Q_{紊} = V_{紊} \cdot M = K \cdot I^{1/2} \cdot M$$

式中，$Q_{层}$、$Q_{紊}$ 与 $V_{层}$、$V_{紊}$分别代表层流与紊流态下的含水层中的流量与渗流速度，$K$ 为含水层岩土的渗透系数，$I$ 为含水层中地下水的水力梯度。

当然，可用统一的公式表达如下：

$$V = K \cdot I^{n}$$

$$Q = V \cdot M = K \cdot I^{n} \cdot M$$

式中，$n$ 在层流时为 1，紊流时为 1/2, 混合流时 $1/2 < n < 1$。

当然，无论是达西定律还是哲才定律，在地下水流为二维、三维流时可有较为复杂的其他表达式。

# 第四节　地下水的组分与物理化学特性

## 一、地下水的组分

### 1. 纯水的化学组分与特性

纯水是由 2 个氢原子与 1 个氧原子化合而成的，其分子式为 $H_2O$，其分子结构是 1 个氧与 2 个氢的原子核呈等腰三角形排列，正负电荷的静电引力中心不重合，使水分子具有偶极性质，造成分子与分子之间可通过静电引力相连起来，成为水体（$H_2O$）$_n$。

纯水具有特殊的性质（漆贯荣等，1983），生成热量很高（−285.2kJ/mol），沸点很高（100℃），表面张力很大（273°K 时，$75.5 \times 10^{-4}$ N・cm$^{-1}$），粘滞系数小（20℃时粘度为 $1.002 \times 10^{-3}$Pa・s），而且具有较强的水化作用与溶解作用。

由于水具有较强的水化作用与溶解作用，赋存与运动于含水层中的地下水不会是纯水，而是含有多种物质，现已查明地下水中含有 80 余种化学元素，它们以原子、分子、离子、化合物、络合物等多种形式存在于水中，此外地下水中还含有有机物、微生物、气体等其他组分。

### 2. 地下水中的离子组分

离子是地下水中最主要的无机物，而其中的 $HCO_3^-$、$SO_4^{2-}$ 与 $Cl^-$ 等三种阴离子与 $K^+$、$Na^+$、$Ca^{2+}$ 与 $Mg^{2+}$ 等四种阳离子占 90%，它们因此被称为常量离子。上述七种常量离子，决定了地下水的主要化学性质。

氯离子（$Cl^-$）主要来自沉积岩中盐岩等氯化物（如 NaCl）矿物的溶解，与岩浆岩中含氯矿物 [ 如方钠石 $Na_8$（$AlSiO_4$）$_6Cl_2$ 等 ] 的风化溶解等，也可来自海水的倒灌及工农业废水（如生活废水等）的污染。深层水、卤水、高矿化度的地下水中 $Cl^-$ 含量高，而一般淡水中含量相对低。$Cl^-$ 具有很强的迁移性能，淡水中不易形成难溶的矿物，不被胶体所吸附，也难以被生物积累，因此是地震地下水化学观测的主要对象。

硫酸根离子（$SO_4^{2-}$）主要来自沉积岩中石膏（$CaSO_4 \cdot 2H_2O$）等硫酸盐矿物的溶解与含硫矿物（如黄铁矿 $FeS_2$）的矿体氧化，部分来自煤燃烧后释放出的 $SO_2$ 以酸雨的形式降落渗入地下等其他作用。$SO_4^{2-}$ 可出现在各种地下水中，但矿化度偏高的水中含量较高，$SO_4^{2-}$ 也有较强的迁移性能。

重碳酸根离子（$HCO_3^-$）主要来自沉积岩中方解石（$CaCO_3$）等碳酸盐矿物的溶解与岩浆岩和变质岩中铝硅酸盐（如钙长石 $CaO \cdot Al_2O_3 \cdot 2SiO_2$）矿物的风化溶解作用。$HCO_3^-$ 是淡水（低矿化度水）中的主要阴离子。

钾离子（$K^+$）主要来自沉积岩中含钾盐类矿物的溶解与岩浆岩和变质岩中含钾矿物的风化溶解。淡水中 $K^+$ 的含量一般较低，这是因为它参与形成不溶于水的次生矿物（如水云母、蒙脱石、绢云母等）的作用，而且也易被动植物有机质所摄取。

钠离子（$Na^+$）主要来自沉积岩中盐岩（如 NaCl）等钠盐类矿物的溶解，与岩浆岩和变质岩中含钠矿物（如斜长石）的风化溶解。$Na^+$ 在淡水中含量较低，但在高矿化的卤水中的含量较高。$Na^+$ 具有较强的迁移性，但在水中易与岩土介质中的其他阳离子发生吸附交替作用。$Na^+$ 与 $K^+$ 的化学特性相近。

钙离子（$Ca^{2+}$）主要来自沉积岩中方解石（$CaCO_3$）、白云石 [$CaMg$（$CO_3$）$_2$]、石膏（$CaSO_4 \cdot 2H_2O$）等碳酸盐类矿物和硫酸盐类矿物的溶解与岩浆岩和变质岩中含钙矿物的风化溶解，地下水中水与岩土间的阳离子交换作用也是其来源之一。淡水中，$Ca^{2+}$ 常为主要阳离子组分，但高矿化度水中其含量较低。

镁离子（$Mg^{2+}$）主要来自沉积岩中白云石等含镁矿物的溶解与岩浆岩和变质岩中含镁矿物（如辉石、橄榄石）的风化溶解。$Mg^{2+}$ 在地下水中分布广泛，但其含量一般都比 $Ca^{2+}$ 少。

除上述七大主要离子之外，地下水中还含有一些次要的离子，如 $CO_3^{2-}$、$NO_3^-$、$H_2SIO_3^-$、$NH_4^+$、$Mn^{2+}$、$Fe^{2+}$、$Fe^{3+}$ 等，这些次要离子在地下水中含量一般都不高，但在一些特殊的地下水中含量较多，如被人类污染后的地下水中 $NO_3^-$ 含量较高，油田水中 $NH_4^+$ 含量较高等。

### 3. 地下水中微量组分

地下水的微量组分，一般指其含量 <10mg/L 的组分。常见的微量组分有溴(Br)、碘(I)、氟（F）、硼（B）、锂（Li）、锶（Sr）、砷（As）、铜（Cu）、锌（Zn）、铝（Al）、汞（Hg）、硒（Se）、镉（Cd）、铅（Pb）、镍（Ni）、钼（Mo）等，有些放射性元素如铀（U）、钍（Tb）、镭（Ra）、氡（Rn）等可也归入微量组分。一般地下水中，其含量都很低，常以 μg/L 计，但这些组分有其特殊的作用，如 Li、Sr、Se 对人的健康有益，为天然矿泉水的主要组分。对于地震地下水观测与研究而言，来自深部的 Br、I、F、B、Li、Sr 等微量元素常为水化学观测的对象，Hg、Rn 等为水化学观测的主要对象。

### 4. 地下水中化合物

地下水中的化合物指两种以上的原子或离子组合而成的物质，它们具有一定的特性，这种特性既不同于所含的原子或离子，也不同于其他化合物。它们在地下水中常以胶体状态存在，常见的化合物有 $SiO_2$、$Fe(OH)_3$ 与 $Al(OH)_3$ 等。

### 5. 地下水中的有机物

地下水中的有机物指与生物活动有关的组分，包括高分子有机化合物、腐殖物质、细菌等。有机化合物，常以碳、氢、氧为主要组成元素，以胶体的形式存在于地下水中。细菌，在地壳浅部常见的是硫细菌、铁细菌等喜氧的细菌，在地壳深部常见的是脱硫酸菌、脱氧细菌等厌氧的细菌，这些细菌不仅对地下水的赋存与活动环境有指示意义，而且对地下水化学组分的形成与变化有重要影响。

### 6. 地下水中的气体组分

地下水中不仅含有各种离子、微量元素、化合物、有机物等，还含有大量的气体，而且这种气体来自不同的地方（表 1-9）。地壳浅部气体多来自大气，随大气降雨渗入或生物化学作用产生，主要组分是 $N_2$、$O_2$、$CO_2$、$H_2S$、$CH_4$ 等。地壳深部气体主要来自岩浆过程与变质过程中的化学作用，主要气体有 $CO_2$、$H_2S$、$H_2$、CO、$CH_4$、$SO_2$ 等，He 多来自地幔中 Ra、Th、Rn、Ar 等气体的放射性衰变作用。

表1-9　地下水中气体及其主要来源（据蒋凤亮等，1989）

| 地下水中气体的成因类型 | | 主要气体 |
|---|---|---|
| 随大气降水渗入地下成因 | | $N_2$，$O_2$，惰性气体 |
| 生物化学成因 | | $CH_4$，$CO_2$，$N_2$，$H_2S$，$H_2$，$O_2$，重烃 |
| 化学成因 | 正常温压下 | $Cl_2$，S，$CO_2$，硫化物，氯化物 |
| | 高温高压下 | $CO_2$，$H_2S$，$H_2$，$CH_4$，CO，$N_2$，HCl，NF，$NH_3$，$B(OH)_3$, $SO_2$ |
| 放射性成因 | | He，Ra、Th、Rn与Ar射气 |

地壳中的气体分布，据苏联科拉超深钻（深 11600m）揭露的情况，He、$H_2$、$CH_4$、$N_2$、$CO_2$ 等气体在不同深度上都可见，但其分布很不均匀（图 1-14）。

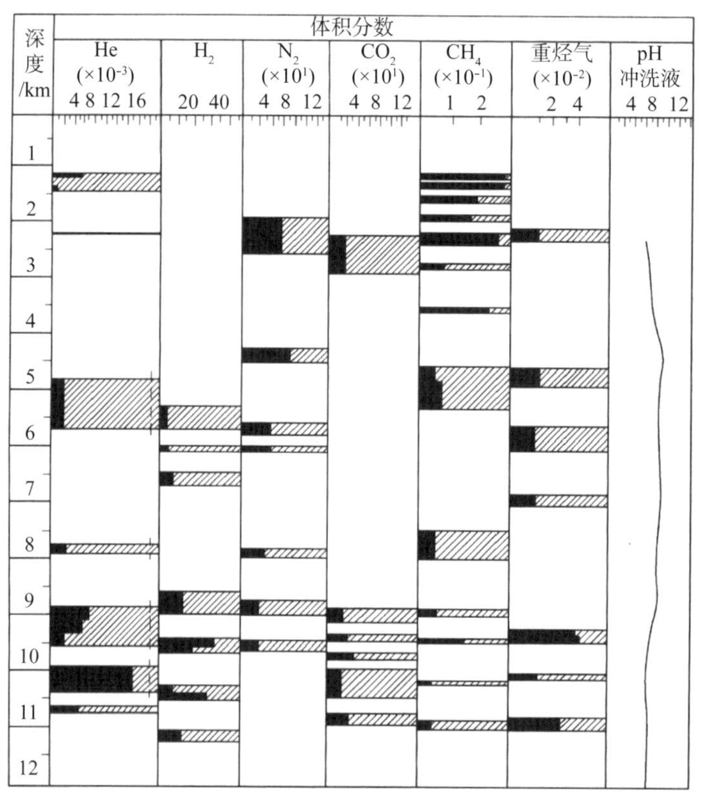


图 1-14　科拉超深钻揭露出的地壳上部气体及其分布（据 КозловсийЁА，1989）
黑色部分为平均值；斜线部分为高值段

## 二、地下水化学组分的浓度与水化学类型

地下水中各类化学组分的含量，常用浓度表述。浓度的表示方法有多种，常用的有质量浓度、当量浓度与摩尔浓度等。

### 1. 质量浓度

质量浓度指一定体积的地下水中某一种离子的质量数，常用 mg/L 表示。一般通过实验室中的化学分析测得，是最重要的浓度。

### 2. 当量浓度及其百分比

当量浓度指一定体积的地下水中某一种离子的当量数，常用 mN 表示。当量的含义是表述元素或化合物在相互发生化学反应时的质量比例的一种数值，其大小由某种离子组分的质量除以其离子价而得，如 $HCO_3^-$ 的当量是 61.017（其离子质量为 61.017，离子价为 1），

$SO_4^{2-}$ 的当量是 48.030（其离子质量为 96.060，离子价为 2）等。某一种离子的克当量浓度是其质量浓度与其当量（用克 / 克当量做单位，叫做克当量；用毫克 / 毫克当量做单位，叫做毫克当量，1 克当量 =1000 毫克当量）之比，如某一种地下水中 $HCO_3^-$ 的质量浓度为 108.9mg/L 时，其当量浓度为 $\frac{108.9}{61.017} = 1.785$。

当量浓度百分比指一定体积的地下水中某一种离子的克当量浓度占同类离子（阴离子或阳离子）克当量浓度总数的百分比，常用 mN% 表示。表 1–10 所列为河北某地地下水的质量浓度、当量浓度及其百分比。

表1–10 河北某地地下水的质量浓度、当量浓度及其百分比

| 常量离子组分 | 阴离子 | | | 阳离子 | | | |
|---|---|---|---|---|---|---|---|
| | $HCO_3^-$ | $SO_4^{2-}$ | $Cl^-$ | $K^+$ | $Na^+$ | $Ca^{2+}$ | $Mg^{2+}$ |
| 质量浓度/（mg/L） | 108.9 | 13.4 | 5.4 | 2.9 | 12.8 | 23.7 | 6.7 |
| 当量浓度/mN | 1.785 | 0.275 | 0.152 | 0.074 | 0.557 | 1.183 | 0.551 |
| 当量浓度百分比/mN% | 75.0 | 11.7 | 6.4 | 3.1 | 23.4 | 49.8 | 23.2 |

### 3. 摩尔浓度

摩尔浓度是指一定体积的地下水中某一种离子的质量浓度与其离子质量之比，常用 mmol/L 表示。例如，表 1–11 中，$Ca^{2+}$ 质量浓度是 23.7mg/L，而 $Ca^{2+}$ 的质量为 40.080mg，那么摩尔浓度是 $\frac{23.7}{40.080} = 0.59\text{mmol/L}$。

摩尔浓度百分比与当量浓度百分比类似，是指一定体积的地下水中某一种离子的摩尔浓度占同类离子（阴离子或阳离子）摩尔浓度总数的百分比，如表 1–11 所示。

表1–11 河北某地地下水的质量浓度、摩尔浓度及其百分比

| 常量离子 | 阴离子 | | | 阳离子 | | | |
|---|---|---|---|---|---|---|---|
| | $HCO_3^-$ | $SO_4^{2-}$ | $Cl^-$ | $K^+$ | $Na^+$ | $Ca^{2+}$ | $Mg^{2+}$ |
| 质量浓度/（mg/L） | 108.9 | 13.4 | 5.4 | 2.9 | 12.8 | 23.7 | 6.7 |
| 摩尔浓度/（mg/L） | 1.785 | 0.139 | 0.152 | 0.074 | 0.557 | 0.591 | 0.287 |
| 摩尔浓度百分比/（mg/L%） | 85.98 | 6.69 | 7.32 | 4.9 | 36.91 | 39.16 | 19.02 |

### 4. 地下水化学类型与化学成分表达式

地下水化学类型，指地下水化学成分的生成环境、基本特征，及水中常量元素的阴阳离子所占毫克当量百分数大小或特殊成分（稀有元素）含量达到一定数量时划分的地下水化学类型。地下水化学类型的划分，一般依据其当量浓度百分比，只有当量浓度百分比大于 25% 的组分参考与分类命名，而且分阳离子与阴离子按大小排列。例如表 1–9 中，阴

离子中$HCO_3$的当量浓度百分比大于25%，阳离子中只有$Ca^{2+}$大于25%，因此该地下水的水化学类型为$HCO_3-Ca$型。按照这样的分类方法，自然界的地下水可划分为49种化学类型，如$HCO_3-Ca\cdot Mg$型、$HCO_3\cdot SO_4-Ca\cdot Mg$型、$SO_4-Ca$型、$HCO_3\cdot Cl-Ca\cdot Mg$型、Cl–Na型等等。

地下水的化学特征，除了用水化学类型表示其离子组分特征之外，还有一种更加全面的表达式，如：$CO^2{}_{0.031}M_{0.174}t_{21}\dfrac{HCO^3{}_{75.0}SO^4{}_{11.7}}{Ca_{49.8}Na_{23.4}Mg_{23.2}}$。

表达式中，第1项为地下水特殊组分及其含量（本例中为$CO_2$气体，其含量为0.031%），第2项为地下水的矿化度（本例中为0.174g/L），第3项为地下水的温度（本例中为21℃）；表达式的后半部分中，分子为阴离子中毫克当量百分数>10%的离子按大小顺序排列（本例中，$HCO_3^-$为75.0%，$SO_4^{2-}$为11.7%，而$Cl^-$因仅为6.4%未被列入），分母为阳离子中毫克当量百分数>10%的离子按大小顺序排列（本例中，$Ca^{2+}$为49.8%，$Na^+$为23.4%，$Mg^{2+}$为23.2%，而$K^+$因仅为3.1%未被列入）。

## 三、地下水的物理化学特性

由于地下水的来源不同、赋存的环境与运动的经历不同，具有不同的化学组成，因而表现出不同的物理化学特性。地下水的物理特性，主要指温度、浑浊度、色、嗅、味、密度、导电性等。对于地震地下水动态观测而言，最主要的是温度与导电性。地下水的化学特性，主要指矿化度、pH值、Eh值等。

### 1. 地下水的温度

地下水的温度，取决于大气降水渗入地下后水循环的深度。在地面以下一定深度（十几至几十米），一般随深度的加深地温逐渐升高，因此地下循环深度越深，水的温度也越高。不同地区、不同深度上的地下水温度不同，来自于不同深度含水层的泉水温度也不同。地下水按其深度可分为冷水与热水，热水还可进一步细分（表1–12）。当然，在极端情况下，还有过冷水（<0℃）与过热水（>100℃），但在地震地下水动态观测井（泉）中尚未见。

表1–12 常见的地下水温度分类（据《水文地质手册》，1978）

| 水温分类 | 冷水 | 热水 | | | |
|---|---|---|---|---|---|
| | | 低温热水 | 中温热水 | 中高温热水 | 高温热水 |
| 温度/℃ | 0～20 | 21～40 | 41～60 | 61～80 | 81～100 |

### 2. 地下水的颜色

地下水一般是无色的，但有时因含有特定的组分而显示出不同的颜色（表1–13）。

表1-13　地下水的颜色与所含组分的关系（据《水文地质手册》，1978）

| 地下水颜色 | 褐红色 | 浅蓝绿色 | 翠绿色 | 暗黄褐色 | 不同颜色 |
|---|---|---|---|---|---|
| 所含组分 | $Fe_2O_3$ | FeO | $H_2S$ | 腐殖质 | 不同色的悬浮物 |

### 3. 地下水的浑浊度

地下水的浑浊度，也可称为透明度。地下水一般是透明的，但当其中含有一定的细小岩土颗粒或悬浮物时，则会变得浑浊，而且随含量增多浑浊度增加。

### 4. 地下水的嗅

地下水的嗅是指其气味。地下水一般是无嗅的，但当其中含有一定量的某些特定气体或有机物时变得有嗅（表 1-14）。地下水的嗅，还与温度有关，温度越高嗅越浓。

表1-14　地下水的嗅与所含组分的关系（据《水文地质手册》，1978）

| 地下水的嗅 | 臭鸡蛋味 | 铁腥味 | 沼泽味 | 鱼腥味 |
|---|---|---|---|---|
| 所含组分 | $H_2S$ | $Fe^{2+}$ | 腐殖质 | 有机质 |

### 5. 地下水的味

地下水的味是指味道。地下水一般是无味的，但当其中含有一定的某些化合成分或气体时变得有味（表 1-15）。

表1-15　地下水的味与所含组分的关系（据《水文地质手册》，1978）

| 地下水的味 | 咸 | 涩 | 苦 | 爽口 | 甜 |
|---|---|---|---|---|---|
| 所含组分 | NaCl | $Na_2SO_4$ | $MgCl_2$、$MgSO_4$ | $CO_2$ | $Ca(HCO_3)_2$、$Mg(HCO_3)_2$ |

### 6. 地下水的导电性

地下水的导电性是指其传导电流的性能，通常用电导率表示，其单位是西门子每米（$S \cdot m^{-1}$）或欧姆·米的倒数（$\Omega^{-1} \cdot m^{-1}$）。地下水的电导率取决于所含电解质的数量与质量，即各种离子的含量与其离子价。地下水中所含的离子含量越多，所含离子的离子价越大，其导电性越强。一般地下水的电导率为 $33 \times 10^{-5} \sim 1.3 \times 10^{-3} \Omega^{-1} \cdot m^{-1}$。电导率大小可随温度的变化而变化，温度升高时电导率值升高。

### 7. 地下水的矿化度

地下水的矿化度指其中所含的离子、分子与化合物的总量，常用单位是 mg/L 或 g/L。矿化度一般由实验室直接测得，其方法是把一定体积的地下水在 105 ～ 110℃下加热蒸发，剩下的干涸残余物的质量即为矿化度值。由于地下水的主要成分是七大常量离子，因此有时可把七大常量离子的总量作为矿化度的近似值。按矿化度大小，常把地下水分为五类（表

1–16）。一般的地下水多为矿化度 <1g/L 的淡水。

表1–16　地下水的矿化度分类（据《水文地质手册》，1978）

| 地下水的矿化度分类 | 淡水 | 微咸水 | 咸水 | 盐水 | 卤水 |
|---|---|---|---|---|---|
| 矿化度/（g/L） | ＜1 | 1～3 | 3～10 | 10～50 | ＞50 |

### 8. 地下水的 pH 值

地下水的 pH 值，又称地下水的酸碱度，指水中氢离子（$H^+$）浓度的大小。pH 值是地下水中 $H^+$ 浓度的负对数值，即 pH = –lg [$H^+$]。地下水可按 pH 值分为五类（表 1–17）。地下水的 pH 值取决于水中 $HCO_3^-$、$CO_3^{2-}$ 的数量；水中 $CO_2$、$H_2S$ 等气体组分也影响 pH 值大小，一般情况下水中上述离子或气体含量大时，pH 值小，地下水呈酸性。一般的地下水呈中性。

表1–17　地下水的pH值分类（据《水文地质手册》，1978）

| 地下水的pH值分类 | 强酸性 | 弱酸性 | 中性 | 弱碱性 | 强碱性 |
|---|---|---|---|---|---|
| pH值 | ＜5 | 5～6.5 | 6.5～8.0 | 8～10 | ＞10 |

### 9. 地下水的 Eh 值

地下水的 Eh 值，指氧化还原反应处于平衡时的环境电位值，又称氧化还原电位，是衡量地下水氧化还原能力的指数。常用单位是电压伏特（V）或毫伏特（mV）。一般地下水的 Eh 值为 600 ～ –200 mV，该值为正时表明地下水处在氧化环境，该值为负时说明处在还原环境。

## 四、地下水中元素的同位素特征及其应用

同位素指化学元素周期表中占据同一个位置（即原子核中具有相同的质子数），但核中中子数不同而表现出不同质量的同一种元素。地下水中常见的同位素如下：

氢（H）的同位素：$^1H$、$^2H$、$^3H$ 三种；

氧（O）的同位素：$^{14}O$、$^{15}O$、$^{16}O$、$^{17}O$、$^{18}O$、$^{19}O$ 六种；

碳（C）的同位素：$^{12}C$、$^{13}C$、$^{14}C$ 三种。

氢的同位素中，$^2H$(氘)、$^3H$(氚)和地震地下水观测与研究关系密切。$^2H$ 通常用 D 表示，是稳定同位素，可用来说明地下水成因。$^3H$ 常用 T 表示，可用来确定地下水的年龄。

地下水中 $^3H$ 含量与大气中的 $^3H$ 含量有关，而大气中的 $^3H$ 含量与人类的核试验有关，因此人类核试验鼎盛的 20 世纪 60 年代初的地下水中 $^3H$ 含量较高，之前与之后渗入形成的地下水中 $^3H$ 含量相对低。一般认为 $^3H$ 含量＜ 0.8T（氚单位）的地下水是 1952 年之前

形成的，> 50T 的地下水是 1963 ~ 1965 年间形成的，5 ~ 15T 的地下水是现今形成的。

氧的同位素中，$^{18}O$ 与地震地下水观测和研究关系密切，与 $^{2}H$ 一起用来说明地下水的成因。一般情况下，大气降水渗入成因的地下水符合大气降水线性方程（$\delta D=8\delta^{18}O+10$），岩浆水、变质水与沉积水等的 $\delta D$ 与 $\delta^{18}O$ 的关系，一般都偏离该方程线。

碳同位素中 $^{13}C$ 可用于判定地下水中碳元素的成因。例如，地下水 $CO_2$ 气体中 $\delta^{13}C$ 含量与其成因的关系，如表 1-18 所示。

表1-18　地下水$CO_2$气体中$\delta^{13}C$含量与其成因的关系（据车用太等，2006）

| $CO_2$成因 | 大气成因 | 生物成因 | 变质成因 | 地幔成因 |
|---|---|---|---|---|
| $\delta^{13}C$/‰ | −7 | <−25 | −3 ~ +4 | −47 ~ −8 |

当然，地下水中还有其他元素的同位素，其比值可用于判定水的来源，如 $^{3}He/^{4}He$、$^{40}Ar/^{36}Ar$、$^{4}He/^{40}Ar$ 等。

# 第二章　地下水物理动态

## 第一节　地下水动态的概念

### 一、地下水动态

地下水动态指地下水物理化学特性随时间的变化，由时间与观测的物理化学要素（观测量）构成，常用动态曲线表示。动态曲线上，一般纵坐标为观测的物理化学要素，横坐标为时间要素。

观测量多种多样。目前我国地震地下流体观测网中的观测量有井水位、井口压力、井（泉）水流量、井（泉）水温度及井（泉）水的电导率、离子（$Ca^{2+}$、$Mg^{2+}$、$HCO_3^-$、$SO_4^{2-}$、$Cl^-$ 等）、微量组分（Hg、F、Li、B、Sr 等）、水中溶解气体（$N_2$、$O_2$、Ar、$CO_2$、$H_2$、$CH_4$、$H_2S$、He、气体总量等）、水中逸出气（组分同溶解气）与断层带土壤逸出气（组分同溶解气），还有放射性气体氡（Rn）等，共有近 50 项。但主要的测项是井水位、井（泉）水温度、2 种氡（溶解氡，称水氡；井（泉）水中逸出的氡，称气氡）与 2 种汞（水中总汞，称水汞；井（泉）水中逸出的汞，称气汞），共计 6 种，其中前 2 种为地下水物理测项，后 4 种为地下水化学测项。近年来，地下流体（水）物理测项中的井（泉）水流量观测与地下流体化学测项中断裂带土壤中的 $CO_2$ 气体观测发展较快，也已形成一定的规模。

观测的量，分为两大类，一类是瞬时值，即某一固定的时间（如秒、分、时、日、旬、月等）观测到的值；另一类是累积值，即累积一定时间段后一次性测得的值。井水位、井（泉）水温度与流量观测的值，多为分钟值、时（整点）值等瞬态的物理特性值。水氡与水汞观测的值，多是日值，即每日固定时间内采得的水样，经脱气与测试得到的值，作为当日的水氡或水汞值。气氡与气汞观测的值是经自动脱气或集气后观测到的气体中氡与汞的含量。断层气 $CO_2$ 的观测值是观测孔中累积一天的土壤逸出气中所含的 $CO_2$ 总量，是日累积值。

地下流体（水）动态曲线，可以直接用观测量绘制，也可以对直接观测量进行加工成为其他量，如把分钟值加工成时均值，把时（均）值加工成日均值，把日（均）值加工成月均值，把月（均）值加工成年均值等，再绘制动态曲线。每类动态曲线上反映的是不同层次的动态特征与动态规律。

不同观测值类的动态曲线上，时间要素显然应有所不同。分值动态曲线的时间坐标应是分钟值，时（均）值动态曲线的时间坐标应是时值，日（均）值动态曲线的时间坐标应是日值，等等。

由此可见，由于纵坐标中的物理化学特性（观测量或加工值）与横坐标中时间单位的不同，可以绘出多种多样的动态曲线。究竟要绘出什么样的动态曲线，取决于要研究的问题，特别是要承担的地震监测任务，要抓临震异常则要用分钟值绘日或月动态曲线，要抓短临异常则要用时（均）值绘月或多月动态曲线等。

## 二、地下水物理动态的概念

地下水物理动态，指地下水物理特性随时间的变化特征。如前所述，地震地下水动态观测中常见的物理量是井水位、井（泉）水温度与井（泉）水流量三项。

观测的井水位动态分静水位与动水位两类，如图 2-1 所示。静水位（$H_s$），指在非自流井中测定的井口某一个固定的基点至井水面的垂直距离（图 2-1a）。动水位（$H_d$），指在自流井中，有泄流的条件下测定的泄流口中心线到井水面的垂直距离（图 2-1b）。在水位动态曲线的纵坐标中，静水位观测值以井口为基点，即零点，随井水面埋深的增大而增大（图 2-2a）；动水位观测值以泄流口中心线为零点，随水柱高度的增大而增大（图 2-2b），井水位的基本单位是米（m）。无论是在静水位动态曲线还是动水位动态曲线上，曲线向上表示水位上升，曲线向下表示水位下降，因此静水位纵坐标数值是上小下大，动水位则恰好相反为上大下小（图 2-2）。

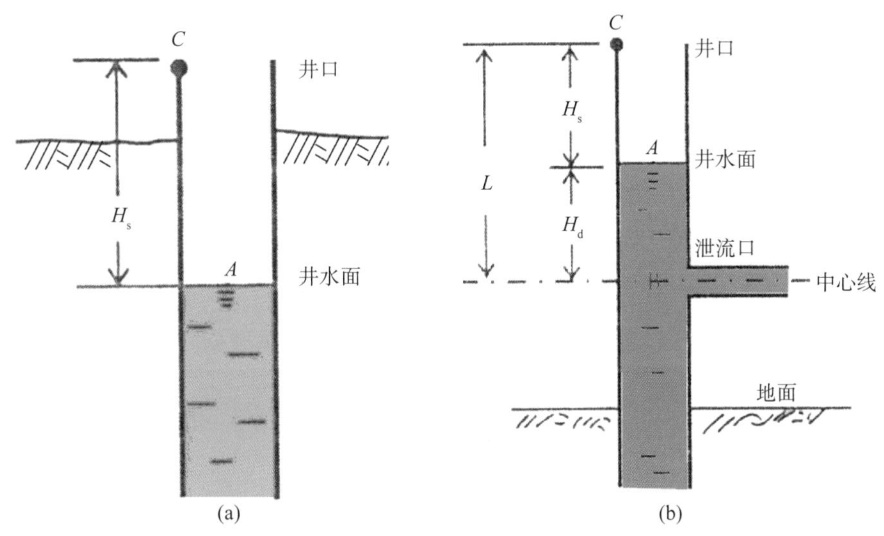


图 2-1 静水位与动水位的概念图（据车用太等，2006）

（a）静水位；（b）动水位

$H_s$—静水位；$H_d$—动水位；$L$—参考基准点到泄流口中心线的距离；$A$—井水面；$C$—参考基准点（面）

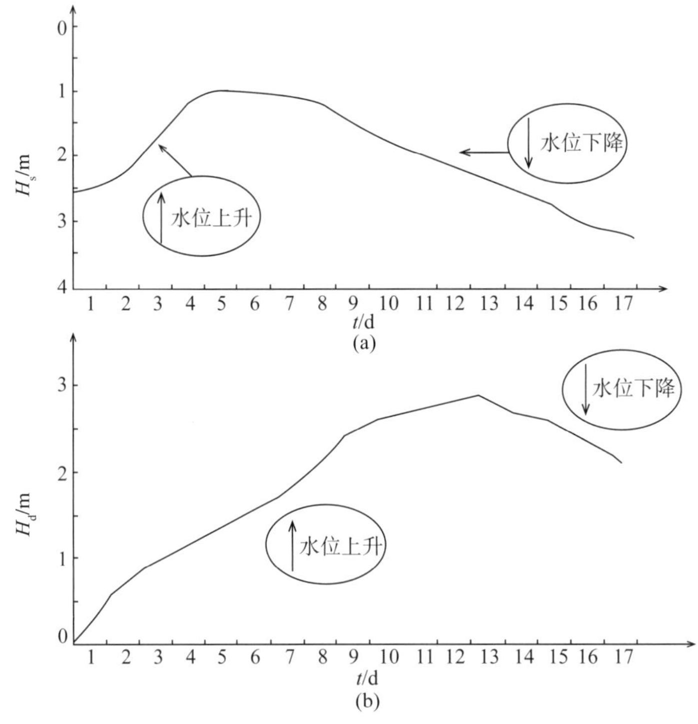


图 2-2 静水位与动水位的动态曲线

（a）静水位；（b）动水位

井水温度指井水面以下某一固定深度上水的温度值。由于地壳表层水的温度受太阳辐射热的影响，因此井水温度观测深度一般要大于太阳辐射热的影响深度，这个深度约为 20 ~ 30m。井水深度的动态曲线上，纵坐标规定由下而上温度由低到高，井水温度的基本单位为摄氏度（℃）。

泉水温度一般指泉口底部出水点水温值。井（泉）水的流量指单位时间内自流井泄流口或泉口流出的水的体积，其基本单位是升每秒（L/s），流量较大时也可用立方米每小时（$m^3/h$）表示。其动态曲线上，纵坐标（流量）的规定是向上为大，向下为小。

地下水的三项物理动态曲线，根据需要研究的问题也应分时间层次绘制，如表 2-1 所示。

**表2-1 地下水物理动态曲线类型及其用途**

| 绘制曲线用值 | 绘制的曲线动态类型 | 日常动态分析内容 | 前兆异常分析内容 |
|---|---|---|---|
| 分钟值 | 日（多日）动态曲线 | 阶变、脉冲、同震效应、震后变化等 | 临震异常 |
| 时（均）值 | 月（旬）动态曲线 | 降雨与开采干扰、潮汐与气压效应、同震响应与震后变化等 | 短临异常/临震异常 |
| 日（均）值 | 年（月）动态曲线 | 降雨与开采干扰、气压效应、同震响应与震后变化等 | 短期异常/中短期异常 |
| 月（均）值 | 多年（年）动态曲线 | 降雨与开采干扰等 | 中期异常/中长期异常 |

## 三、地下水物理动态的分类

地下水物理动态还可以按与地震的关系及成因类型分为不同层次，如表 2-2 所示。

表2-2　地下水物理动态的分类

| 一级分类 | 二级分类 | 三级分类 | 四级分类 |
|---|---|---|---|
| 正常动态 | 正常日动态<br>正常月动态<br>正常年动态<br>正常多年动态 | 正常的气象、水文与天文活动等引起的动态 | |
| 异常动态 | 干扰异常动态 | 降雨异常干扰动态<br>开采异常干扰动态<br>其他异常干扰动态 | |
| | 地震异常动态 | 震前异常动态（前兆异常） | 长期异常动态<br>中期异常动态<br>短期异常动态<br>临震异常动态 |
| | | 同震异常动态<br>震后异常动态 | |
| | 观测异常动态 | 观测环境异常动态<br>观测条件异常动态<br>观测仪器异常动态<br>观测不当异常动态 | |
| | 性质不明的异常动态 | 构造活动异常动态等 | |

正常动态，指在一定的地质 - 水文地质条件下，影响动态特征的各类因素无异常变化，以及井区及其邻近范围内无一定震级的地震活动情况下（按照已有的经验，$\Delta$（井震距）$\leqslant$ 100km 范围内无 $M_s$4.0 ～ 4.9 地震活动，$\Delta \leqslant$ 200km 范围内无 $M_s$5.0 ～ 5.9 地震活动，$\Delta \leqslant$ 300km 范围内无 $M_s$6.0 ～ 6.9 地震活动，$\Delta \leqslant$ 600km 范围内无 $M_s$7.0 ～ 7.9 地震活动，$\Delta \leqslant$ 1000km 范围内无 $M_s \geqslant$ 8.0 地震活动），出现的动态。一定的地质 - 水文地质条件指井区地形地貌、地层岩性、地质构造、水文地质特征等大的自然条件，这些条件一般在日、月、年、多年的时间尺度上不会引起动态变化，但会决定动态的背景值。影响动态特征的各类因素指天文（日、月活动）因素、水文（江、河、海、湖、库、渠）因素、气象（雨、雪、气压、气温）因素及某些人类活动（地下水开采、地下采矿、地下注水等），这些因素在一般情况下，其作用往往是有一定规律与一定限度的，对地下水物理动态的影响也是有规律与有限度的，此时产生的动态是正常动态。一般的地下水动态，多属于正常动态。然而，有些时候，这些因素的变化可能变得无规律，超出一般的作用强度，那么它们对地下水物理动态的影响结果是其变化规律发生改变。这样的动态则不属于正

常动态。

异常动态，指违背正常动态变化规律的动态。如上所述，影响动态特征的各类因素的不正常变化，井区及其邻近地区有一定震级的地震活动时出现的动态，称为异常动态。常见的异常动态有两类：一是各类影响因素的异常变化引起的，二是与地震活动有关的异常，前者常称为干扰异常，后者常称为地震异常。

干扰异常动态中最多见的是降雨与地下水开采引起的干扰异常。降雨的干扰异常出现在降水量的异常变化（特别多或特别少）与降雨时间的异常变化（特别早或特别晚）等情况下。开采的干扰异常出现在有新的开采井施工与生产或原有开采井的开采量、开采时间、开采周期等发生异常变化的情况下。当然，在一定范围内地下采矿疏干排水或油田区注水采油等也会引起类似的干扰异常；当地表水体（江、河、海、湖等）的水位或流量异常变化，如水库蓄水与放水、水渠引水与放水等也会引起类似的干扰异常。还有常见的干扰动态，尤其是数字化观测之后，出现了一些新的干扰异常，如供电状态等观测环境的异常变化引起的异常，观测仪器的故障、老化、维修、更换等引起的异常，甚至观测不当引起的异常及不正常观测引起的异常动态。上述种种干扰异常是需要在日常监测与震情分析中，特别要识别、分析与排除的异常。

地震异常动态中最重要的是地震前出现的异常，即前兆异常。一般情况下，认为 $\varDelta \leqslant 100$km 范围内发生 $M_s4.0 \sim 4.9$，$\varDelta \leqslant 200$km 范围内发生 $M_s5.0 \sim 5.9$，$\varDelta \leqslant 300$km 范围内发生 $M_s6.0 \sim 6.9$，$\varDelta \leqslant 600$km 范围内发生 $M_s7.0 \sim 7.9$ 地震时记录到的异常，才可视为地震前兆异常。有时，地下水物理异常对应的地震可以发生在很远处，井震距超过上千千米，甚至达几千千米。地震前兆异常，按其出现的时间或异常开始出现到发生地震的时间长度，常分为长、中、短、临震异常。长期异常，指发震前一两年甚至三四年开始出现的异常；中期异常，指发震前三个月至一年的时间段内出现的异常；短期异常，指发震前三个月至一周（或十天）的时间段内出现的异常；临震异常，指发震前一周或十天的时间段内出现的异常。地下水物理动态的前兆异常多属于中短期或短临异常。地震异常中，近十年还特别关注同震异常与震后异常。同震异常多指地震波作用在井－含水层系统引起的异常，如水位的振荡或水温的起伏，水位与水温的同震阶变（阶升或阶降）。震后异常指震时出现的振荡或阶变等变化，震后许久（几天甚至几十天，有时永久）恢复不到震前的状态或特征的异常。有的学者认为，震后变化异常中包含着对下一个地震活动的指示信息。

有些异常是很可靠且可信的，但既不属于干扰异常也不属于地震前兆异常（异常出现后，无地震对应），一般可归于性质不明的异常动态。这类动态，可能是区域构造活动引起的。

# 第二节　井水位动态

## 一、井水位正常动态

### 1. 井水位的多年正常动态

井水位的多年正常动态，基本上可分为三种：趋势下降型、趋势上升型与趋势平稳型（图 2-3）。

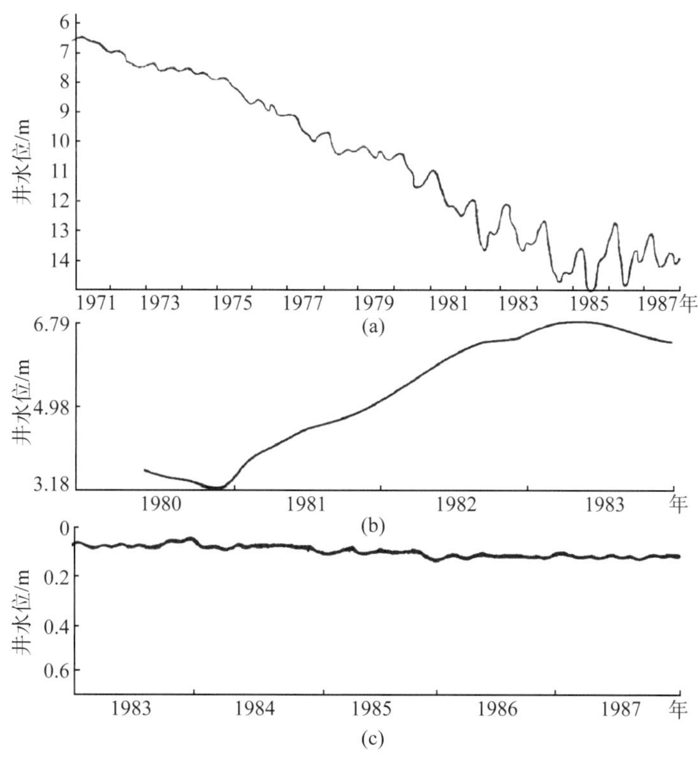


图 2-3　井水位的多年正常动态

（a）趋势下降型；（b）趋势上升型；（c）趋势平稳型

井水位的多年趋势下降型是最常见的多年动态类型，多与区域地下水的长期超量开采有关。多年趋势上升型动态不多见，仅见于有注水开采的油田区和地下注水的地区。多年趋势平稳型动态，见于不受降雨渗入补给与地下水开采影响的少数深井中。

### 2. 井水位的正常年动态

井水位的正常年动态类型有多种，大体上可分为上升型、下降型、平稳型、起伏型 4 种。年上升型、年下降型、年平稳型动态，自然出现在多年动态表现为趋势上升型、下降型与平稳型动态的观测井中，但这种年动态不多见。常见的年动态类型是起伏型动态。起伏型动态类型多与时间尺度上有规律的降雨渗入补给、地下水开采与大气压力的变化等有关。大气降雨渗入补给时井水位上升，无雨渗入补给时井水位下降，因此一般表现为雨季水位上升、无雨季节水位下降的特点，图 2-4 所示。

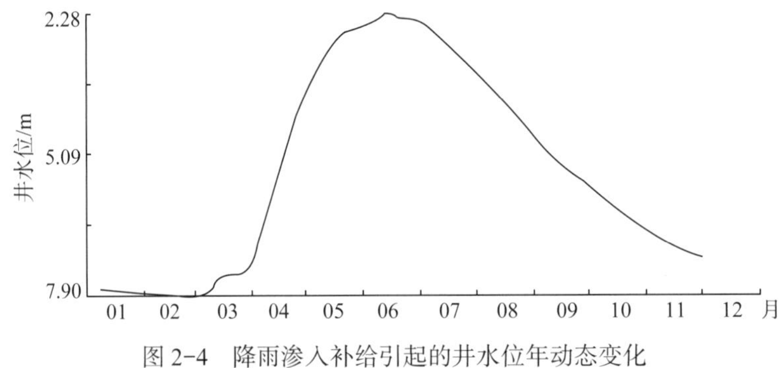


图 2-4　降雨渗入补给引起的井水位年动态变化

然而，降雨与井水位年动态的关系较为复杂，一方面由于井区的地质 - 水文地质条件不同及观测井与降雨渗入补给区间的距离不等，另一方面由于降雨量大小及其分布等有差异，降雨引起的井水位年动态表现为多种多样。据全国 127 口井水位年动态特征分析，可分为 0–0 型、1–0 型、0–1 型、1–1 型、2–2 型、*n–n* 型等 6 种，0–0 型表示年动态中无峰无谷，即不受降雨影响的平稳型动态；1–0 型动态表示年动态曲线中有峰无谷，即受降雨的影响后井水位持续上升；0–1 型动态表示年动态曲线中无峰有谷，即降雨的影响在年动态上无反映；1–1 型动态表示年动态曲线中有一峰一谷，即当年降雨与无雨在年动态中表现出来；2–2 型动态表示水位年动态曲线上有两峰两谷，即降水影响与无雨影响各表现出两次。其中，最多见的是 1–1 型（单峰单谷型）年动态，然而即使这一类动态中，井水位对降雨的反应时间也不尽一致，有快速响应者，即降雨后井水位很快上升，也有滞后响应者，滞后的时间短则几天长则几十天甚至上百天等。

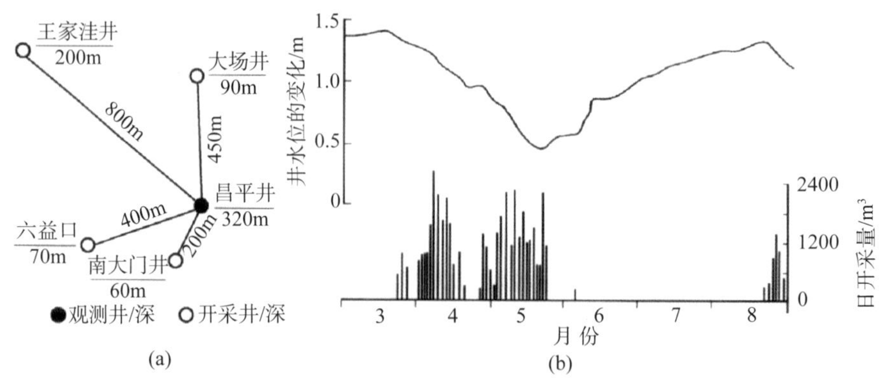


图 2-5　季节性开采引起的井水位年动态

地下水开采引起的年动态多表现为井水位下降，若持续开采时井水位则持续下降，若季节性开采时井水位则季节性下降，如图 2-5 所示。当然，井水位下降的幅度、时间等随井区水的地质条件与开采方式、开采量、开采时间等的不同而不同。

起伏型动态中，有些深井水位动态的有规律起伏与井区大气压力的有规则年变化有关，如图 2-6 所示。一般夏季气压低，井水位上升；冬季气压高，井水位下降。

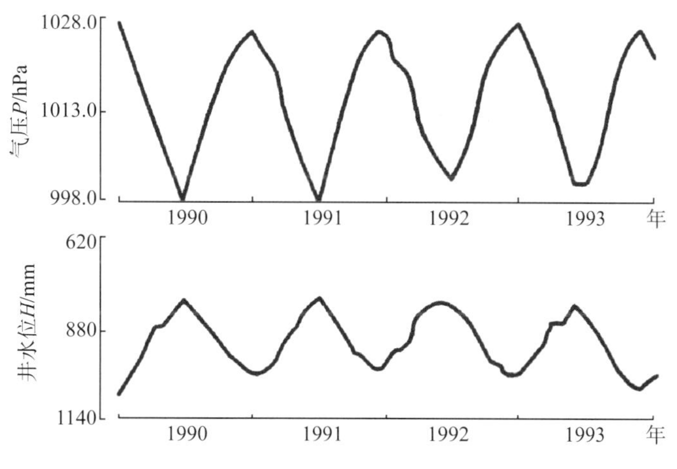


图 2-6　气压的有规律年变化引起的深井水位年动态

### 3. 井水位的正常日与月动态

井水位的正常日、月动态中常见的成因动态类型有固体潮汐效应、气压效应、地震效应等微动态信息。这些微动态信息是由于含水层受力的作用后产生变形或破裂，引起含水层中的孔隙压力变化及井 - 含水层间的水流运动导致井水位的升降变化。

（1）井水位的固体潮效应。

指在日、月对地球的引力作用下，含水层体积的膨胀与压缩变形引起的井水位的有规律升降变化（图 2-7）。当日、月引力变大时，含水层发生相对膨胀，孔隙度增大，孔隙压力变小，井水回流到含水层中，使井水位下降；而当日、月引力变小时，含水层发生相对压缩，孔隙度变小，孔隙压力升高，含水层中的地下水流入井筒中去，使井水位上升。由于日、月引力主要是月球对地球的引力变化引起的，在朔日（农历初一）与望日（农历十五）引力变化大，井水位日升降幅度也大，且每日表现出双峰双谷的特征；而在上弦（农历初七）与下弦（农历二十三）月球对地球的引力变化小，井水位日潮差也小，且多表现为每日单峰单谷的变化。在我国地震地下水动态观测网中，约有 2/3 的观测井中可见井水位的潮汐效应。井水位的潮汐效应，常通过与理论固体潮（重力固体潮或体应变固体潮）曲线形态的对比分析予以确认（图 2-7）。

有些邻近海岸线的观测井中，也可以记录到潮汐效应，即井水位随日、月引力的变化而有规律升降变化的现象（图 2-8）。然而这种现象不是地球固体潮效应，而是海洋潮汐效应，是海水位的有规律升降变化引起的井水位的升降变化。当日月引力增大时，海水位上涨，对井区含水层产生压应力作用，使其孔隙度变小，孔隙压力增大，引起含水层中地下水流入井筒内，使井水位上升；同样，当日月引力变小时，使井水位下降。由此可见，井水位的地球固体潮效应与海洋潮汐效应的最显著差异是相位相反，即日月引力增大时，地球固体潮作用下的井水位下降，而海潮作用下的井水位上升。

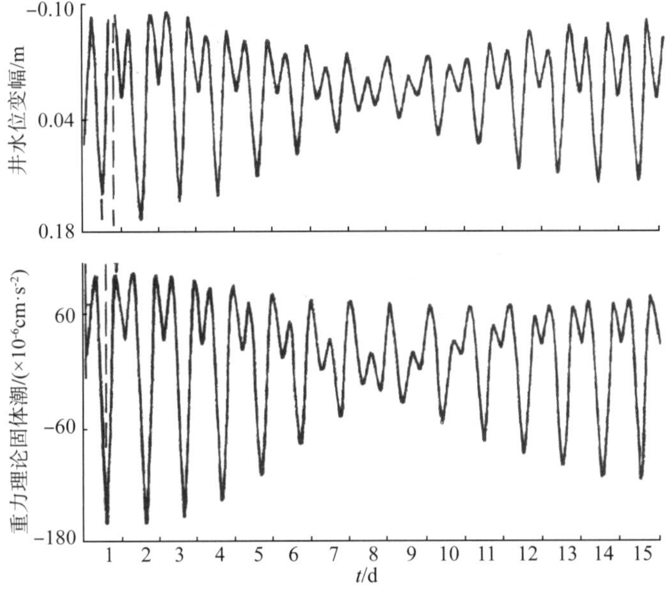


图 2-7 井水位的地球固体潮效应

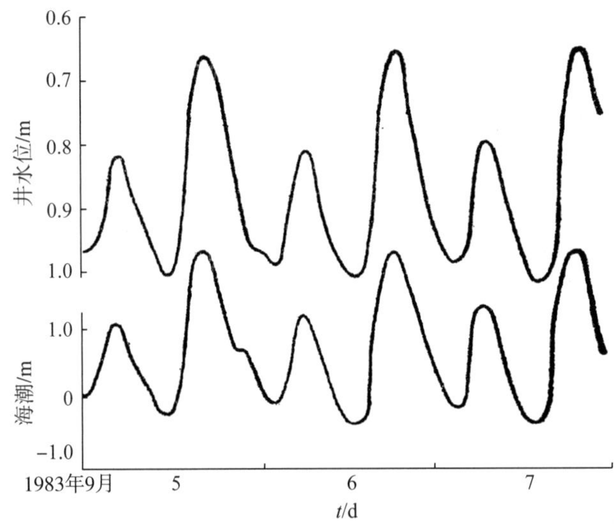


图 2-8 井水位的海洋潮汐效应

（2）井水位的气压效应。

指井水位随大气压力的波动而升降变化的现象。当大气压力升高时，由于作用在井水面上的大气压力作用强于通过大地传递到含水层顶面上的大气压力作用，此时引起的含水层孔隙压力变化值小于作用在井水面上通过井筒水柱传递到含水层上的压力值，从而使井水回流到含水层中去，引起井水位下降；而当大气压力降低时，由于含水层中的孔隙压力大于井孔中的水压力变化，含水层中地下水流入井筒内，使井水位上升。由于气压作用有多个频带，井水位气压效应也可表现在多个层次时间动态中，除年动态上有表现（图 2–6）外，还可表现在以日（均）值为单位绘制的月动态曲线（图 2–9a）上，甚至有些井可表现在以时（均）值为单位绘制的日或多日动态曲线（图 2–9b）上。我国地震地下水观测网中，约一半的观测井中可见到井水位的气压效应。

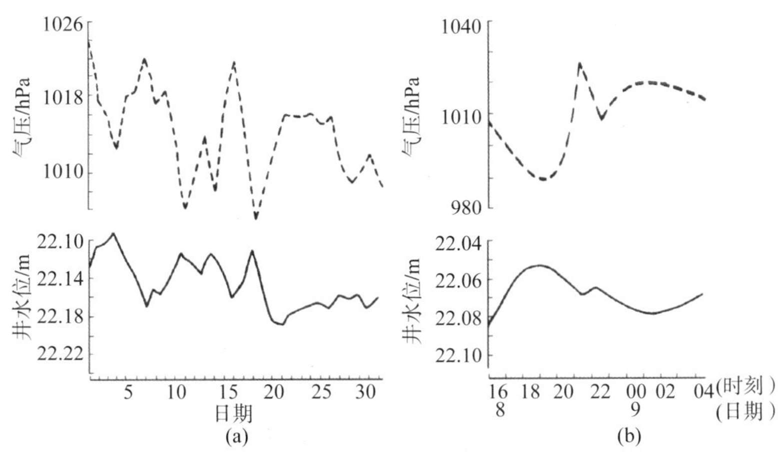


图 2–9　井水位的气压效应

（a）井水位月动态曲线；（b）井水位日动态曲线

（3）井水位的地震波效应。

指地震波作用引起的井水位的震荡现象。地震波在含水层中经过时，会引起含水层的压缩与膨胀变形交替变化，其中的孔隙压力也升 – 降交替变化。含水层受压时孔隙压力升高，含水层中地下水流入井筒内，使井水位上升；含水层受张时孔隙压力减低，井筒中的水流回含水层中，使井水位下降；如此快速反复，使井水位表现出震荡变化，常称为水震波（图 2–10a）。对于这种震荡变化，用井水位展开装置或秒钟采样记录之后（图 2–10b），进行频谱分析结果发现，其主要震荡周期为 10 ～ 20s，属于地震面波作用引起的。有些观测井中，由于井 – 含水层间的导水性不好，表现不出完整的井水位震荡图像，而表现为井水位的同震阶变（图 2–10c），或阶升或阶降。由于数字化水位仪的采样率低（1 次 / 分钟），记录不到真实的水位震荡图像，记录到的水位起伏是失真的图像（图 2–10d），不能用于频谱分析。

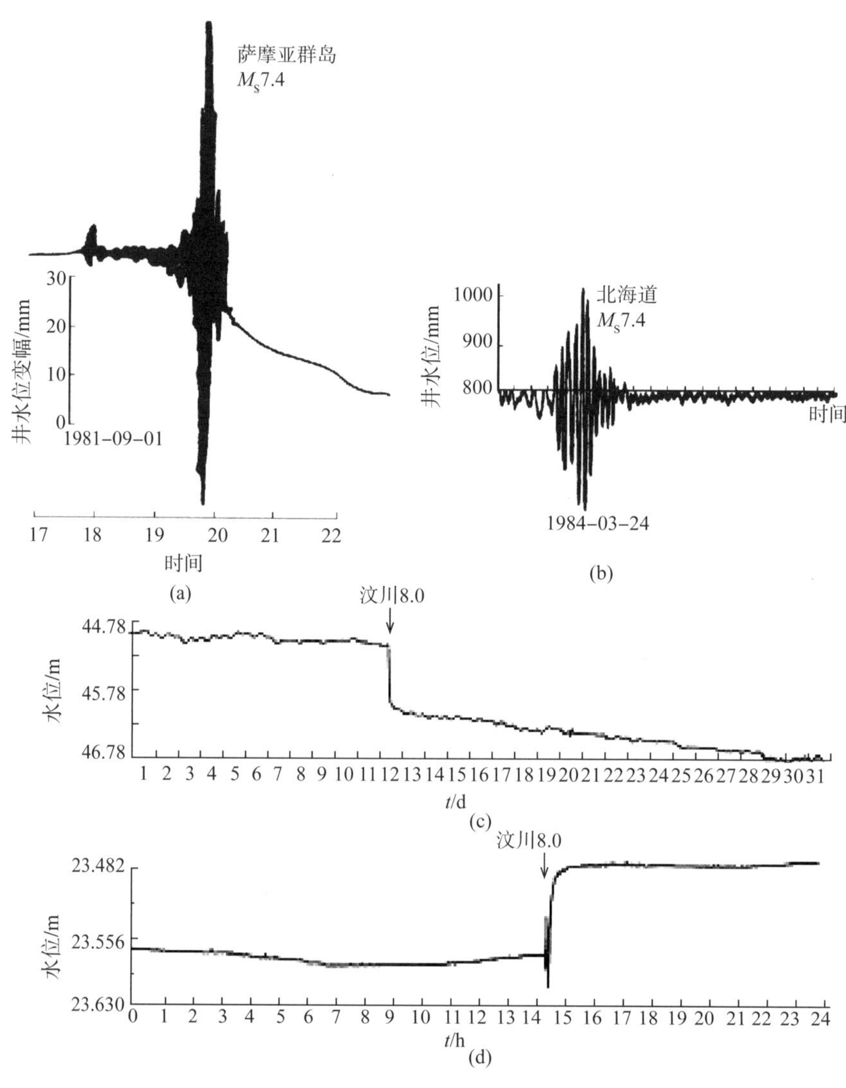


图 2-10 井水位的地震波效应

（a）模拟记录的水位震荡图；（b）展开装置记录的水位震荡图；
（c）水位同震阶变图；（d）数字化仪器记录到的水位震荡图

（4）其他微动态现象。

有些井水位的日、月动态中还可见其他的微动态现象，如井水位的降雨载荷效应、地表水体载荷效应等。井水位的降雨载荷效应，见于平原区的一些深井（深大于等于1000m）中，较大的降雨之后，由于地表大面积积水，其荷载迅速传递到地下，并作用到含水层顶板上，使含水层受压，孔隙压力升高，含水层中地下水流入井筒中，使井水位上升（图 2-11a）。井水位的地表水体荷载效应，也见于平原区邻近大型地表水体的深井中，井水位随地表水位的起伏而升降（图 2-11b）。个别邻近铁道、滑坡体的观测井中，还可见井水位的列车荷载效应与滑坡体滑动效应等。

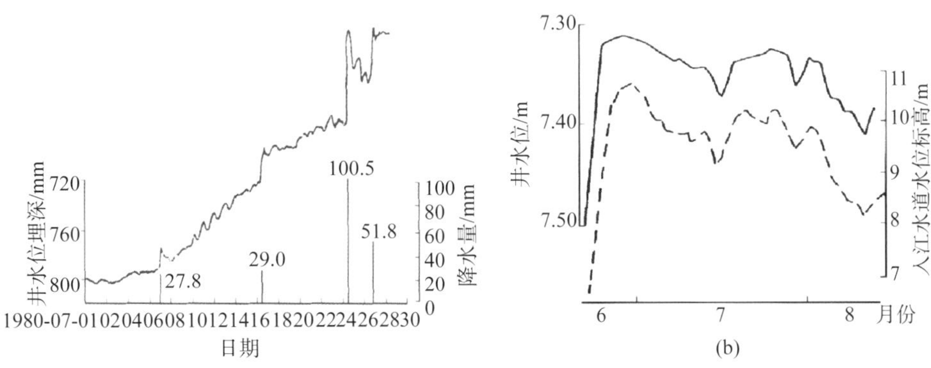


图 2-11　井水位的降雨荷载效应（a）与地表水体荷载效应（b）

当然，井水位的日、月动态中，在观测含水层顶板埋深不大，且观测井距大气降雨的渗入补给区较近时，无疑会有大气降雨渗入补给作用引起的井水位变化；在一定范围内有与观测含水层同层的地下水开采井时，观测井中也含有地下水开采引起的井水位的变化。有规律地补给与开采，使井水位变化也有规律可循，为正常动态，但无规律地补给与开采，使井水位变化也无规律变化，此时则为干扰异常动态。

## 二、井水位的干扰异常动态

井水位动态中，最多见的是降雨渗入补给与地下水开采引起的干扰异常。有些井水位动态中，还可见其他的干扰异常，如地表水体渗漏补给、地表水体荷载作用异常，矿山开采、井孔老化、井口装置异常变化引起的干扰动态等，不过这类干扰动态并不常见。

### 1. 降雨渗入补给异常引起的井水位干扰异常

一个地区的降雨，无论是其量的大小还是在时间上的分布，总体上是有一定规律的，但这种规律并不严格，而且有时会严重偏离一般规律，降雨量表现为特大或特小的异常，此时井水位的年变化或月变化的一般规律被打破，甚至打破日变化规律，表现出井水位的异常。

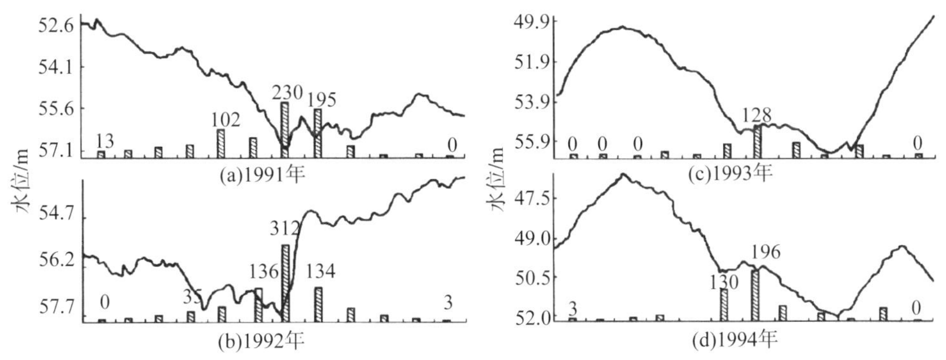


图 2-12　降水量异常引起的井水位异常

图 2-12 为唐山井 1991 ～ 1994 年井水位日均值年动态与井区月降雨量对比曲线。该区多年平均降雨量为 500mm 左右，多集中分布在 6 ～ 8 月份，正常年份的井水位一般 9 ～ 10 月份后上升，如 1991，1992，1993 年。但 1992 年由于 7 月份降雨量很大，比一般年份多 1 ～ 2 倍，导致 7 月份水位陡升，井水位年变规律遭到破坏，表现为高值干扰异常。而 1994 年则因年总降雨量偏少，9 ～ 10 月份水位回升表现不明显，为低值干扰异常。

### 2. 邻井开采异常引起的井水位干扰异常

图 2-13 为大同晋 2-1 井水位受邻近电厂水源地群井抽水试验干扰的实例。图 2-13(a) 为井区地质图，晋 2-1 井与电厂同在一个水文地质单元上。晋 2-1 井位于大同市南郊，井深 301.19m，水位观测层为顶板埋深 93.41m 的下更新统（$Q_1$）杂色黏土中的 4 层砂砾石层与顶板埋深 254.5m 以下的上新统（$N_2$）细砂层，观测层累计厚度 25m ；电厂距晋 2-1 井约 2km，距该井约 3km 处建有供水基地，拥有 19 口抽水井，抽水井深几十至几百米不等，开采层有潜水层，但多数为中、下更新统（$Q_{2-1}$）与上新统（$N_2$）砂或砂岩含水层，与晋 2-1 井的观测层一致。1983 年 5 月开始，晋 2-1 井水位明显下降，到 1984 年 6 月共

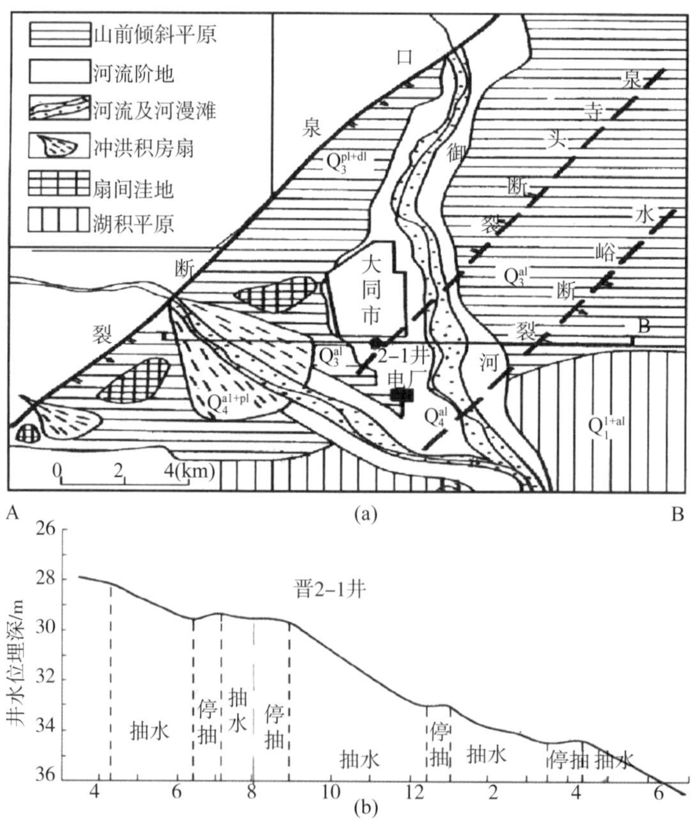


图 2-13 邻近抽水井开采引起的井水位干扰异常

（a）研究区地质图；（b）井水位异常与抽水试验过程对比

降 9m，表现出明显的趋势型下降异常（图 2-13b）。到现场进行异常调查与落实，发现井水位下降与电厂水源地群井抽水试验有关。晋 2-1 井水位异常开始时间与群井抽水试验开始时间吻合；晋 2-1 井水位下降过程，可细分为多个下降—上升的小过程，而这个小过程与抽水试验分多次抽水与停抽的过程相对应（图 2-13b）；晋 2-1 井水位每次下降的幅度又与当次抽水试验的抽水量大小有关。由此可见，晋 2-1 井 1983 ～ 1984 年大幅度趋势下降型的异常，就是电厂水源地群井多次抽水试验引起的干扰异常。

### 3. 地下采矿疏干排水引起的井水位干扰异常

图 2-14 为川 06 与川 18 井水位受邻近矿区疏干排水引起的干扰异常。图 2-14a 为矿

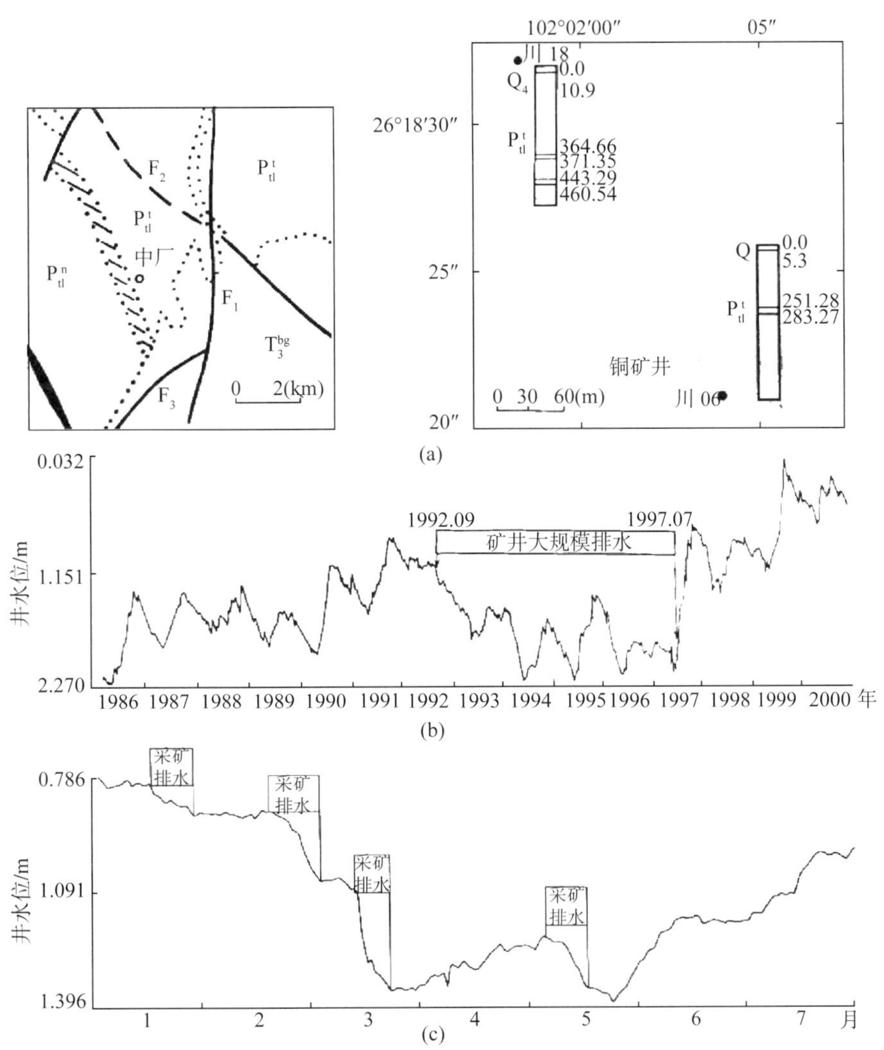


图 2-14 地下采矿疏干排水引起的井水位干扰异常

（a）矿区与观测井分布图；（b）川18井1986～2000年水位动态图；（c）川18井1998年1～7月动态图

区及其两口井的相对位置示意图。矿区为地下开采的铜矿区，矿层为下元古界通安组(P1tt)下部变质岩系中的层状铜矿，其埋深约200m，1992年下半年开始疏干排水采矿。川06井位于矿区SEE115m处，川18井位于矿区NNW345m处。川06井深600.26m，观测含水层为埋深251.25 ~ 283.29m的下元古界通安组（P1tt）大理岩破碎带承压水。川18井深523.38m，观测含水层为埋深364.66 ~ 371.55m与443.29 ~ 460.54m的下元古界通安组（P1tt）变质岩破碎带承压水。矿区疏干排水层与两口井观测层间有水力联系。

图2-14b为川18井1986 ~ 2000年间井水位多年动态曲线。由图可见，1992 ~ 1997年间井水位动态表现出明显的低值异常，而这个时间正是铜矿大规模开采的时段，1997年之后铜矿基本进入小规模开采阶段，随着疏干排水量的减少，井水位也相应回升。图2-14c为川18井1998年1 ~ 7月水位日均值动态曲线，表现出多次“下降—回升”的动态特性，而“下降”则与采矿排水时间相对应，“回升”则与停采停排时间相对应。这是非常典型的地下采矿疏干排水引起的井水位干扰动态的实例。

### 4. 地表水体水位涨落引起的井水位干扰异常

地下水体水位涨落引起的井水位干扰异常可分为两类。一类是地表水与观测井观测含水层地下水间有水力联系时，井水位随地表水体水位涨落，受地表水体渗入补给的量也发生变化，由此引起干扰异常。另一类是地表水与观测井观测含水层地下水间无水力联系，但井水位随地表水体水位的涨落而变化的干扰异常，这种异常是地表水体的荷载作用到观测含水层顶板，使含水层变形与孔隙压力变化引起的。

图2-15为内蒙古丰镇井所示因地表水体的荷载作用引起的井水位干扰动态之例。图2-15(a)为井区地质剖面图。该井深98.83m，观测含水层为上新统($N_{1-2}$)砂砾岩承压含水层，井水自流，观测的是动水位。距该井约300m处有饮马河流过。平时水量很少，其水位变化对丰镇井水位没影响，但2002年8月3日当地暴雨，河水位猛涨，河水面扩展到距井口仅几米处，此时井水位也猛升，升幅有10cm之多（平时井水位日变幅不过1cm左右），异常十分显著（图2-15b)。饮马河洪水过后，井水位很快回落，不过还有一部分水位未能回落到原来的水平，这可能是浅层土被水饱和后对下伏观测含水层仍施加一定压力所致。

对井水位动态产生干扰的还有其他因素，如融雪水的渗入补给、地下注水补给、山体滑坡活动、火车荷载作用，等等。当然有些干扰动态是观测环境（供电、通信等）、观测仪器与装置（故障、维修、更换等）、观测操作等不正常引起的。

必须要说明的是，井水位的有些正常动态与干扰异常动态产生的因素甚至其机理都无本质的差别，当各类影响因素的作用符合一般规律时，产生的是正常动态，而影响因素的作用违背了一般作用规律时，产生的是干扰异常动态，某些因素第一次作用时可能视为干扰动态，但这种因素从此之后都定时定量作用时，这种干扰动态可逐渐变成正常动态，等等。

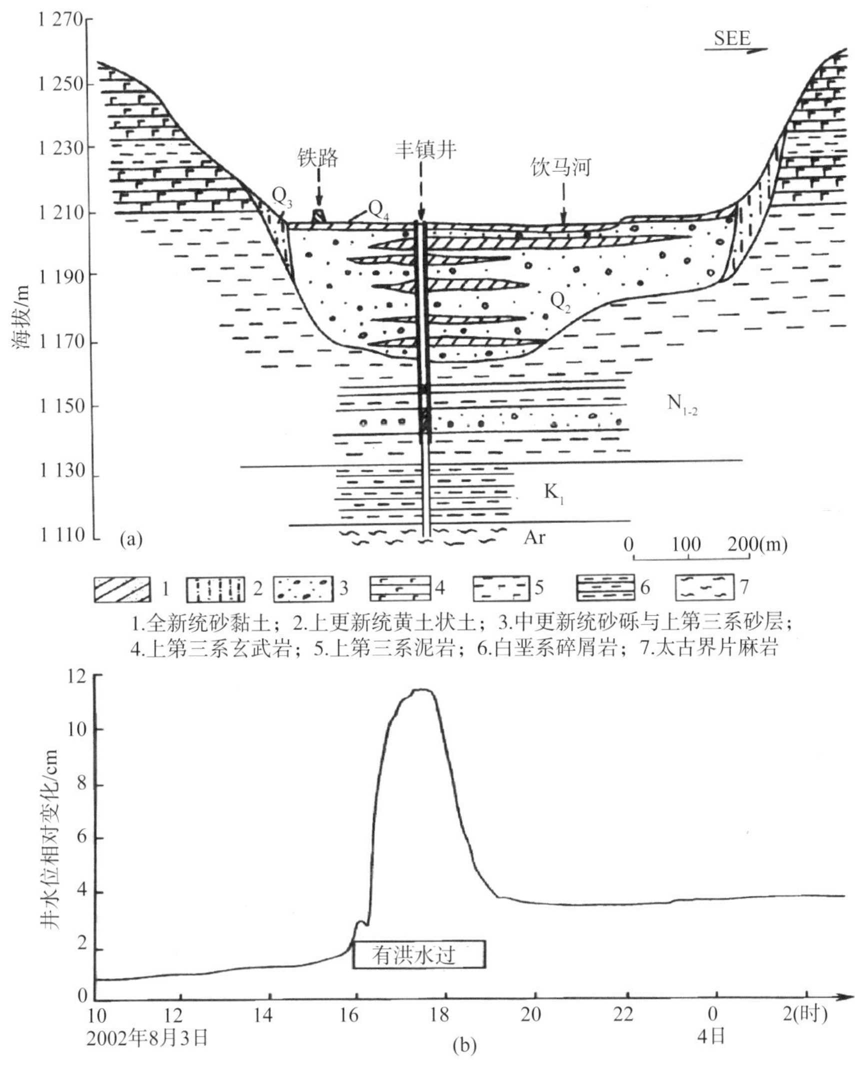


图 2-15　地表水体荷载作用引起的井水位干扰异常

## 三、井水位的前兆异常

### 1. 井水位的中长期前兆异常

图 2-16 所示为内蒙古兴和井水位 1993 ～ 1998 年日均值动态曲线。该井深 149.37m，观测层为顶板埋深 82m 的下第三系（E）砂岩孔隙承压含水层。该井水位埋深 5.0m 左右，水位年变幅小于 0.3m，正常动态基本上为平稳型，但从 1995 年开始井水位趋势上升，到 1996 年 5 月 3 日包头西发生 $M_S$6.4 地震（井震距 400km），水位异常上升 1.2m，其后一直在高值上起伏，1998 年 1 月 10 日河北张北发生 $M_S$6.2 地震（井震距 60km），之后缓慢下降。

对这个异常，进行了多年跟踪调查与研究，排除了降雨渗入补给量异常增大或地下水开采量异常减少引起干扰异常的可能性。

井水位的中长期趋势前兆异常，不仅有多年上升型高值异常，也有多年下降型低值异常，如 2008 年 5 月 20 日汶川 $M_S$8.0 地震前四川浦江井水位 2006 年 12 月～2008 年 5 月表现出低值异常（图 2-17）。

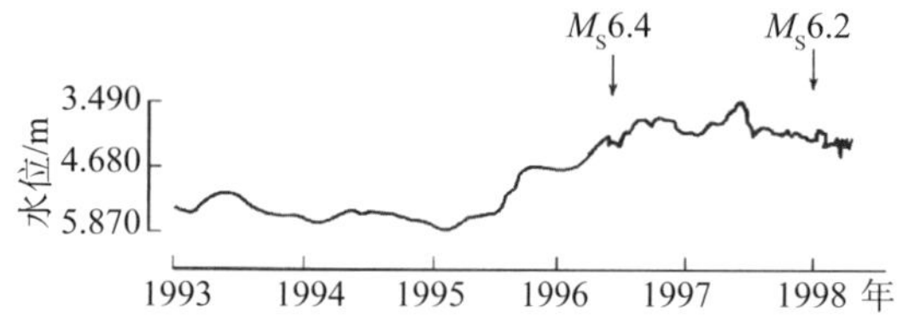


图 2-16　井水位的多年前兆性趋势上升型异常实例

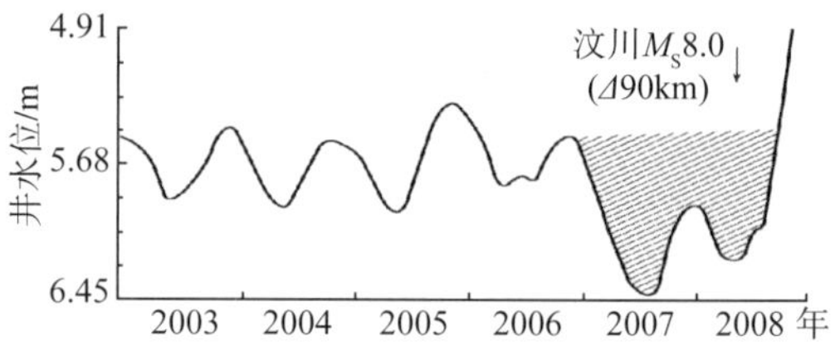


图 2-17　井水位的多年下降型异常实例

### 2. 井水位的中期前兆异常

图 2-18 为河北唐山矿（山西水 2）井水位的中期年变异常。该井深 286.9m，观测层为顶板埋深 150m 的奥陶系（O）灰岩岩溶承压水层。该井水位受城市地下水开采的影响，井水位逐年下降，1996 ～ 1998 年间降到 45 ～ 55m；但井水位年变规律较清楚，其年动态曲线形态为“N”字型，即 1 ～ 3 月上升，4 ～ 6（7）月下降，7（8）～ 11（12）月上升，但 1997 年 4 月开始持续下降，到年底才略有回升，年正常动态完全遭到破坏，1998 年 1 月 10 日张北发生 $M_S$6.2 地震（井震距 360km）。对这个异常，也做了跟踪调查与研究，排除了年降雨补给量异常减少或地下水开采量异常增多引起的干扰异常的可能性。

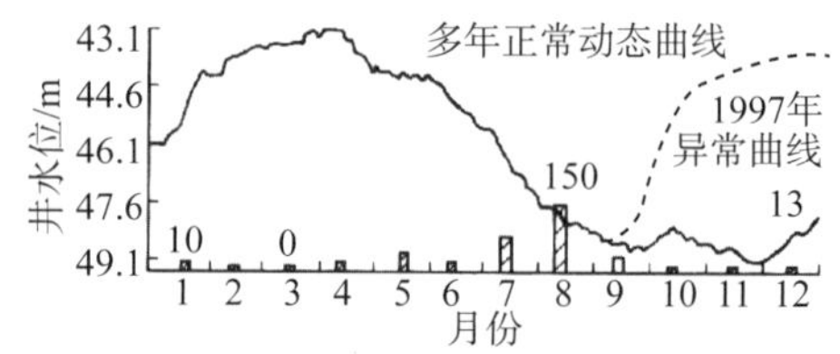


图 2-18　井水位的中期前兆性年变异常实例

井水位中期前兆性异常还可以有其他形态，如上升型异常等。

### 3. 井水位的短期前兆异常

井水位的短期前兆异常是最多见的异常，其异常形态多种多样，有渐降型、渐升型、阶变型、脉冲型等。

图 2-19(a) 为四川省西昌川 03 井水位 1986 年日均值动态曲线。该井深 765.50m，观测层为顶板埋深 202.19m 的古生代辉长岩裂隙承压水层。该井水位埋深 0.55m 左右，平时较为平稳，日起伏度 5cm 左右，但 6 月初开始持续上升，到 6 月末上升到 13.5cm，然后在高值上起伏，8 月 12 日盐源发生 $M_S$5.4 地震（井震距 80km）。

图 2-19(b) 为新疆阜康新 05 井水位 1983 年 5 月 25 日～ 6 月 3 日时值动态曲线。该井深 2260m，观测层为埋深 1320 ～ 1340m 的中侏罗统（$J_2$）砂岩裂隙承压水层。该井水

位埋深很小，有时自溢，总体上水位平稳，日起伏度小于 10cm，但 1983 年 5 月 28 日 8 时水位突降，降幅 44.5cm，之后井水位缓慢上升，到 6 月 1 日 19 时 17 分发生阜康 $M_S$5.3 地震（井震距 60km）。

图 2-19(c) 为河北河间马 17 井水位 1983 年 10 月 25 ～ 26 日动态时值曲线。该井深 2694.3m，观测层为顶板埋深 2571.3m 的上元古界蓟县系（$Z_{jw}$）白云岩岩溶承压水层。该井水自流，为动水位观测井，其水位动态较为平稳，日起伏度不足 1cm，但 1983 年 10 月 25 日 22 时 22 分水位阶降 4cm，到 26 日 4 时 50 分阶升 3cm，然后逐渐上升，到 11 月 7 日在山东菏泽发生 $M_S$5.9 地震（井震距 360km）。

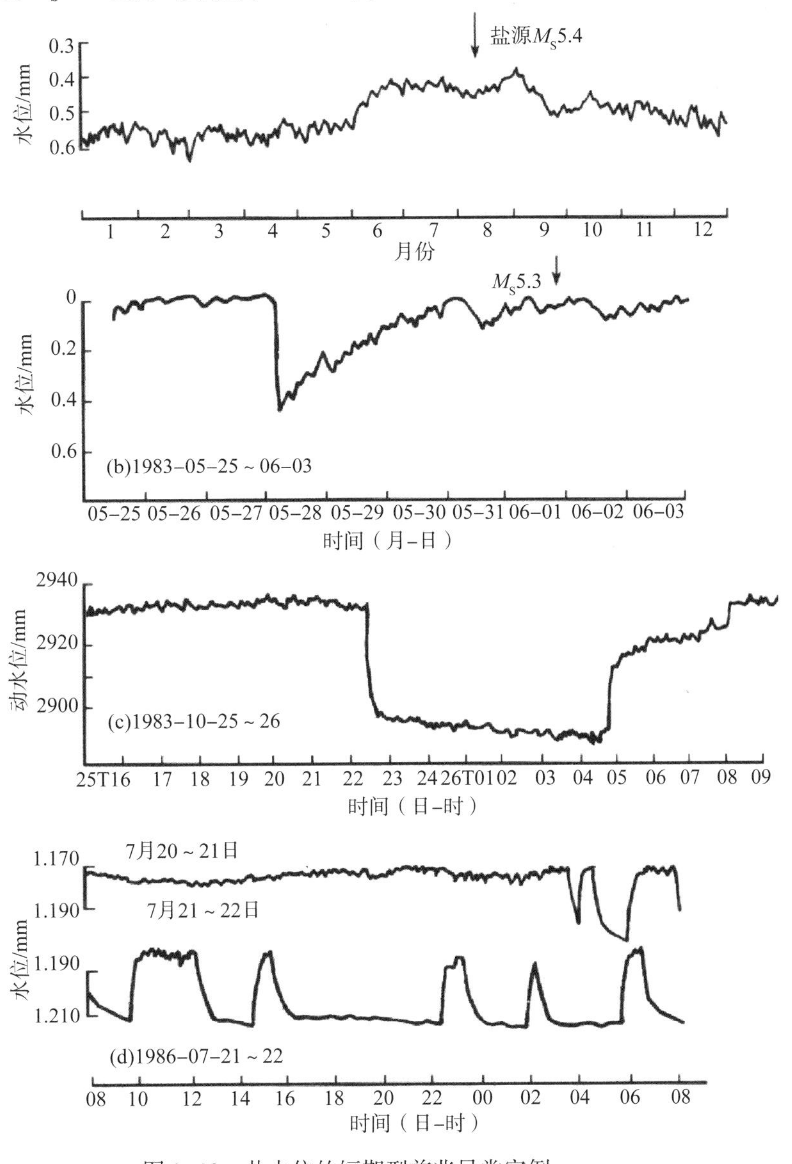


图 2-19　井水位的短期型前兆异常实例

图2-19(d)为云南保山滇14井水位1986年7月20～21日、21～22日两条日动态曲线。该井深148m，观测层为顶板埋深79.20m的上第三系（N）粉细砂岩孔隙裂隙承压水层。该井水位日动态较平稳，正常起伏度小于1cm，但1986年7月5日开始出现小的脉冲，脉冲幅度与频度逐日加大，形态有正有负，一直持续到7月25日，其中7月21～22日最为显著；到8月12日发生四川盐源 $M_S$5.4地震（井震距340km）。

#### 4. 井水位的临震前兆异常

井水位的临震前兆异常并不多见，其异常形态以阶变、脉冲为主。图2-20为北京五里营井水位1997年12月～1998年2月时值动态曲线。该井深533m，观测层为顶板埋深501m的上元古界蓟县系($Z_{jw}$)白云质灰岩岩溶承压水层。井水自流，动水位观测（采用静水位观测坐标模式），日动态较为平稳，日起伏度小于1cm，但1997年12月29日开始出现阶变、脉冲等异常变化，其幅度7～8cm，到1998年1月10日河北张北发生 $M_S$6.2地震（井震距150km）。

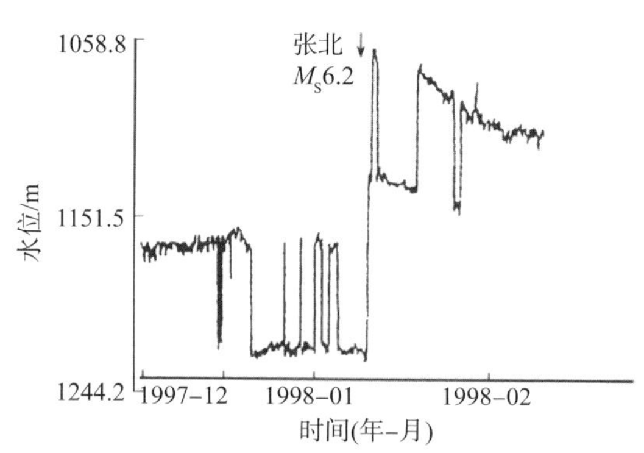


图2-20　井水位的临震前兆异常实例

## 第三节　井水温度动态

我国地震地下流体观测网记录到丰富的井水温度的动态，但至今尚未进行系统而全面的梳理与研究。因此在此仅根据一些发表的文章，作概略的介绍。

### 一、井水温度的正常动态

#### 1. 井水温度的多年与年正常动态

井水温度多年与年正常动态的基本类型可分为平稳型、趋势上升型、趋势下降型与起伏型。

图2-21为北京大宫门井水温的多年动态平稳型与北京塔院井水温的多年趋势上升型动态曲线。北京大宫门井，深101.0m，水温传感器放置在井底并被井底淤泥埋没，其动态特征平稳，多年来其年起伏度小于0.01℃（图2-21a）。北京塔院井，深361.0m，地下水动态观测层为顶板埋深252.0m的中侏罗统凝层岩裂隙－孔隙承压含水层，水温传感器置深为178m，该井水温多年来表现出趋势上升的动态（图2-21b），这与该井水位多年趋势下降有关，该井130～178井段水温梯度为负梯度（浅部温度高，深部温度低），因此当井水位下降时表现出井水温上升。

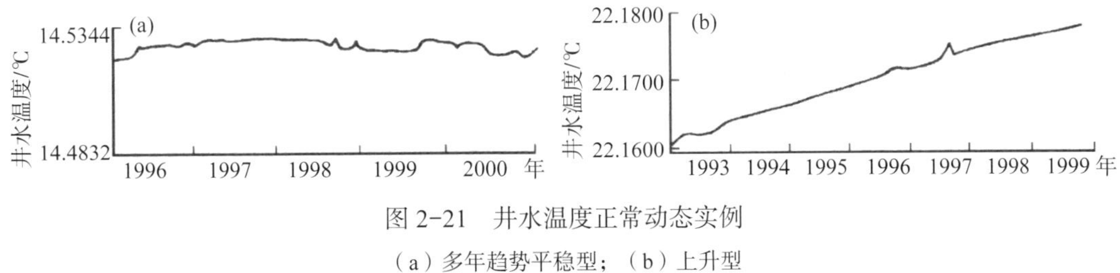


图 2-21 井水温度正常动态实例

（a）多年趋势平稳型；（b）上升型

图 2-22（a）为天津张道口井水温下降型年动态曲线。该井深 1150m，观测含水层为顶板埋深 1031.5m 的上元古界蓟县系雾迷山组（$Z_{jw}$）灰岩岩溶承压含水层井，井水原自流，后因区域热水资源的过量开采井水断流，井水断流后随着井水位的逐月下降，井水温度也表现出逐月下降。图 2-22(b) 为北京房山井水温上升型年动态曲线。该井深 160m，观测含水层为顶板埋深 56.6m 的上第三系砾岩孔隙裂隙承压含水层，随着井水位的逐月上升，在水温梯度为正的条件下，井水温度也逐月上升。图 2-22(c) 为北京太平庄井水温起伏型年动态曲线。该井深 472.4m，观测层为中侏罗统（$J_2$）火山碎屑层岩裂隙承压含水层，井水温与井水位同步起伏，随着井区热水开采量的季节性变化，井水温度也发生季节性起伏变化。

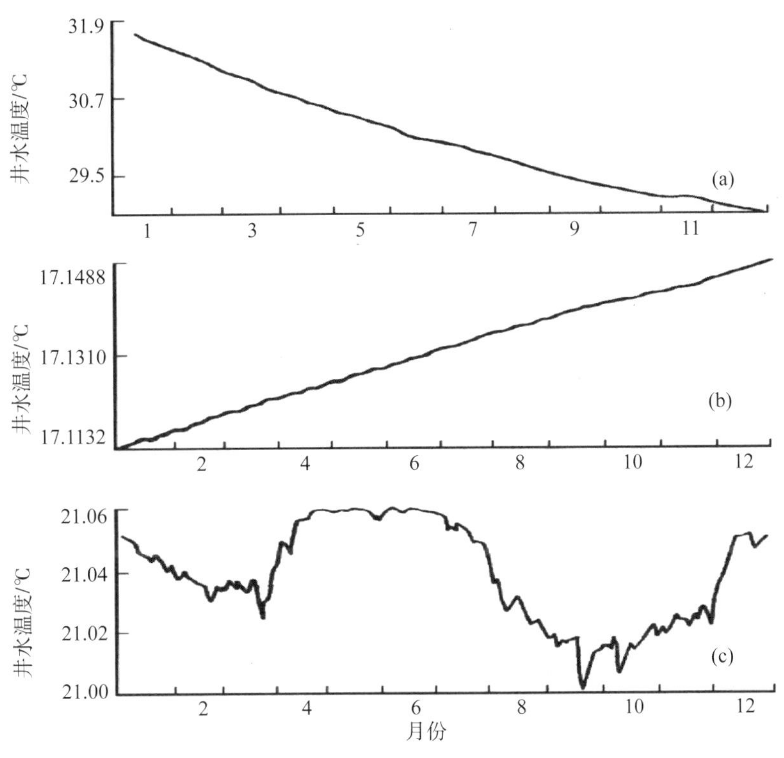


图 2-22 井水温度常见的年动态曲线

（a）趋势下降型；（b）趋势上升型；（c）起伏型

### 2. 井水温度的月、日正常动态

井水温度的月、日正常动态，按其曲线的形态也可划分出平稳型、上升型、下降型与起伏型，起伏型中还可细分为有规律起伏型与无规律起伏型两类。井水温度的分钟值动态，总是表现出“高频”的起伏变化，多为仪器的噪声，但也有仪器运行环境的不平稳变化引起的，多不是真实的水温变化记录。图 2-23 所示为一组正常月动态曲线。

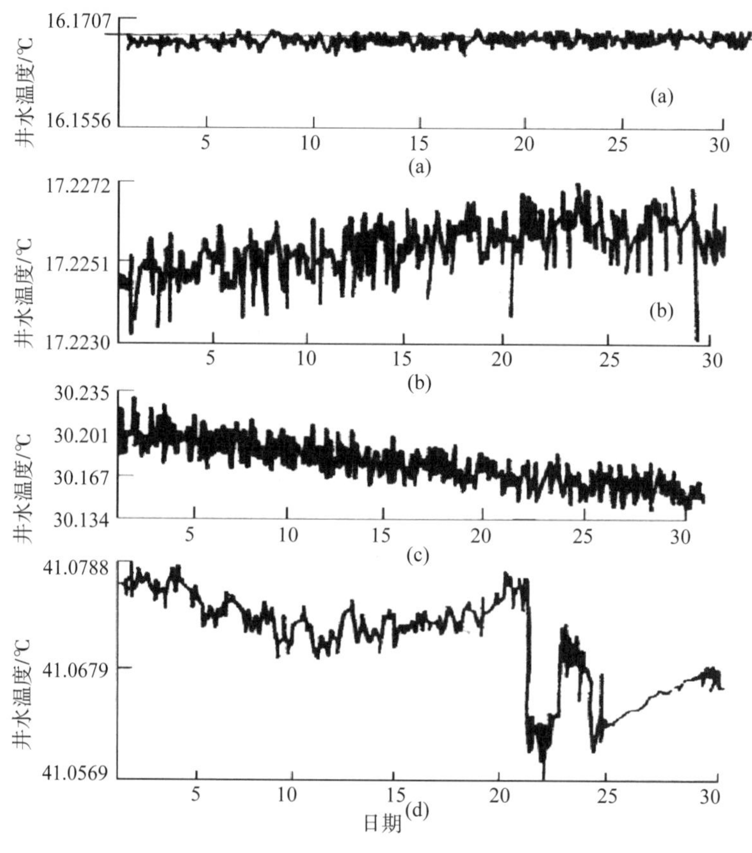


图 2-23　井水温常见的月动态曲线

（a）平稳型；（b）上升型；（c）下降型；（d）无规律起伏型

图 2-23(a) 为北京白家疃井水温的平稳型月动态曲线。该井深 300m，观测层为顶板埋深 70m 的奥陶系（O）灰岩岩溶承压水层，水温传感器置深为 200m，井水温度基本平稳在 16.1618℃上下，起伏度为 0.002 ～ 0.003℃；有些井水温的日起伏度更为平稳。图 2-23(b) 为北京房山井水温的上升型月动态曲线。该井深 160m，观测层为上第三系砾岩孔隙－裂隙承压含水层，水温传感器置深为 150m 左右，井水温日起伏度为 0.002 ～ 0.003℃，但可见 0.002℃左右的月上升变化。图 2-22(c) 为天津张道口井水温的下降型月动态曲线，该井深 1150m，观测层为顶板埋深 1031.5m 的上元古界蓟县系雾迷山组（$Z_{jw}$）灰岩岩溶承压含水层，水温呈现出明显的下降型月动态，月降幅为 0.05℃，日降幅为 0.001 ～ 0.002℃。

图 2-23(d) 为河北三马坊井水温起伏型月动态曲线，该井深 200m，观测层为下更新统（$Q_1$）砂砾岩孔隙承压含水层，由于受热水无规律开采的影响，井水温度月动态表现为不规律起伏型，月起伏度达 0.005 ～ 0.02℃不等。

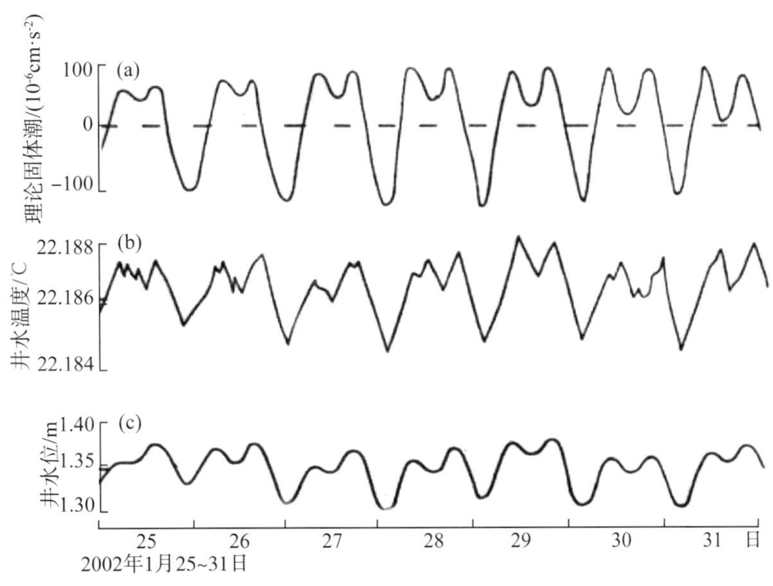


图 2-24　井水温度的地球固体潮现象

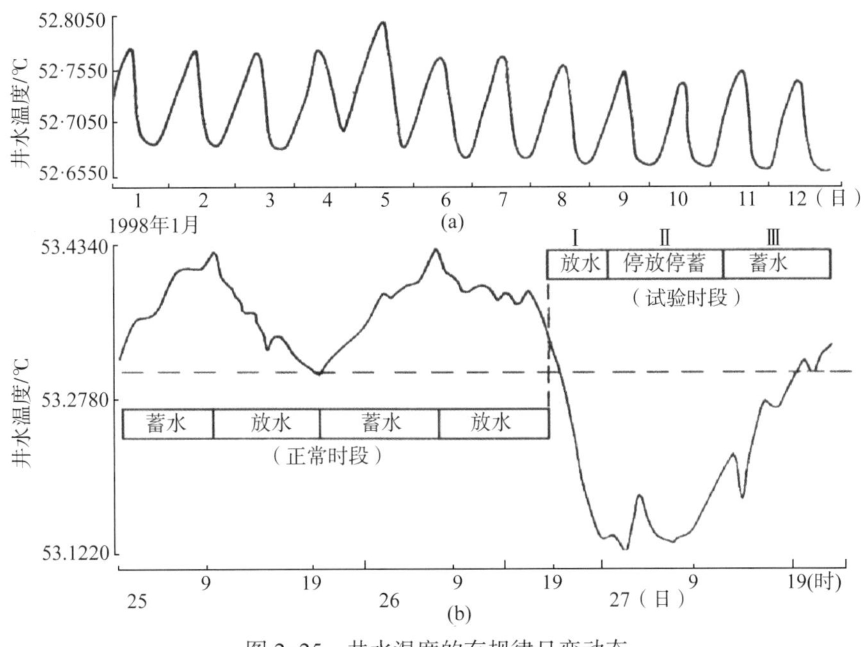


图 2-25　井水温度的有规律日变动态

（a）井水温多日动态；（b）井水温日“上升—下降”变化与储水池内“蓄水—放水”对应关系图

井水温度的月、日动态中，还可见有规律起伏型变化的动态。有规律起伏型动态中，最为常见的是水温固体潮现象。在我国地震地下流体观测台网中已有 40 多口井中发现这种现象。图 2-24 所示为北京太平庄井观测到的水温潮汐，与地球固体潮引起的井水位的潮汐变化有很好的同步性起伏变化。在个别井中，还发现有些非潮汐因素的有规律变化引起的井水温度的有规律起伏型动态。以云南弥渡井水温的多日动态为例，井深 30m，为热水井，传感器放置在 15m 深处，每日可见有规律“上升—下降”的变化（图 2-25a），进一步调查与研究结果表明，此变化与井口洗浴房储水池的有规律蓄水与放水有关（图 2-25b）。

## 二、井水温度的干扰异常动态

对井水温度动态产生干扰的因素，与对井水位动态产生干扰的因素有些相似，常见的干扰因素是大气降雨、地下水开采、地表水等。

### 1. 大气降雨渗入补给引起的干扰动态

大气降雨渗入补给引起的井水温度的干扰异常多见于观测井距降雨渗入补给区较近的情况下。一般由于雨水的温度较地下水的温度低，雨水渗入补给常使井水位上升，而使井水温度下降；当然，在夏季，有时因雨水的温度高于地下水的温度，可以导致井水位与井水温同步上升。图 2-26 为天津宝坻井多年水位、水温与降雨量月均值动态对比曲线。该井深 415.0m，观测层为上元古界蓟县系雾迷山组（$Z_{jw}$）灰岩岩溶裂隙水，尽管其顶板埋深较大，但观测层含水层上部没有分布广泛而稳定的隔水层发育，导致第四系砂砾层孔隙水与基岩岩溶裂隙水相混合，因此孔隙水受大气降雨渗入补给后很快与基岩岩溶裂隙水发生混合，结果每当降雨量较大时，表现为井水位上升，井水温下降的异常变化。

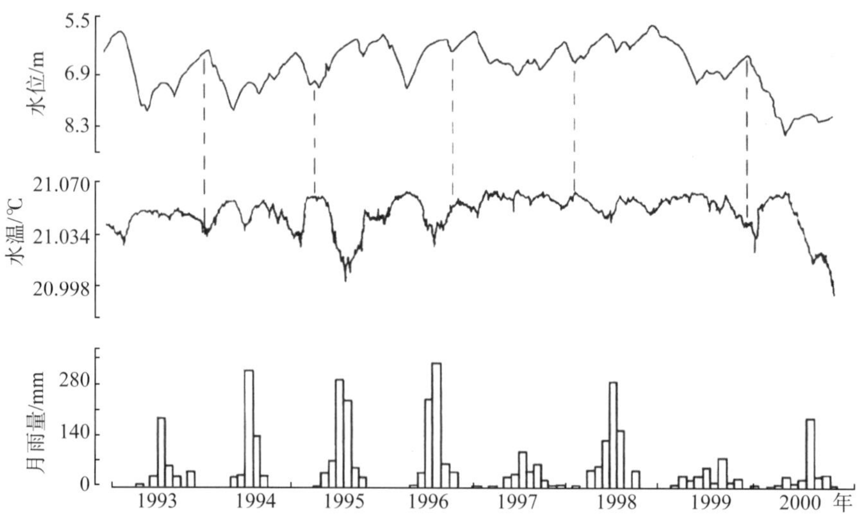


图 2-26　降水渗入补给引起井水温下降的干扰异常动态

图 2-27 为金沙江水网团结 2 井水位、水温与降雨量时值动态对应曲线。该井深 155m，观测层为下二叠统（$P_1$）灰岩岩溶裂隙承压水层，水温传感器放置在 150m 深处。井区无降水时，水温动态较平稳，但降雨渗入补给后，井水位上升，井水温也有上升，但时间上略有滞后。

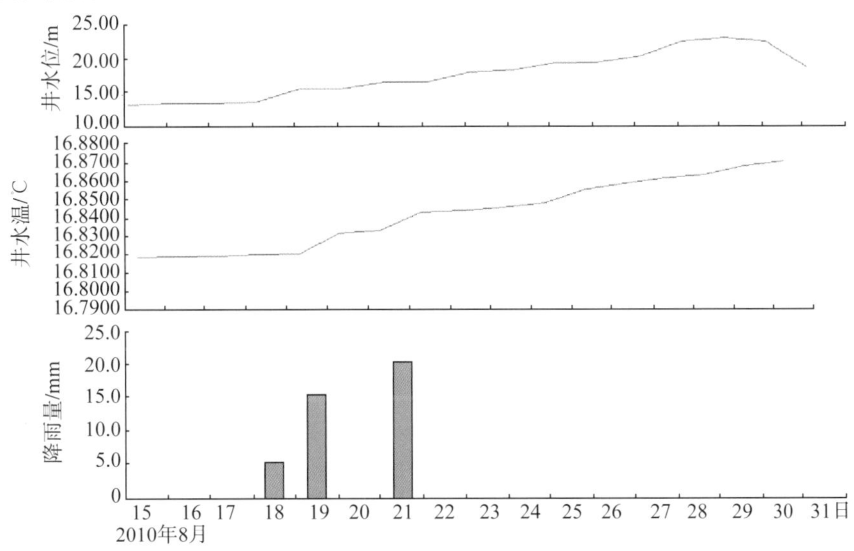


图 2-27　降雨渗入补给引起井水温上升的干扰异常动态

## 2. 地表水体渗入补给引起的干扰动态

地表水体的渗入补给引起的井水温干扰动态，同大气降雨渗入补给引起的干扰动态一样，基本条件是地表水与观测含水层地下水有水力联系，且两者间的距离不远；同样，地表水温度高时，井水温干扰异常呈上升型，而渗入的地表水温度低时，井水温干扰异常呈下降型；图 2-28 为北京大宫门井水温因十三陵水库溢水渗入补给引起的下降型干扰异常。

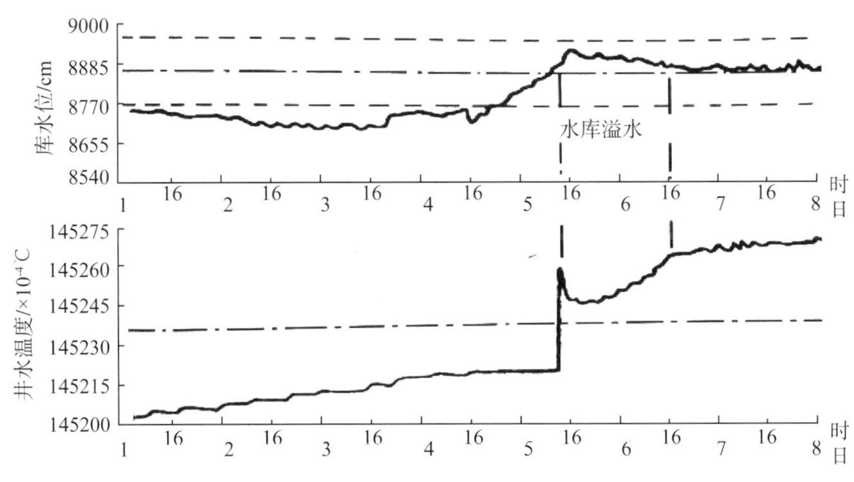


图 2-28　水库水溢出渗漏补给引起的井水温下降型干扰异常

### 3. 地下水开采引起的干扰动态

井区地下水开采，往往引起含水层中地下水渗流场发生扰动，破坏原有的井－观测含水层间的水流运动，或有新的高温水流入井中，或有新的低温水流入井中，从而导致井水温度的异常变化。北京太平庄井中记录的井区地下热水开采引起井水温下降的干扰异常。该井深472.2m，观测含水层为中侏罗统（$J_2$）火山碎屑岩裂隙承压含水层，水温传感器置深为170m。观测井处在小汤山地热开发区的南部边缘，该井外围有二三十口热水开采井，深多在1000～2000m，开采层为寒武—奥陶系（Є－O）碳酸盐岩岩溶承压水，但井区内发育有NW向的南口－孙河断裂与NE向的黄庄－高丽营断裂，且都为导水断裂，使Є－O含水层与$J_2$含水层间的地下水有了水力联系，导致深层热水开采引起浅层地下水位与水温动态的异常变化。1998～1999年间，在太平庄井外围新打了几口热水开采井（图2–29a），且作抽水试验，导致“冷”水流入太平庄井中，引起该井水温的多次下降型干扰异常（图2–29b）。

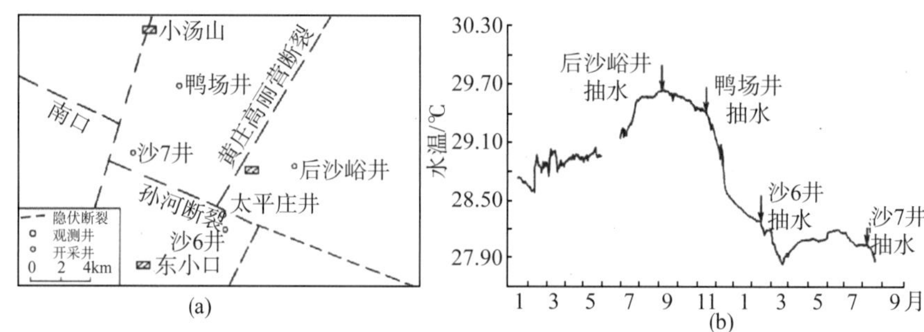


图2–29　地下热水开采引起的井水温度干扰异常

### 4. 其他因素引起的干扰动态

对观测井水温动态产生干扰的因素，与对水位动态产生干扰的因素大体上也一致，但总体上水温动态的干扰因素较水位动态的干扰因素少，同一干扰因素作用下水温动态受干扰的强度也弱。

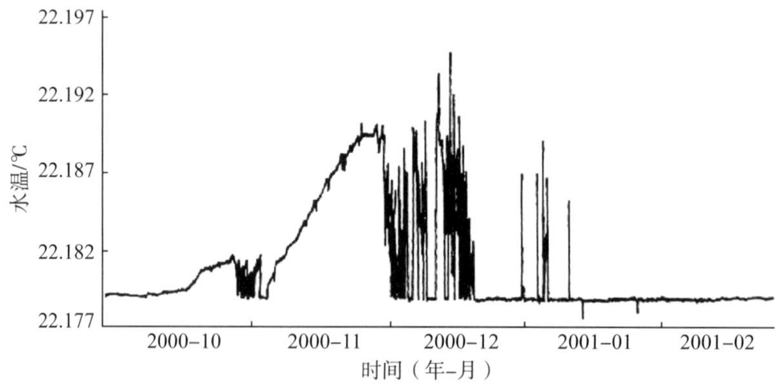


图2–30　仪器故障引起的水温干扰异常

影响水温动态的其他干扰因素中，较为常见的是仪器故障、变更传感器置深等。图 2-30 为塔院井记录到的仪器故障引起的干扰动态，这种动态通过两套仪器的平行观测或更换新的仪器观测等方法可容易识别与排除。在一个井中，若换水温传感器观测，一定要把传感器放置在原位置上，稍有差异，好则水温背景值发生改变，导致前后水温动态曲线上出现“阶变”型干扰异常，坏则整个水温动态特征也有可能发生变化。

## 三、井水温度的地震异常动态

### 1. 井水温度的前兆异常

井水温度的前兆异常，多为短临异常。图 2-31 为 2007 年 6 月云南宁洱 6.4 级地震前记录到的一组准同步短临异常。异常井的基本情况，列于表 2-3 中。

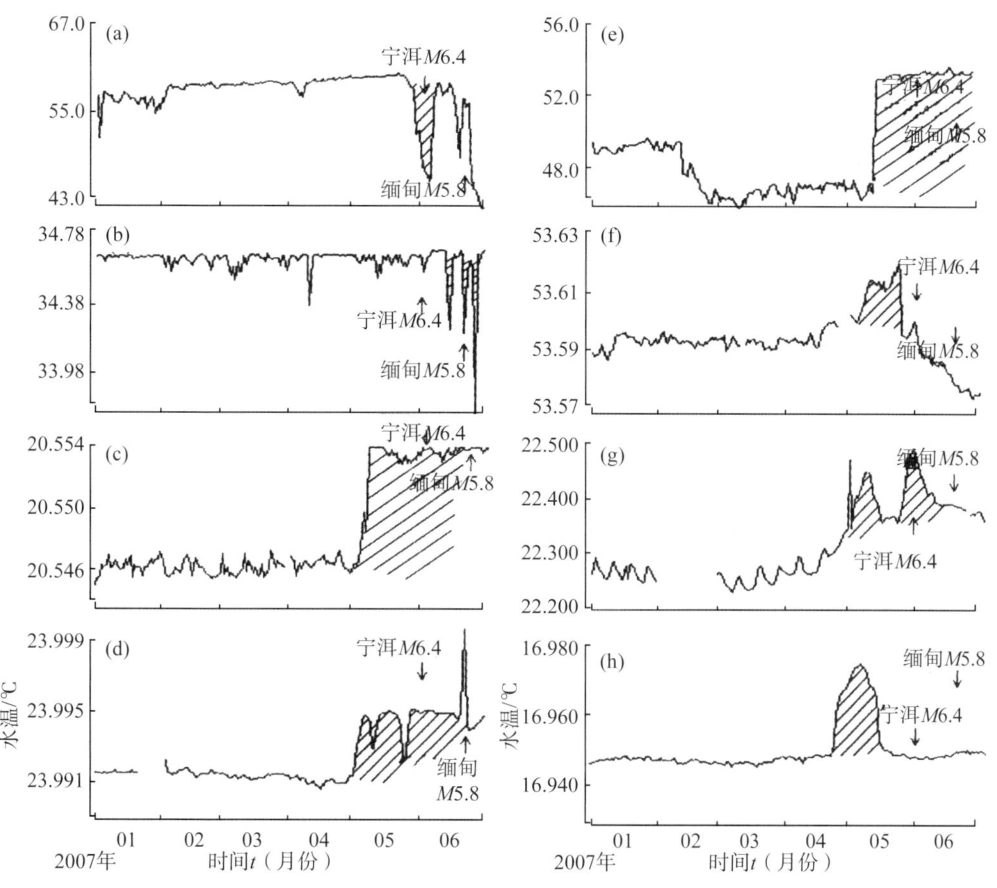


图 2-31　宁洱 6.4 级地震前云南 8 口井水温短临异常

（a）孟连；（b）临沧；（c）峨山；（d）景东；（e）曲江；（f）弥渡；（g）大姚；（h）丽江

利用上述异常，震前曾提出过较好的短期预测意见。

表2-3 宁洱6.4级地震前云南8口水温异常井基本特征表

| 井名 | 井震距/km | 井深/m | 观测含水层 | | 传感器置深/m | 异常基本特征 | |
|---|---|---|---|---|---|---|---|
| | | | 顶板埋深 | 地层岩性 | | 形态 | 属性 |
| 峨山 | 120 | 302.64 | 12.0 | AnZ石英砂岩 | | 阶升 | 短期 |
| 临沧 | 130 | 213.0 | 197.04 | 花岗岩 | | 负脉冲 | 短期 |
| 孟连 | 130 | 124.83 | 26.69 | K砂岩 | | 负脉冲 | 短期 |
| 景东 | 190 | 325.0 | 64.38 | N砂砾岩 | 325 | 阶升+负脉冲 | 短期 |
| 曲江 | 210 | 101.23 | 21.86 | Z转化灰岩 | | 阶升 | 短期 |
| 弥渡 | 260 | 33.5 | 33.5 | Z转化灰岩 | 15 | 上升—下降 | 短临 |
| 大姚 | 300 | 104.31 | 8.0 | K粉砂岩 | 104 | 升—降起伏 | 短期 |
| 丽江 | 430 | | | | | 上升—下降 | 短期 |

较为典型的井水温度前兆异常，还有1988年11月澜沧－耿马县$M_S$7.6、7.2地震前的6口井的成组短临异常，1989年10月山西大同$M_S$6.1地震前三马坊井（井震距75km）水温短临异常（图2-32），1998年1月河北张北$M_S$6.2地震前北京塔院井（井震距220km）水温短临异常等。后两次地震前依据水温异常都曾提出过较好的地震短期预测意见。

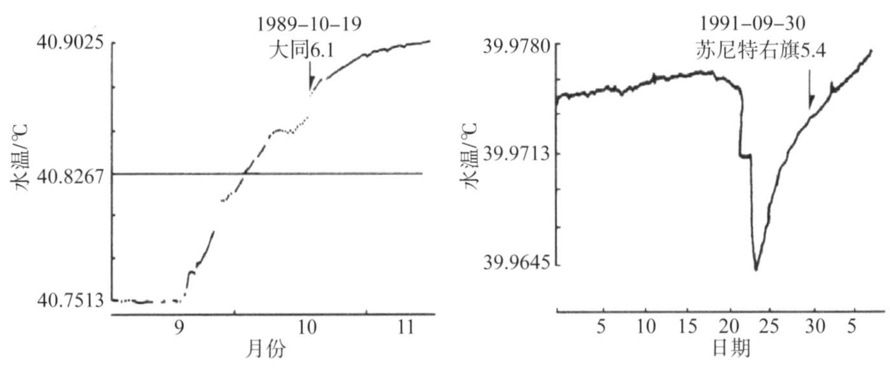


图2-32 典型的井水温短临前兆异常

### 2. 井水温度的同震异常与震后异常

井水温度的同震异常记录较多，2004年12月26日印尼苏门答腊$M_S$8.7地震时，全国地热台网中的69口井记录到水温同震异常，2008年5月12日四川汶川$M_S$8.0地震前132口井记录到同震异常。记录到的同震异常形态多样，但主要以阶升型异常与阶降型异常为主，如图2-33所示。

井水温度的同震异常与水位的同震异常密切相关，但相关关系较为复杂。有水温与水位同向阶变的，也有部分反向阶变的，甚至有水位有变化而水温无变化或水位无变化而水温有变化的。这种复杂性，可能与井－含水层条件，井水温梯度及传感器放置的位置等多种因素有关。

井水温度的震后异常，指井水温度同震响应之后的后续异常变化。一些井水温度的同震阶变很快消失，一般几小时至几天后水温可恢复到震前的水平，如图 2-33；但另一些井中发现震后十几天甚至几十天也恢复不到震前的水平，个别井还发生“永久”性变化。这些差异可能与井 - 含水层条件及其变化有关，可能含水层孔隙性与渗透性发生永久性变化，也有可能是含水层受力状态发生变化。

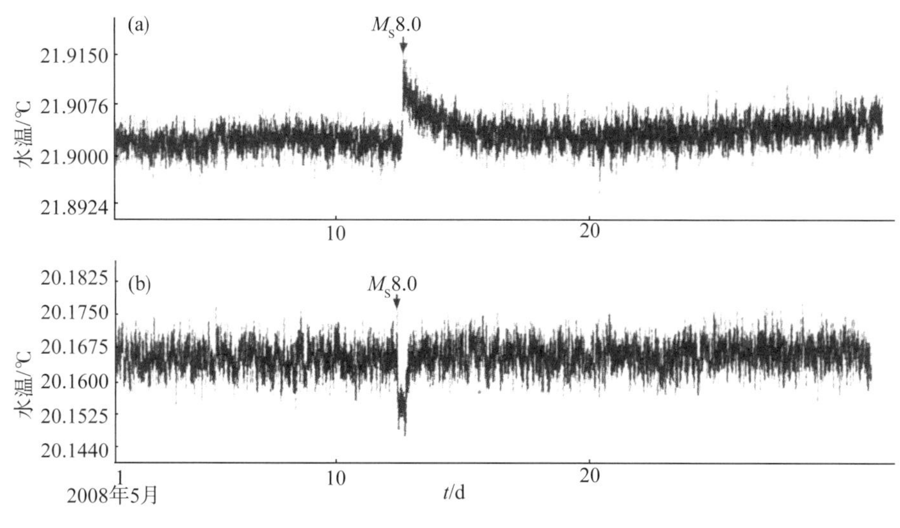


图 2-33　汶川 8.0 级地震记录到典型的井水温同震异常现象

（a）云南思茅井同震上升型；（b）陕西渭南井同震下降型

# 第四节　井（泉）水流量动态

我国地震地下流体学科，对井（泉）水流量的观测已有四十多年的历史，但由于观测仪器设备不能满足长期连续观测的技术要求，一直没能形成规模，也没能成为地震地下流体观测的主测项，对其动态的观测结果积累得也很少，更没有学者对其特征做过系统的分析与研究，因此很难按正常动态、干扰异常与地震异常的一般分类进行介绍，只举例作零星的介绍。

### 1. 甘肃陇 07 井水流量的动态

陇 07 井位于甘肃省清水县西李沟村，井深 165m，观测层为顶板埋深 37.04m 的上第三系(N)粉砂岩孔隙承压含水层，井水自流，用容积法每日定时测定流量，流量很小，约 0.1L/min，有 20 多年的流量观测资料。多年流量趋势下降，平均降幅为 0.0012L/a（图 2-34a）；尽管流量很小，但有一定年变，每年雨季之后流量有所增加，年起伏度为 0.002 ～ 0.005L/min（图 2-34b）。多年观测结果表明，有一定的映震效应，特别是 2003 年 11 月 13 日岷县 $M_S$5.3 地震(井震距200km）前有较明显的中短期上升型前兆异常（图2-34b）。

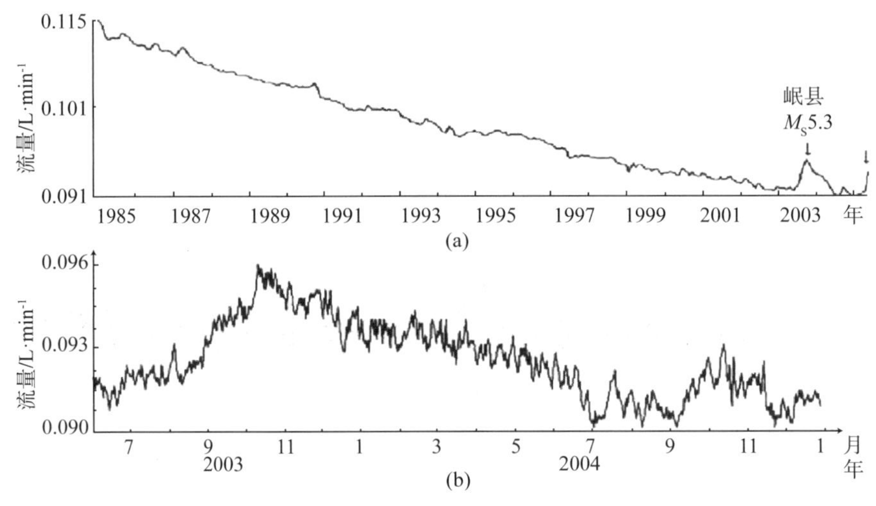


图2-34 甘肃陇07井水流量多年动态（a）及年动态（b）

### 2. 江苏苏16井水流量动态

苏16井位于江苏省句容县，完钻深889.2m，观测层为顶板埋深516m的有岩浆岩穿插的石灰岩岩溶裂隙承压水层，井水自流。1977年以前井水流量较平稳，1978年开始受当地地下水开采的影响而变为多年与年趋势下降型动态，年平均降幅为0.1L/s（图2-35）；1979年2月开始流量逐日加速下降，持续约一个月，降幅为0.08L/s，然后在低值上起伏约4个月后流量回升，回升过程中在距该井仅50km处于7月9日发生$M_S$6.0地震。

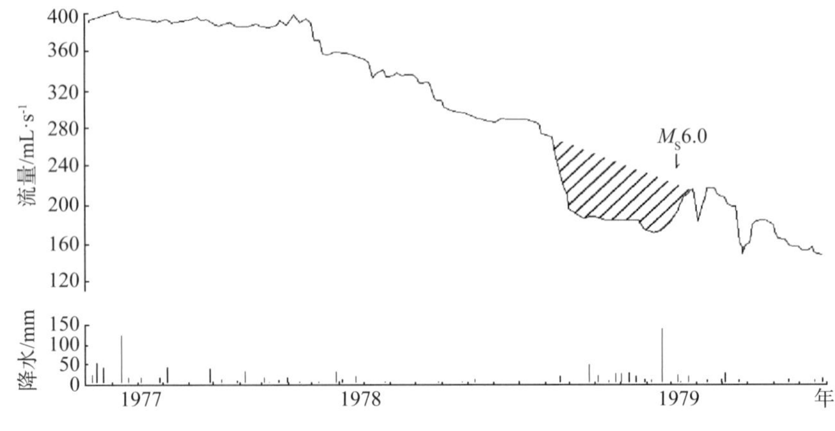


图2-35 江苏苏16井水流量多年动态与震前中短期异常

### 3. 青海泉湾泉水流量动态

泉湾泉位于青海省湟源县，出露于加里东期（$r_3$）花岗岩体中。如图2-36所示，该泉多年流量动态基本平稳，平均流量为 1.0L/s 左右，但雨季流量有所起伏，起伏度一般小于 0.5L/s；1989 年 9 月之后流量明显升高，到 11 月 3 日高达 3.1L/s，然后逐月下降，1990 年 4 月 26 日共和发生 $M_S$7.0 地震（泉震距 75km）。这次地震后 6 ～ 9 月间再次出现上升－高值起伏－下降型异常，10 月 20 日在甘肃天祝－景泰发生 $M_S$6.2 地震（泉震距 210km）。

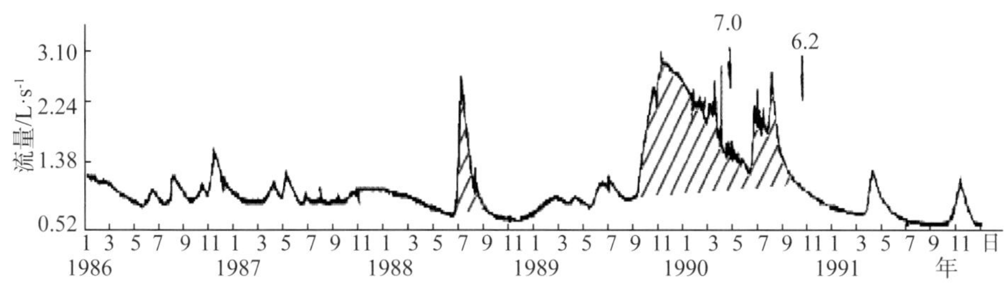


图 2-36　青海泉湾泉水流量多年动态与震前中短期异常

### 4. 山西定襄泉水流量年动态

山西定襄泉出露在系舟山与忻定盆地交界部位，是系舟山的中奥陶统（$O_2$）山区渗入的大气降水变成岩溶裂隙水经山体内先由上向下，再由山下向平原区流动，流到山前地区时受忻定盆地第四系砂黏土层的阻挡而出露成泉。该泉水流量有明显的年动态，且受降雨渗入补给的影响，总体上表现为雨季流量大，旱季流量小，年起伏度与年降雨量大小密切相关，如图 2-37 所示。

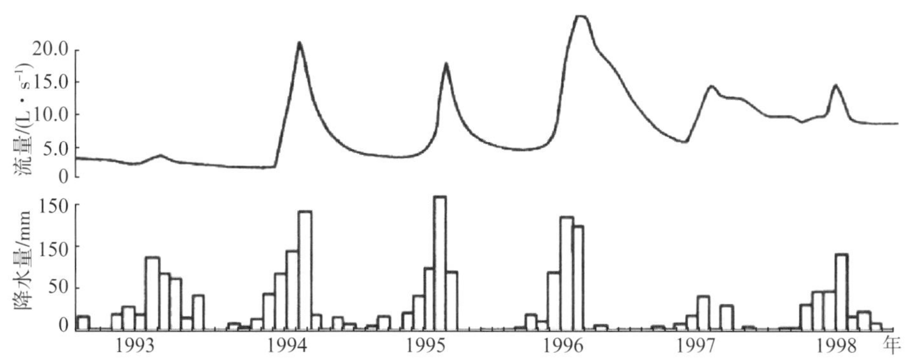


图 2-37　山西定襄泉水流量多年与年动态

### 5. 吉林和龙井水流量动态

和龙井位于吉林省和龙县德化镇，井深 610.95m，井水自流，主要观测层为埋深 80 ～ 400m 的下白垩统（$K_1$）砂砾岩孔隙裂隙承压含水层。流量多年动态呈下降趋势，但年动态相对较为平稳；1992 ～ 1993 年井水流量为 2.3 ～ 2.4mL/h 起伏，1993 年 2 月初流量突升，2 月 7 日日本海发生 $M_S$7.0 深震（井震距 920km），如图 2-38(a) 所示；

1997 ~ 1998 年间流量为约 1.6mL/h，上下略有起伏，起伏度一般小于 1.2mL/h ；1998 年 8 月流量突降，降幅达 0.7mL/h，到 1999 年 1 ~ 2 月又突降 0.7mL/h，然后缓慢台阶式回升，到 1999 年 4 月 8 日珲春发生 $M_S$7.0 深震（井震距 120km），如图 2-38(b) 所示。

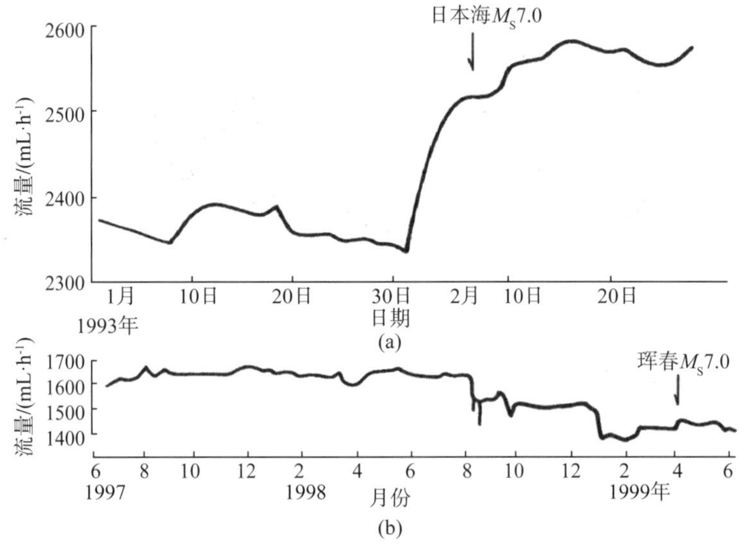


图 2-38　和龙井水流量动态与深震前的异常

综上所述，井（泉）水流量的多年动态多呈趋势下降，年动态多受降雨渗入补给的影响而有所起伏；井(泉)水流量的地震前异常有升有降，多为中短期异常，但也有短临异常，少数井中还观测到同震异常。

# 第三章　地下水观测井台建设

## 第一节　井区地质-水文地质条件的调查

井区，一般指观测井的观测层地下水受补给、径流与排泄的范围，这个范围较大时可确定为以观测井为中心外围 10km 半径所圈定的范围，涉及到几十至几万 $km^2$ 的范围。

地质－水文地质条件，一般指井区范围内的地形地貌与水文气象特征、地层（含岩浆岩体）岩性、地质构造、各种动力地质作用、含水层的类型与分布、含水层中地下水的补给－径流－排泄系统、地下水的物理化学特性及地下水开采和利用情况等。这些条件，往往决定着地下水动态的类型与特征，关系到地下水正常动态、干扰异常动态与前兆异常动态的分析与研究。因此，上述的多种条件与特征的调查，成为观测井勘选的主要依据。

### 一、井区地形地貌

地形，一般指地表面的起伏形态，常分为山地、丘陵、高原、盆地、河谷、平原等。地震地下水观测井台宜选在平原、河谷与盆地地区。

地貌，有时与地形为同义词，但一般地貌一词还含有成因的内涵，说明是在什么地质作用下生成的地形单元。如盆地分为沉积盆地与断陷盆地，平原分为侵蚀平原与堆积平原，后者又可分为冲积平原、湖积平原、海积平原、风积平原等，河谷中的阶地也分为侵蚀阶地、基坐阶盆地、堆积阶地，等等。

地震地下水观测井台建设中，应查明台站或观测井所在区域的地形地貌单元及其特征，如高程、坡度、起伏度等。

### 二、井区气象与水文

气象，指大气中的各种物理现象，如冷与热、干与湿、云与风、雨与雪、雾与霜、雷电、气压等。地震地下流体观测井台建设中主要关心的是气温、气压、降雨等因素，关心各类因素多年平均值、最高值、最低值及其随季节的变化等；数字化观测井台建设中还关心雷电，如年平均雷电天数等。这些因素不仅关系到台站观测仪器设备的正常运行，还影响地下水物理动态的特征。

水文，指地表水体分布与运动的现象。常见的地表水体有江、河、湖、海及人造的水库、水渠等。地震地下水观测井台建设关心的是井区范围内各类地表水体的分布，特别是其多年平均水位、最高水位、最低水位、水位的季节变化等，这些因素影响着地下水物理动态的形成与变化，常常成为干扰异常的原因。

## 三、井区地层与岩性

### 1. 岩石与岩性

岩石是地壳的主要组成物质，可分为沉积岩、岩浆岩与变质岩三大类。地壳中的岩石主要是岩浆岩类，但地表分布最广的是沉积岩类。岩浆岩是赋存在地壳下部与地幔中呈熔融态存在的岩浆沿地壳中的某些薄弱部位上涌甚至喷出地表时冷凝而成的。沉积岩是地表表层的岩石经风化作用产生的物质（碎屑物质与化学物质），经水、风、冰、重力、生物等的搬运作用，在地表的低洼地带如海、湖、河或山脚等沉积而成的。变质岩是先期形成的岩浆岩与沉积岩，也可以是早期形成的变质岩，由于地壳运动沉入地下深处或其所处的环境发生变化，受环境的温度与压力作用或有新的物质注入，原岩的物质（矿物或化学）组成、构造与结构等发生显著变化而成的新的岩石。

由上可见，地壳中的岩石有不同的成因，各种岩石具有不同的特征。所谓岩性，指每种岩石的特性，包括其矿物的组成、构造与结构等。例如花岗岩是深成侵入形成的岩浆岩，其主要矿物成分是长石与石英，含少量黑云母；岩石中的矿物颗粒多呈很好的晶形，呈粒状或斑状（斑晶以长石为主）结构；常呈块状构造；岩石的颜色偏浅，岩石中所含的长石以斜长石为主时呈灰白色，以正长石为主时呈肉红色。又如石灰岩，是化学成因的沉积岩类，主要矿物成分是方解石（$CaCO_3$），具有隐晶－结晶结构，层状构造，颜色以灰白色为主，但含杂质（赤铁矿、沥青等）较多时颜色变为浅红色、灰黑色等。再如片麻岩，是区域变质作用下生成的变质岩，主要成分与花岗岩类似，以长石、石英为主，结晶较粗，但暗色矿物如黑云母、角闪石等含量较多，它们常呈条带状定向排列，表现为片麻状构造等。

### 2. 地层及其地质时代

地层，一般指在一定的地质时期生成的成层的岩层，多指沉积岩，但部分岩浆喷出岩与浅变质的岩石也可呈层状。

地球的生成与演化已经经历了约 45 亿年漫长的历史，其间经历了多次地壳变动，在不同时期产生了具有不同特征的岩层，也使生物经历了从无到有、从低级到高级的演化过程。因此可把地壳发展过程按各个阶段的不同特征划分出不同的时间单元，一般先分为宙，宙再分为代，代再分为纪，纪再分为世，世再分为期。把相应的地质时期生成的地层分别称为宇、界、系、统、阶等，依此生成了地层年代表（表 3–1）。

表3-1 主要地层年代与岩浆岩体的年代表（据夏帮栋，1995）

| 宇 | 界 | 系 | 统 | 距今年代/Ma | 主要构造运动期（岩浆活动期） |
|---|---|---|---|---|---|
| 显生宇 | 新生界（Kz） | 第四系（Q） | 分为全新统（$Q_h$）与更新统（$Q_p$） | 2.60 | 喜马拉雅运动（期） |
| | | 新近系（N） | 分为上新统（$N_2$）与下新统（$N_1$） | 23.3 | |
| | | 古近系（E） | 分为渐新统（$E_3$）、始新统（$E_2$）与古新统（$E_1$） | 65.0 | |
| | 中生界（Mz） | 白垩系（K） | 分上（$K_2$）与下（$K_1$）白垩统 | 137.0 | 燕山运动（期） |
| | | 侏罗系（J） | 分上（$J_3$）、中（$J_2$）与下（$J_1$）侏罗统 | 205.0 | |
| | | 三迭系（T） | 分上（$T_3$）、中（$T_2$）与下（$T_1$）三叠统 | 250.0 | 印支运动（期） |
| | 古生界（Pz） | 二迭系（P） | 分上（$P_2$）与下（$P_1$）二叠统 | 295.0 | 华力西运动（期） |
| | | 石碳系（C） | 分上（$C_3$）、中（$C_2$）与下（$C_1$）石炭统 | 354.0 | |
| | | 泥盆系（D） | 分上（$D_3$）、中（$D_2$）与下（$D_1$）泥盆统 | 410.0 | |
| | | 志留系（S） | 分上（$S_3$）、中（$S_2$）与下（$S_1$）志留统 | 438.0 | 加里东运动（期） |
| | | 奥陶系（O） | 分上（$O_3$）、中（$O_2$）与下（$O_1$）奥陶统 | 490.0 | |
| | | 寒武系（∈） | 分上（$\in_3$）、中（$\in_2$）与下（$\in_1$）寒武统 | 543.0 | |
| 元古宇 | 新元古界（$P_{t3}$） | 震旦系（Z） | 分上（$Z_2$）与下（$Z_1$）震旦统 | 680.0 | 晋宁运动（期） |
| | | 南华系（$N_h$） | 分上（$N_{h1}$）与下（$N_{h2}$）南华统 | 800.0 | |
| | | 青白口系（$Q_b$） | 分上（$Q_{b1}$）与下（$Q_{b2}$）青白口统 | 1000.0 | |
| | 中元古界（$P_{t2}$） | 蓟县系（$J_x$） | 分上（$J_{x1}$）与下（$J_{x2}$）蓟县统 | 1400.0 | |
| | | 长城系（$C_h$） | 分上（$C_{h1}$）与下（$C_{h2}$）长城统 | 1800.0 | |
| | 下元古界（$P_{t1}$） | 滹沱系（$H_t$） | | 2500.0 | 吕梁运动（期） |
| 太古宇 | 太古界（Ar） | | | 4500.0 | 五台运动（期） |

### 3. 岩体及其地质年代

岩体，一般指在一定的地壳运动时期产生的呈体状存在的岩石，多见于岩浆侵入岩与部分区域变质岩，如花岗岩体、闪长岩体、片麻岩体等。我国大陆的地壳运动，可分为五台运动、吕梁运动、晋宁运动、加里东运动、华力西（海西）运动、印支运动、燕山运动、喜马拉雅运动等，不同的运动发生在不同的地质时期（表 3-1），某个时期形成的岩浆岩体前常冠以那个时期的运动之名，如花岗岩体可分为加里东期花岗岩（$r_3$）、华力西期花岗岩（$r_4$）、燕山期花岗岩（$r_5$）等。

不同井区，不仅发育有不同地层与岩性，而且彼此间的组合关系也不同。这些不同的地层与岩性及其组合关系，是决定该区内观测井地下水动态基本特征的先决条件。一定的条件下产生具有一定特征的观测井地下水动态。

## 四、井区地质构造

地壳活动不仅造就了上述的地层和岩体，而且地层与岩体生成之后还使地壳受到力的作用，经历变形与破坏过程（构造作用），产生了多个层次构造作用的形迹。在井区的空间尺度上，常见的构造形迹是褶皱与断裂。褶皱构造又可分为背斜和向斜构造，断裂构造又可分为裂隙和断层或狭义的断裂构造等。

### 1. 褶皱构造

褶皱构造指水平岩层受到水平挤压力的作用而形成的波状弯曲的形迹。一个弯曲的形迹又称褶曲，向上弯曲（凸起）的形迹称为背斜，向下弯曲（凹下）的形迹称为向斜。如图 3-1 所示。

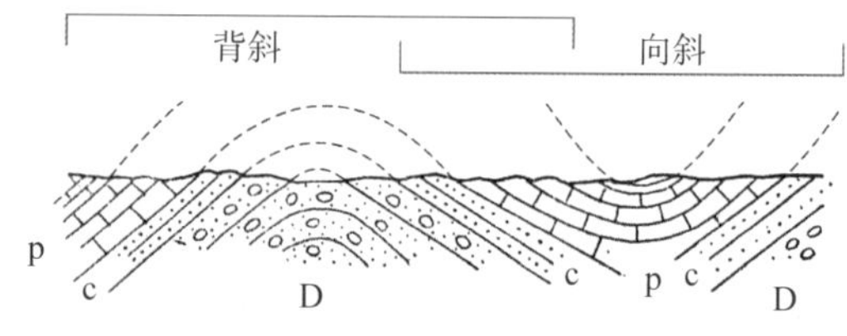


图 3-1　褶皱构造中的向斜和背斜

无论呈背斜还是向斜，一般由核部与翼部组成。核部指弯曲的核心部位，翼部指核部两侧倾斜的岩层。有时把两翼倾斜的岩层，称单斜构造。

一般情况下，岩层经历了弯曲变形和之后的剥蚀作用后，较大规模的褶曲构造很难完整地保留有原始的弯曲形迹，构造上表现为背斜呈山，向斜呈谷，实际上地形与构造间往往表现不一致，背斜不一定呈山，向斜也不一定呈谷，因此在野外识别背斜与向斜构造时往往依靠地面上出露的地层新旧组合关系辨认。在地表面上背斜表现为中间(核部)出露的地层新而两侧（翼部）出露的地层老（图 3-1 右下部）。地质构造中的背斜和向斜，同地形中的山与谷在形态上常常相反，地质构造中的背斜由于脊部破碎而遭受风化作用，在地形上更多地表现为谷，向斜既可表现为山又可表现为谷，切勿把两种概念混淆。

### 2. 裂隙构造

裂隙构造指岩层或岩体中的破裂面，有规律地排列时称为节理（图 3-2）。节理的规模有大有小，张开度有宽有窄，其中可有填充物或胶结物，也可无胶结物或填充物；节理的密度也有密有疏，密时可把地层或岩体切割成碎裂状，疏时节理间距可达几至十几米，使岩层或岩体表现为相对完整的和连续的。节理按其力学成因可分为张节理、压节理与剪节理。张节理是在拉应力作用下破裂而成的，其特点是延伸不长，多张开，节理面弯曲粗糙。剪节理是在剪应力作用下破裂

图 3-2　厚层状灰岩中的构造节理

而成的，其特点是延伸可较长，多闭合，节理面平整，常有两组节理呈 X 形分布，是最为常见的节理。关于压节理，目前学者们有不同的看法，有些学者把其走向与压应力作用方向垂直的节理称为压节理，但多数学者把压节理归于剪节理。节理是裂隙水赋存与活动的主要空间，含水层的富水性、透水性等取决于岩层与岩体中的节理发育程度，即延伸长度、张开度、充填或胶结程度等。

当然，岩层或岩体中的裂隙，不一定都是构造作用产生的节理，也有非构造作用产生的裂隙，如成岩裂隙、风化裂隙等。对水文地质学而言，这些非构造裂隙对地下水的赋存与活动同样具有重要的作用。

### 3. 断裂构造

狭义的断裂构造指断层构造，但一般习惯于把断裂与断层两个术语等同起来。广义的断裂构造，既包括断层，也包括构造裂隙。在此所指的断裂构造主要指断层构造。

断裂指使岩层或岩体不仅破裂而且破裂面两侧的岩层或岩体沿破裂面发生错动了的构造。断层在自然界最重要的标志是岩层与岩体的错动，在地貌上常表现为沟壑，断层崖或断层三角面、泉水等呈线状出露；断层面上可见错动时遗留的擦痕。断层带上岩体破碎，常发育有碎裂岩等，甚至有时发育有断层泥、糜棱岩等动力变质岩；断层两侧岩体中可见断面错动时形成的牵引构造、节理发育带等。

断裂构造的规模有大有小，短者仅几米，长者可达几百千米，甚至上千千米，是地壳中最重要的构造，不仅决定着地表的地形地貌、水文气象等自然景观与环境，而且与矿产资源的生成、人类生存环境及各类灾害的发生有着密切关系，与地震的孕育和发生、与地震前兆的观测和研究等关系也极为密切。

断裂构造的几何特征，常用断层面的产状表述。断层面是岩层或岩体中破裂而产生的错动面，其产状用走向、倾向与倾角三个基本要素表述。如图 3-3 所示，走向指断层面与一个假想的水平面交线（$AC$）的方位角，倾向指断层面上倾斜度最大的倾斜线（$OD$）与其水平面上的投影线（$OB$）之间的夹角（$\alpha$）。

断层面的几何特征，一般用“走向 - 倾向 - 倾角”的顺序表示，如 40SE ∠ 50 表示走向为 NE40°（也是 SW220°），倾向 SE（130°），倾角 50°，又如 290NE ∠ 20 表示走向为 NW290°（也是 SE110°），倾向为 NE（20°），倾角为 20°。由此可见，断层面的两个走向总是相差 180°，断层面走向与倾向的方位角总是差 90°，因

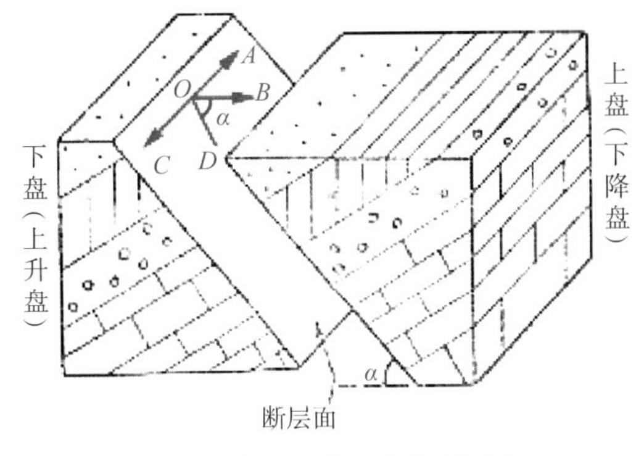


图 3-3　断层面的几何特征要素

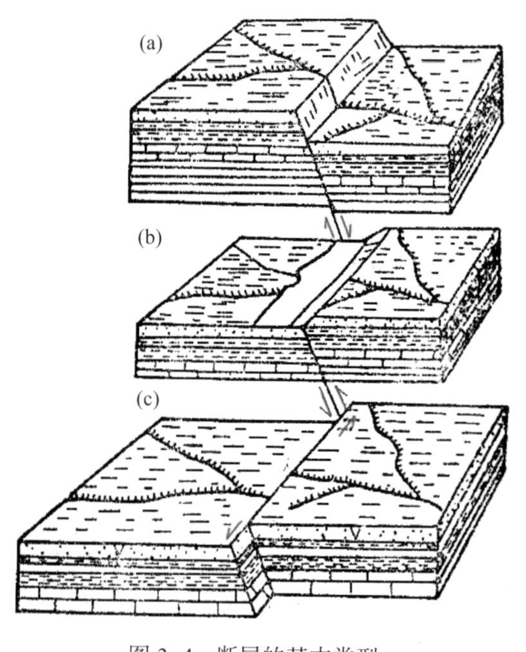

图 3-4 断层的基本类型
（a）正断层；（b）逆断层；（c）平移断层

此也可用“倾向－倾角”的顺序表示，如 40SE ∠ 50 也可表示为 SE130 ∠ 50。

断层面之上的岩体或岩层称为断层上盘，断层面之下的岩体或岩层称为断层下盘。断层面不仅仅是一个错动面，而且可以是有一定宽度的带，有时有受断层错动影响的两侧岩体或岩层。这个带被称为断层带或断层破碎带，其宽度可宽可窄，宽者可达几十至几百米，甚至上千米，窄者仅几厘米至几十厘米。

按断层面两侧岩层或岩体的相对错动方向，断裂构造可分为正断层、逆断层与平移断层，如图 3-4 所示。正断层是指断层上盘沿断层面向下错动（称为下降盘），下盘自然相对向上错动（称为上升盘）。逆断层，与正断层相反，断层的上盘沿断层面向上错动（称为上升盘），下盘相对向下错动（称为下降盘）；当断层面的倾角较小（∠ 30°）时的逆断层，称为逆掩断层。平移断层，指断层的上盘与下盘不是上下错动，而是水平错动的断层。

按照两侧岩层或岩体发生错动时力的作用性质，断裂构造又可分为张性断裂、压性断裂与扭性断裂。一般情况下，张性的正断层带多富水而透水；压性逆断层带本身常富水性与透水性往往较差，但其两侧的破碎带，尤其是上盘也是上升盘的破碎带富水与透水；扭性断裂带的富水性与透水性同压性断裂带类似；断裂带本身的富水性与透水性弱，而其两侧破碎带往往富水而透水。

断裂构造的生成与活动时代，有新老之分。一般情况下，新生代活动的断裂称活断层，地震行业常把第四纪以来活动的断裂称活断层，特别关注全新世（距今约 10 万年）以来活动的活断层。活断层可以是老断层复活，也可以是新的地质时期新生的。现今的地震活动，多与活断层的现今活动有关。多数地震前兆异常，被认为与地震孕育过程相伴生的断裂活动有关。

## 五、井区水文地质条件

井区水文地质条件，主要指井区范围内发育的蓄水构造与含水层类型及其分布，各个含水层中地下水的补给、径流、排泄条件及其物理化学特性等。这些条件，已在第一章中做了介绍，在此不再赘述。

## 六、井区现今地质动力作用

地质动力作用指推进地壳形成与演化的作用，可分为内动力作用与外动力作用。内动力作用指地球内部动力作用下发生的地质作用，如岩浆作用、变质作用、构造作用等，地震活动也属于内动力作用。外动力作用指地球外部动力作用，如太阳辐射能、日月引力能、生物能的作用下发生的地质作用。对地震地下流体观测井台建设有影响的地质作用是外动力作用，如太阳辐射能作用下产生的大气环流作用、风的作用、水的作用、日月引力作用下产生的潮汐作用等，特别是上述作用下进一步产生的风的作用、河流的侵蚀作用、重力作用等。

风是大气中空气的流动，一般的风对井台建设没有直接的影响，但特别强烈的风，其风速很大，对台站的建筑物与室外设施有一定的破坏作用，因此不宜把井台建设在大陆的风口、沿海强台风常登陆的地方。

一般的河流对凸岸有侵蚀作用，对近岸的井台及其某些设施也常有一定的破坏危险，而且河水常对地下水动态产生干扰，因此不宜把井台建在河流岸边上，非建不可时，一定要对岸边采取防侵蚀的工程措施。

对于山前与谷地地区的井台而言，最常见的动力作用危害是滑坡作用与崩塌作用。滑坡，指重力作用下地表斜坡体沿一定的滑坡面下滑的现象，其规模有大有小，小者滑坡体的体积仅几十立方米，大者可达几千立方米乃至上万立方米，有时甚至波及到一个乡镇或县城的范围。地下流体观测井台，切勿建在滑坡活动区，更不允许建在滑坡体上，若建在滑坡体上，一旦滑坡活动，对井台将产生毁灭性的破坏。崩塌，指在山区较陡的地方，在重力作用下，碎屑物质由山顶高处急速滚落堆积在坡脚的地质作用，滚落的碎屑物有大有小，大者有几至几十立方米，小者仅几至十几立方厘米，但都具有较大的破坏力。因此井台也不宜修建在崩塌作用活动区内。

沟谷中的洪水与泥石流作用，对建在河谷地区的井台安全有一定威胁作用，有时也可能产生毁灭性的破坏作用。

地震地下流体井台的选址，必须要考虑上述的井区地形地貌、气象水文、地层（岩体）与岩性、地质构造、水文地质、现今地质动力作用等，要尽力避开不利的因素，利用有利的因素。当然上述的各种条件，一般不需要我们去直接调查，可到当地的国土资源、测绘、气象、水文、水利等部门收集相关资料，包括 1∶5 万、1∶20 万比例尺的地形图、地质图、水文地质图及相关的报告等，从中获得井台建设所必须的信息。然而，有些地区，前人积累的资料尚不能完全满足井台选址的需求时，必须做必要的补充调查与研究，弄清井区的各项地质 - 水文地质条件。

## 第二节　观测井建设

地震地下水物理观测井建设是地下水井台建设的关键环节，观测井建设的质量将影响井台终身的观测效果。观测井建设，主要包括井位勘选、井孔设计与井孔施工三大技术环节。

### 一 、观测井位的勘选

观测井位的勘选是以前人在拟建观测井的区域地质－水文地质调查成果为基础，要收集比例尺不小于 1 : 20 万的区域水文地质图或地质图及其报告，了解区域的地形地貌、水文气象、地层岩性、地质构造、岩浆岩体等地质条件及区域的地下水埋藏类型、各类含水层的分布、规模、地下水补给－径流－排泄系统、地下水的物理化学特征等。

在此基础上，结合未来钻井施工、井台运行及土地利用等条件，经过面上调查初选出井区。一个井区的范围，原则上应包括可能作为未来观测含水层的地下水的补给、径流、排泄区，范围可大可小，一般距大气降雨渗入补给区距离宜为几十至几千米，当这个区域较大时，如在平原地区，可选以未来拟选的井点为中心约 10km 半径圈定的范围。这个区还要满足防盗、防洪、防水、防尘等环境条件；要避开滑坡、泥石流、岩崩、地面塌陷等自然灾害活动区，要与铁路线、无线电发射台、水库区（水库诱发地震监测网除外）、地下水开采区、地热资源开发区、各类矿产开发区等保持一定的距离。

选择井区之后，再进一步选定井点，这是观测井位勘选的核心环节。井点的选定，一定要到现场调查与分析。选井点的地质与水文地质依据主要有如下几点：①井区具有汇水条件；②地下发育有含水层或储水构造；③含水层或含水体一定是承压的，具有较好的封闭性（隔水层厚，且分布面积大）；④含水层的透水性尽可能好，富水性也尽可能强；⑤含水层地下水矿化度低，不含腐蚀性气体；⑥在井点外围一定距离内无强干扰源。此外还要满足钻井设备运输及钻井施工的条件，满足未来供电、通讯与防雷的要求。

关于井区的汇水条件，主要指地形地貌条件。地壳浅层（深度小于十几千米）范围的地下水绝大多数是大气降雨渗入成因的。因此，地下有没有地下水发育，首先要看地形地貌上有没有大气降雨汇水的条件。满足这个条件的基本判据是地形上的凹地，如山前地区、山间盆地、山间沟壑、大小河流的河谷地区，碳酸盐岩区的坡立谷、溶蚀洼地等；不利于汇水的地区是山脊地区、具有较大坡度的斜坡区等。

地下发育有含水层或储水构造是选井点必要条件。在新生界，尤其是第四系发育区，地下水主要赋存在砂砾石层中；这种砂砾孔隙含水层，不是理想的地震地下水动态观测层，把这种含水层作为观测层的观测井，一般说来其映震能力弱，有用的信息（潮汐效应、气压效应、同震效应等）少而弱，而且干扰多而强。然而，在一些平原地区、大多山间盆地，第四系厚度较大，不得不选用这类含水层作为观测含水层。在第四系发育厚度不大（小于几十米）的平原与盆地地区或基岩山区，宜选基岩中的裂隙或岩溶含水层或含水体。在这类地区，地下水赋存在一定的地质构造中，这个地质构造称为储水构造。常见的储水构造有向斜构造、断层破碎带、单斜构造等，有些侵入岩脉或其两侧岩体、背斜轴部裂隙发育带、风化壳、沉积间断面下的古风化壳等也可以是储水构造，参考图 1-6。上述储水构造中，最理想的观测含水层常发育在向斜构造中，其中孔隙裂隙含水层、裂隙含水层、岩溶裂隙含水层都是理想的观测层。断层破碎带也是较为理想的观测含水岩体，但不同类型的断层带含水部位不同。以正断层为代表的张性断裂带常常是富水带；以逆断层或逆掩断层为代表的压性断裂带往往不含水，而其上盘靠近断层错动面的岩体可能破碎而含水；以平移断层为代表的扭性断裂带往往也不含水，而断层错动面两侧可能含水。断层构造的挽近活动性对断裂带的含水性与富水性影响较大，近期活动性强的断裂带的富水性强。在储水构造上选井点时，应把井点放在地下水径流区内，尽可能远离地下水补给区与排泄区。

不论是孔隙含水层还是裂隙与岩溶含水层，作为未来观测层的含水层都必须是承压含水层，即未来的观测井必须一定在能够揭露出承压含水层的地方。当承压含水层受到力的作用而变形破坏，引起其空隙度、孔隙压力的变化时，由于在承压含水层的井孔水位动态中表现出明显的放大效能，不仅多数井中可见潮汐效应、气压效应、同震效应等有用消息，而且映震效果也好，而在潜水含水层观测井中看不到这种放大效能。承压含水层的另一个好处是受气象水文因素的干扰少，而弱承压含水层的另一个要求是封闭性好，具体体现在含水层上部的隔水层分布稳定，厚度大，即含水层顶板埋深大，没有连通潜水层的断层导水带等。

对未来的观测含水层，还要求其空隙率大，连通性好，渗透性强；厚度大，导水系数大。这样的条件，不是选井位的必要条件，但也应是适当要考虑的条件，这样的条件有利于产生在含水层中的孔隙压力变化的信息较迅速灵敏地、较完整地传递到井孔中来。

把断层破碎带作为未来观测含水层时，井位的确定不仅要考虑断层破碎带常富水的一面，同时也要考虑其导水性带来的干扰。破碎带空隙率大，裂隙间连通性好，自然也容易成为强导水带，常常成为大气降雨或地表水的渗入补给带，对未来地下水动态可能产生强干扰。因此，在基岩裸露的地区，不宜把观测井建在地表有露头的断层破碎带上，应根据断层的产状（主要是倾角大小），把井定在距断层出露部位有一定距离的地方，最好是选在数百米深度可揭露出断层破碎带的地方。具有一定厚度的第四系覆盖层下的隐伏断裂带，则可直接把观测井布设在断裂带上方。

对未来观测含水层中的地下水，期望其矿化度低（$< 3$g/L），不含 $CO_2$ 等侵蚀性气体。矿化度高，可能在水位、水温传感器表面产生一些结晶沉淀层，甚至堵塞压力传感孔，从而影响观测数据的可靠性；特别是在自流井中，高矿化度的水容易在泄流管内产生沉淀物，从而使泄流量逐渐发生变化，不仅直接影响流量观测及其动态，对水位和水温正常观测值

也产生影响。地下水中含有侵蚀性 $CO_2$ 气体或其他具有腐蚀性的物质，会损伤仪器设备。

在观测井定位期间，无论对观测含水层承压性、封闭性、导水性，还是地下水的矿化度、低腐蚀性的条件，主要从区域水文地质资料中去查找含水层的特征，从中作出分析与判断。

观测井定位中必须重视观测环境问题，确保观测井外围一定范围内无强干扰源。最常见的干扰是大气降雨渗入补给与同层地下水开采。观测井距渗入补给区的距离，原则上越远越好，但不可能无限远，一般宜大于 5km，但在山间盆地区可适当少一些。

避开同层地下水强开采井的距离，在第四系砂砾石孔隙含水层与基岩裂隙或岩溶含水层（体）中有所不同。第四系砂砾石孔隙含水层区，依岩性而定观测井与开采井间距（表 3-2）。在基岩含水层区，主要依岩性组合、构造与岩溶发育程度或渗透系数大小而定观测井与开采井间距（表 3-3）。

表3-2　松散砂砾石含水层区观测井与开采井间的最小距离（据GB/T 19531.4—2004）

| 岩性 | 砾石 | 粗砂 | 中砂 | 细砂 | 粉砂 |
|---|---|---|---|---|---|
| 最小井间距/km | 6 | 3 | 2.5 | 1.5 | 1 |

表3-3　基岩含水层（体）区观测井与开采井间最小距离（据GB/T 19531.4—2004）

| 水文地质条件 | 简单 | 中等 | 复杂 |
|---|---|---|---|
| 含水层岩性组合 | 单一层状，边界清楚 | 多层状，块状，边界不够清楚 | 多层混杂，边界不清楚 |
| 地质构造 | 水平，单斜；裂隙不发育 | 有一定断裂裂隙发育 | 断裂很发育，有大型破碎带 |
| 岩溶 | 不发育 | 只有小溶隙、小溶孔等发育 | 有大型溶洞与暗河发育 |
| 渗透系数/（m/d） | <1 | 1～10 | >10 |
| 最小井间距/km | 1 | 5 | 10 |

除了上述三种常见的干扰源，少数地区可能存在地表水、融雪水的渗入补给干扰与地下采矿疏干排水的干扰等，此时可参照上述标准避开井点外围干扰源的影响。

## 二、观测井结构的设计

观测井结构，一般指井深、井径、套管、止水固井、井－含水层间连接等（图 3-5）。

观测井的深度，以揭露出封闭性较好的承压含水层为主要依据而定，被揭露的含水层尽可能满足厚度大、透水性好、矿化度低等基本要求。在满足上述条件的前提下，具体深度以 300 ～ 500m 为宜。这主要是根据全国震例的统计结果，此深度的井映震能力相对强，观测到的有用信息多；其次是经费投入适中，目前可以得到国家、多数省、地、县各级财政部门的支持。当然，各地可根据各自的实际情况，在满足上述要求的前提下，结合经费投入水平，对井深作合理的调整，但井深一般不宜小于 100m。有条件的地区还可以考虑把井深进一步加大。

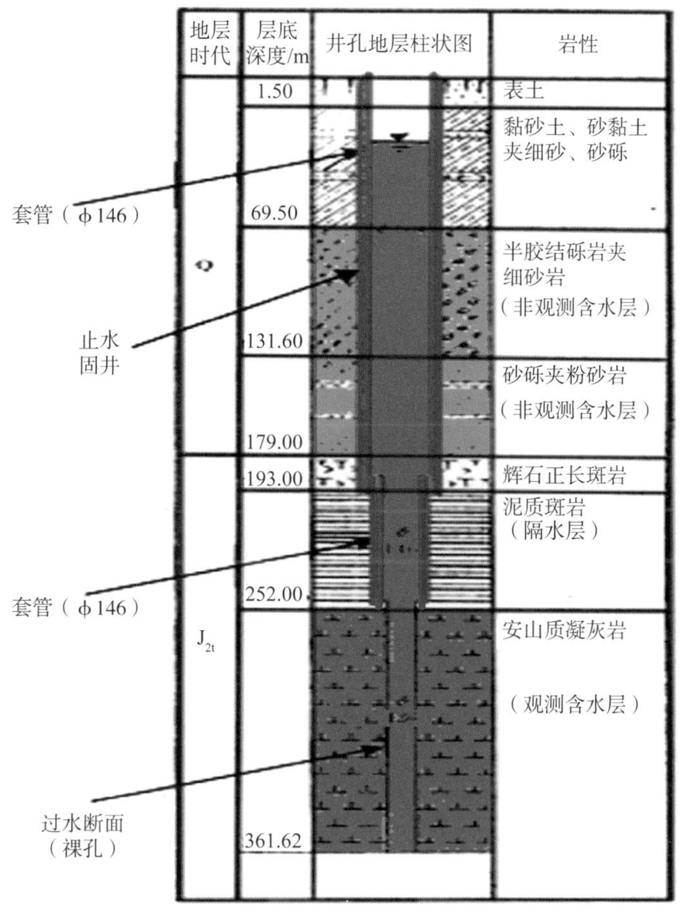


图 3-5　观测井结构示意图

观测井的直径，其内径一般规定是 100 ～ 200mm，但 120 ～ 140mm 为宜。这样的规定主要依据观测井内径要满足同时放置水位与水温两种以上传感器的要求，且必要时还应满足同时可下入 2 ～ 3 个试验研究用或异常落实所需要的水温传感器的要求。最好是观测井上、下直径大小一样，即不变径；观测井深度较大或钻井施工上存在一定困难时可以变径，但变径的次数尽可能要少，能变 1 次就不变 2 次。井径确定的另一个依据是，要考虑观测井水位或水温对含水层应力应变响应的信息强弱与井 – 含水层间水流量 $Q=\Delta V$ 有关的事实，而这个流量（水的体积）大小无疑直接决定井水位变化幅度，而井水位变化幅度 $\Delta h$ 与井径（半径 $r$）有关，即 $\Delta h=\Delta V/\pi r^2$。由此可见，井径不变时其信息反映能力最强，而随着变径次数的增加，过水段的井径越来越小，即井 – 含水层间水流量（$\Delta V$）越来越小，而井水位变动段的井径（$r$）越来越大，信息幅度（$\Delta h$）自然会变得越来越小，甚至失去信息响应能力。

观测井中的非观测井段，必须下设套管并止水固井。非观测井段，一般指观测井中观测含水层顶部隔水层以上的井段。套管的长度，无疑取决于观测含水层顶板埋深。套管的材料，以无缝钢管为宜，要具有一定温度与压力环境下永不变形不破裂的性能，具有抗腐蚀性，确保长期防井壁塌陷与非观测层地下水渗入观测井的功能。每段套管间的连接方式，宜丝扣连接，确保连接段不破裂不渗水。下入套管后，对套管外壁与钻井岩壁之间的环状间隙必须填入水泥、黏土等防渗材料，一方面严防非观测层地下水渗入观测井中，另一方面固定套管不晃动。

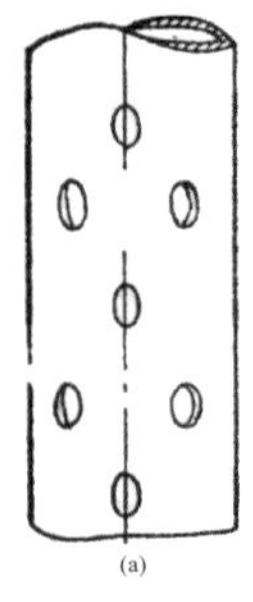


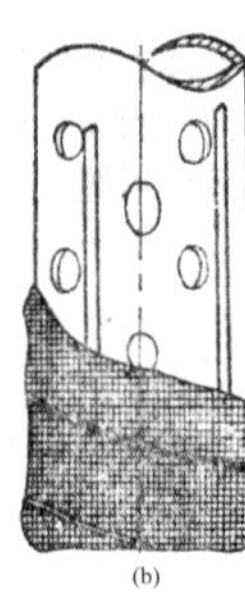


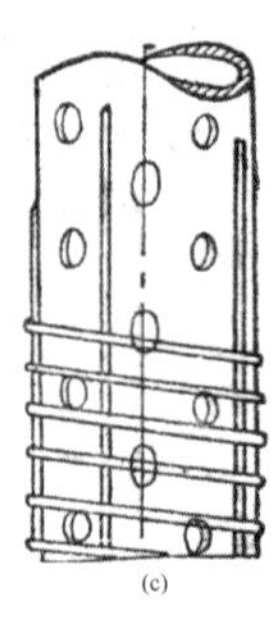


图 3-6 常见的滤水管类型（据《水文地质手册》，1978）

（a）花管；（b）包网管；（c）钢筋骨架管

观测井中的观测井段，即观测含水层与观测井连接的部位（过水断面），一般有三种连接方式：裸孔，滤水管，射孔管或花管。裸孔指含水层和观测井自由连通，之间不设任何装置；这种连接方式适用于钻井井壁岩层（体）坚固，无坍塌危险的条件下，如裂隙不够发育的基岩含水层、碳酸盐岩溶含水层等。滤水管适用于钻井井壁岩层（体）不稳定，有可能坍塌的条件下，如断层破裂带含水体、裂隙发育带含水层、砂砾石含水层等。滤水管的类型多样，常见的有花管、钢筋骨架管、包网管等（图 3-6）。花管指套管上打了孔的管，钢筋骨架管指花管外竖向焊接钢筋且横向缠绕钢丝的管，包网管指钢筋骨架管外包铜丝网的管。选用什么样的滤水管取决于围岩的稳定程度与坍塌物的颗粒大小。不管选用何种滤水管，必须保证滤水管的孔隙率不小于含水层的孔隙率，确保井－含水层间水流畅通，滤水管外壁与围岩间的环状间隙中，一般要求填充砾石。射孔管适用于井深大（一般 >500m），岩性不够坚固的第三系或白垩系砂岩孔隙－裂隙含水层中，一般先下无缝钢管，然后在含水层深度段放置子母炸弹引爆，让炸弹碎片穿破套管并生成裂隙、裂缝、裂孔等，从而实现观测井与含水层间水的连通。

## 三、观测井的施工技术要求

观测井的施工包括钻井、下设套管、止水固井、洗井、抽水试验、水质分析、编写竣工报告等内容。

钻井是观测井施工的核心环节。施工前必须做施工组织设计，包括钻井方法与设备、钻井工艺、地质编录与地层岩性分层、含水层测试、岩芯或岩层的采集、编录、保存等施工方案。

钻井方法，一般分为旋转钻进与冲击钻进，各有各的钻机与设备。旋转钻进，一般要求取岩芯，要求详细了解地层岩性、岩层裂隙发育或破碎程度等情况。冲击钻进适用于对地层岩性、岩层裂隙发育程度等的了解不很详细的情况。旋转钻进的成本高，钻进速度慢。

冲击钻进的成本低，钻进进度快。地震地下水观测井的钻井方法，一般要求对非观测层段可选用冲击钻进法，对观测层段选用旋转钻进法。

钻井过程中，要求必须进行地质编录，不得用一般的施工记录替代地质编录。地质编录的主要内容是地层岩性的变化、岩层（体）中裂隙、岩溶等孔隙的发育与岩层（体）破碎情况、含水层及其有关的变化等。对岩性与裂隙发育情况的描述，要尽可能具体。钻井过程中，遇到含水层时，包括非观测含水层，一般应停钻测试出露的深度、初见水位、涌水量、水温及稳定水位等，并一一记录在地质编录中。

钻井过程中，按规定要取岩芯或岩屑。对取得的岩芯应全部进行编录，分深度分层作标记，并用岩芯箱存放保存好。对取得的岩屑，一般每 10m 取一样，并用布袋装存，样品质量不小于 1kg，袋面上应标注取样深度与岩性等。

仅依靠钻进时的地质观察、岩芯或岩屑编录还难以做地质分层，特别是难以判定含水层分布深度时，也可通过测试电阻率等物理测井的方法来判定。

下设套管并止水固井后，必须检测止水效果并作记录。

完成下设花管、射孔或选定裸孔等过水断面施工后，必须洗井，做到水清砂净。

抽水试验是观测井施工中的另一重要环节，当钻井揭露出可作为观测层的承压含水层并完成上述各项工序后，必须做单井稳定流抽水试验。抽水的井水位降落次数以 1 ～ 2 次为宜，每次降落幅度（降深）不宜小于 5m；每个降深下，连续稳定流抽水时间应大于 12h，稳定流的判据是：①抽水试验井中水位无趋势变化，井水位上下变动的幅度 $\leqslant$ 5cm；②抽水流量的波动率不超过出水量的 5%。稳定流抽水试验必须要取得 $Q$（流量）$-t$（时间）、$S$（井中水位）$-t$（时间）曲线（图 3-7a）。若未来观测含水层富水性与透水性较弱，出水量小，不能满足稳定流抽水试验要求时，可改作非稳定流抽水或提水试验，同样作 $S-t$ 曲线（图 3-7b）。不管选用何种方式做抽水试验，试验结束后必须测得完整的水位恢复（$S-t$）曲线。试验的结果，必须提供两项观测含水层的水文地质参数：$K$（渗透系数）与 $R$（抽水影响半径）。根据单井稳定流抽水试验计算含水层渗透系数 $K$ 的常用公式如下：

$$K=\frac{Q}{2\pi SM}\ln\frac{R}{r}$$

式中，$K$ 为渗透系数（m/d），$Q$ 为稳定抽水量（ $m^3$/d ），$S$ 为井水位降深（m），$M$ 为含水层厚度（m），$r$ 为抽水井的半径（m），$R$ 为抽水影响半径（m）。

根据单井非稳定流抽水试验结果计算含水层渗透系数的常用公式如下：

$$K=\frac{Q}{2\pi SM(S_1-S_2)}\lg\frac{t_2}{t_1}$$

式中，$S_1$ 与 $S_2$ 分别是 $S-t$ 曲线上任选的两个降深值，$t_1$ 与 $t_2$ 为 $S-t$ 曲线上同 $S_1$ 与 $S_2$ 相对应的时间值（图 3-7b）。

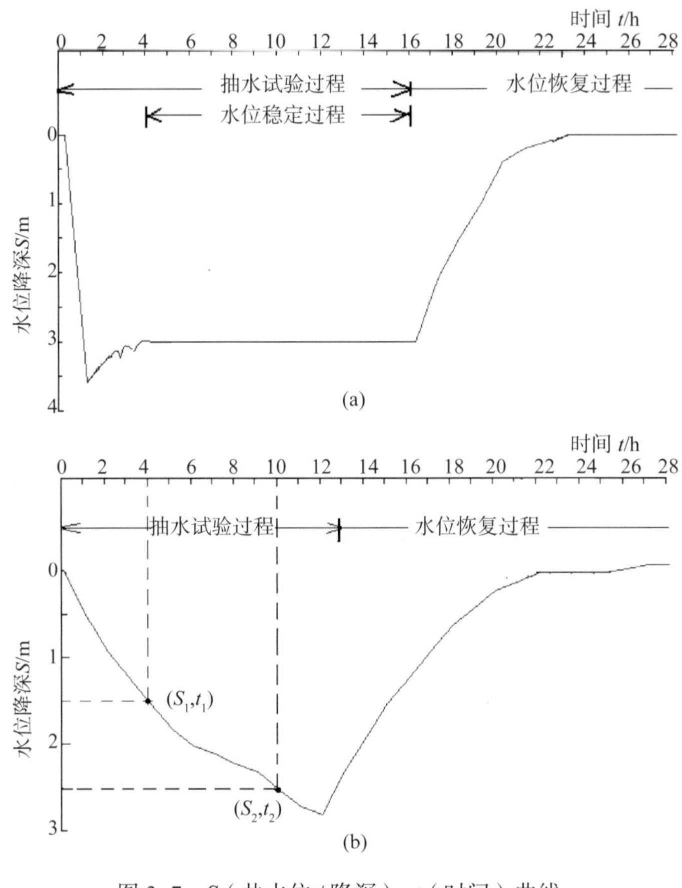


图 3-7　S（井水位 / 降深）-t（时间）曲线

（a）稳定流抽水；（b）非稳定流抽水

通过抽水试验结果确定抽水影响范围（$R$）的计算公式如下：

$$R=10S\sqrt{K}$$

式中，$S$ 为水位降深值（m），$K$ 为渗透系数（m/d）。

无论 $K$ 值还是 $R$ 值计算，根据实际情况还可以选用其他的计算公式。

抽水试验过程中，应取水质样品并送具有CMA资格的实验室做水质分析。一般情况下，作水质简分析，分析的项目主要有七大常见离子（$HCO_3^-$，$SO_4^{2-}$，$Cl^-$；$K^+$，$Na^+$，$Ca^{2+}$，$Mg^{2+}$）、游离 $CO_2$、pH 值、矿化度等，并给出水化学类型。作为地震地下水观测井，还宜做溶解气体组分（$N_2$，$O_2$，$CO_2$，$CH_4$，Ar，$H_2$，He 等）及其含量、氡（$^{222}Rn$）与 Hg 等特殊组分的浓度分析；在有条件的情况下，还可做一些同位素化学分析，如测 $\delta O$ 与 $\delta^{18}O$ 用以判定地下水的成因；测 $^3H$、$^{14}C$ 等用以判定地下水的年龄。

钻井施工中还有一个环节是井口的处理。下设套管时，在地面以上必须留有一定长度的套管，或钻井施工结束后在井口加接一定长度的套管。井口套管的长度要求是：当观测井水不自流时，宜高出自然地面 0.7m（高出未来观测室内地面 0.5m）；当井水自流时，宜高出自然地面 2 ～ 3m；当井口压力≥ 0.02MPa（相当于水柱高度 2m）时，应设泄流管，泄流管的一端水平焊接在主井管上，且在泄流管上安装控流阀门，泄流管的另一端应引到泄流池上排水，在此处还要考虑未来测流量用的流量计的安装需求；在泄流管上，其一端焊接主井管处与控流阀门间钻出一个孔口向上的孔，以便于未来安装测压管，用以校测动水位（图 3-8）。施工单位（乙方）向委托施工的单位（甲方）交井时，还必须对主井口与泄流管口设置有效的护井装置，防止他人损坏或堵塞井口与观测井等。

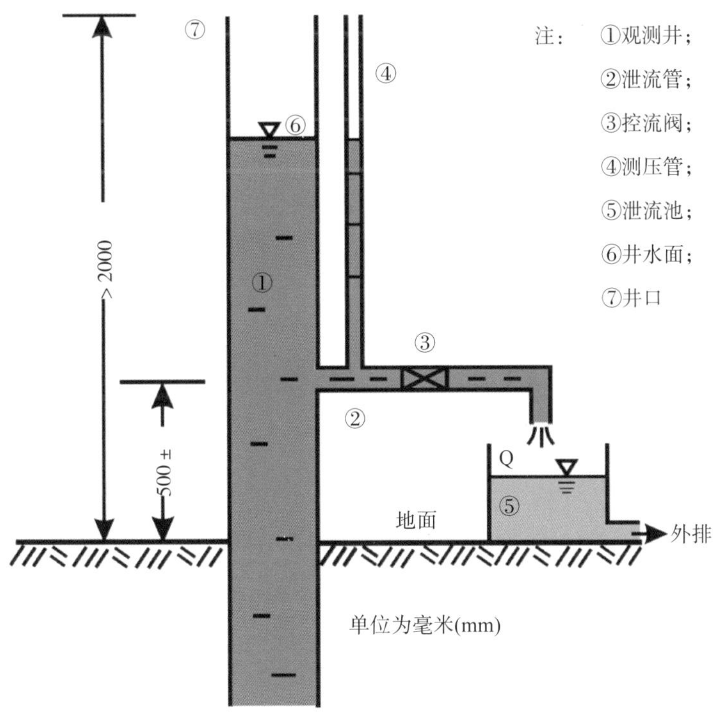


图 3-8　井口压力≥ 0.02MPa 自流井中设置泄流装置示意图（据 DB/T 20.1—2006）

完成上述的各项施工之后，必须编写并提交《钻井竣工报告》。报告中，除概述井区的地质－水文地质条件外，要重点介绍钻井方法、设备与组织；被揭露的地层岩性及其特征，编制井孔柱状图，不仅要说明各层的岩性变化，还要给出包括节理裂隙发育情况、钻进过程中的泥浆液的消耗、掉钻（放空）、卡钻等说明；遇到的各个含水层及其分布（发育的深度段）、初见水位、涌水量、稳定水位、水温等；井孔结构及其构造，包括下设套管的规格、深度、管段间衔接方式及管外止水固井及其效果检测，井－含水层连接部位（过水断面）的方式及其有关说明；洗井、抽水试验、水样采集与化学分析的情况等。报告中必须附名为《观测井基本情况表》（表 3-4）的钻井成果汇总图表及水质分析报告书（表 3-5）。

表 3-4　钻井成果汇总图表实例（据 DB/T 20.2—2006）

____________地震局______台______井

| 地层 | 层底深度/m | 井孔结构地层柱状图比例尺 | 岩性 | | | | | | | | | | | | | |
|---|---|---|---|---|---|---|---|---|---|---|---|---|---|---|---|---|
| | | | | 完成单位 | | 井孔结构 | 完钻井深/m | | 变径情况 | 直径/mm | | | | | | |
| | | | | 成井日期 | 年　月 | | 现有井深/m | | | 深度/mm | | | | | | |
| | | | | 行政区位置 | 县 镇（乡） | | 套管 | 直径/mm | | | | 止水情况 | 射孔井 | 射孔部位/m | | |
| | | | | 经纬度 | 东经<br>北纬 | | | 深度/mm | | | | | | 人工井底部/m | | |
| | | | | 孔高标高/m | | | | 滤水管长度/mm | | | | | | 水泥反高/m | | |
| | | | | 自然环境与干扰源 | | | 观测段/m | | | 揭露厚度/m | | | 水位埋深值/m | | | |
| | | | | 构造部位 | | 观测含水层 | 地层岩性 | | | 岩性物理参数 | | | 地下水类型 | | | |
| | | | | 水文地质条件 | | | 抽水试验资料 | 涌水量/(L/s) | | | | 水温水化学资料 | 水温/℃ | | pH | |
| | | | | 井区地质简图比例尺 | | | | 降深/m | | | | | | | | |
| | | | | | | | | 单位涌水量/(L/s・m) | | | | | | | | |
| | | | | | | | | 渗透系数/（m/d）与计算公式 | | | | | | | | |
| | | | | | | 观测概况 | 测　项 | 水位 | 水温 | 气氡 | 气汞 | 氦气 | 氮气 | 其他说明 | | |
| | | | | | | | 始测年月 | | | | | | | | | |
| | | | | | | | 数字化观测 始测年月 | | | | | | | | | |
| | | | | | | | 数字化观测 仪器型号 | | | | | | | | | |
| | | | | | | | 数字化观测 始测值 | | | | | | | | | |
| | | | | | | | 数字化观测 备注 | | | | | | | | | |

表 3–5　观测井水质分析报告实例

| 常量离子浓度 | | | | | 微量组分浓度 | | 其他物理化学特性 | |
|---|---|---|---|---|---|---|---|---|
| 种类 | | 质量浓度(mg/L) | 摩尔浓度/(mmol/L) | 摩尔浓度百分比/% | 组分 | 浓度/(mg/L) | 特性 | 指数 |
| 阳离子 | $K^+$ | 3.4 | 0.09 | 1.0 | I | 0.018 | 水温/℃ | 37.8 |
| | $Na^+$ | 186.6 | 8.12 | 90.9 | Br | <0.005 | 色 | 无 |
| | $Ca^{2+}$ | 14.0 | 0.70 | 7.80 | As | <0.005 | 嗅 | 无 |
| | $Mg^{2+}$ | <0.1 | | | $H_3BO_3$ | 7.0 | 味 | 无 |
| | $Fe^{3+}$ | <0.1 | | | Cu | <0.005 | 总硬度 | 0.0 |
| | $Fe^{2+}$ | 0.1 | | | Zn | <0.005 | 暂时硬度 | 35.0 |
| | $NH_4^+$ | 0.3 | 0.02 | 0.2 | Li | 0.66 | 负硬度 | 17.4 |
| | $Al^{3+}$ | <0.1 | | | Sr | 0.62 | pH值 | 9.12 |
| | 合计 | 204.6 | 8.93 | 99.0 | | | 游离$CO_2$ | 0.0 |
| 阴离子 | $Cl^-$ | 58.5 | 1.65 | 19.4 | | | 可溶性$SiO_2$ | |
| | $SO_4^{2-}$ | 245.0 | 5.10 | 59.9 | | | 总碱度 | |
| | $HCO_3^-$ | 21.4 | 0.35 | 4.1 | | | 固形物 | 618.2 |
| | $CO_3^{2-}$ | 21.0 | 0.70 | 8.2 | | | Rn/（Bq/L） | 0.054 |
| | $NO_3^-$ | 0.1 | | | | | 总$\alpha$/（Bq/L） | 0.1 |
| | $NO_2^-$ | <0.005 | | | | | 总$\beta$/（Bq/L） | 0.19 |
| | $PO_4^{3-}$ | <0.1 | | | | | 氚（TU） | $44\pm1.6$ |
| | $F^-$ | 13.6 | 0.72 | 8.5 | | | $\delta^{18}O$/‰ | −12.7 |
| | 合计 | 359.6 | 8.53 | 100.1 | | | $\delta D$ /‰ | −70.9 |

分析人：　　　　　　　　　　　　审核人：　　　　　　　　　　日期：

## 四、观测井施工经费估标

观测井施工经费是制约观测井建设的重要因素，井孔施工之前必须要有所考虑。根据国家有关规定，观测井的施工经费由以下几个方面组成，即钻井费、套管费、止水固井费、取样费、抽水试验费、水质分析费及技术服务费等。

### 1. 钻井费

钻井费的基本计算公式如下（国家发改委，2002）：

钻井费 = 基价 × 自然进度 × 岩土类别系数 × 井深系数 × 井径系数。

基价一般是每米 130 元。岩土类别分五类：坚硬岩（Ⅴ类）、较硬岩（Ⅳ类）、较软岩（Ⅲ类）、软岩（Ⅱ类）、极软岩（Ⅰ类）。坚硬岩一般指完整的花岗岩、片麻岩、石英砂岩、石英岩、石英砾岩、凝灰岩、玄武岩等。较软岩指泥质砂岩、泥灰岩、粉砂岩、页岩等；软岩多指风化岩；极软岩指强风化岩石。较硬岩指一般的浅成岩、火山喷出岩、石灰岩、千枚岩、板岩等，有些裂隙发育或风化的花岗岩等坚硬岩石也可归为此类。一般的砂土归于Ⅰ类，但含有较多碎石（>50%）时按碎石（砾石）的粒径大小分别归于Ⅱ～Ⅴ类中，碎石粒径≤ 20mm 时归于Ⅱ类，粒径≤ 30mm 时归于Ⅲ类，粒径≤ 50mm 时归于Ⅳ类，粒径≤ 100mm 时归于Ⅴ类。岩土类别系数分别是：Ⅰ类岩石为 1.8，Ⅱ类岩石为 2.6，Ⅲ类岩石为 3.4，Ⅳ类岩石为 4.2，Ⅴ类岩石为 5.0。井深系数与井径系数如表 3-6 与表 3-7 所示。

表3-6　钻井施工中的井深系数表

| 井深/m | 50～100 | 101～150 | 151～200 | 201～250 | 251～300 | 301～350 | 351～400 | 401～450 |
|---|---|---|---|---|---|---|---|---|
| 系数 | 1.0 | 1.2 | 1.4 | 1.7 | 2.0 | 2.4 | 2.9 | 3.4 |

表3-7　钻井施工中的井径系数表

| 井径/mm | ≤150 | 150～200 | 200～250 | 250～300 |
|---|---|---|---|---|
| 松散砂土层 | 0.9 | 0.9 | 0.9 | 0.9 |
| 基岩层（体） | 0.9 | 1.0 | 1.1 | 1.3 |

按照上述公式，如果在石灰岩地区钻一口井径 150 ～ 200mm、深度 200m 左右的观测井，其钻井费应是 214032 元，平均每米为 1070.16 元。

### 2. 套管费

套管费一般取决于钢材的市场价与套管的尺寸等。钢质管材的价格，一般每吨几千至上万元不等。地震地下水观测井的套管，要求是无缝钢管，不同外径与壁厚的无缝钢管的每米质量如表 3-8 所示。若按下设套管长度为 150m，选用外径 146.5mm，壁厚 4.75mm 的管材，假定市场价为每吨万元，那么其价格应为 24900 元。

表3-8　无缝钢管尺寸与重量关系参考表（据《水文地质手册》，1978）

| 外径/mm | 108 | 127 | 146 | 168 | 172 |
|---|---|---|---|---|---|
| 壁厚/mm | 4.5 | 4.75 | 4.75 | 7.0 | 7.0 |
| 质重/(kg/m) | 11.45 | 14.38 | 16.60 | 27.79 | 28.48 |

花管的价格与套管基本相同。滤水管要适当考虑附加的材料（钢筋、铜网等）及其加工费。

### 3. 抽水试验及水质样品取样分析费

抽水试验一般按台班计算。做稳定流抽水试验，正常情况下一次试验需一天（24 小时）时间，按三个台班计算为 840 元 / 台班 ×3 台班 =2520 元。

抽水试验时，取水样收费标准为每样 40 元。

水质分析费，一般简分析时一个样收费为 100 ～ 200 元，全分析时为 300 ～ 400 元。测 $\delta^{18}O$ 与 $\delta D$ 一组样品为 1000 元左右，测 $^{3}H$（氚）和 $^{13}C$ 为 500 元左右。

**4. 其他费用**

止水固定及洗井费等，一般与井深有关。井深 200 ～ 1000m 时，其总费用一般按 10000 ～ 30000 元考虑。回转钻井中的岩芯取样费，一般每米 200 元；冲击钻井中的岩屑样采集量，每袋 25 元。施工中的进场费、青苗赔偿费及技术服务费，可根据实际情况确定，几百至几千元不等。

上述的费用及其计算方法，都是参考性的。实际的价格，各地不同，甚至各个钻井队也不同。根据在湖北、江西、山东、黑龙江、四川、云南、陕西、新疆等地实际经验，建一口深 200 ～ 300m 的基岩井，一般情况下成井价（包括上述各项经费）为每米平均 1000 元上下，最高不会超过 1500 元。

## 第三节　观测井台设施建设

观测井台建设，除了观测井之外，还有其他的设施，主要是井房、仪器室及供电、防雷、通讯等。

### 一、观测室

一般情况下，井房与仪器室合建在一起，称为观测室。

观测室，一般要求为砖混结构，具有构造柱与圈梁等抗震结构。其建筑面积要求不少于 $9m^2$，屋内净高要求不小于 2.7m。观测井为热水自流井时，应把井房与仪器室分开，各面积也应不小于 $9m^2$，净高不小于 2.7m。有些观测井水头较高（≥ 3m）时，也可把井房与观测室分上、下两层。近几年随着数字化观测技术的推广与应用，出现了用小井窝（建在井口上的保护措施，面积约 $1m^2$，高约 1m，四周用砖砌墙，顶作盖）替代井房，另建仪器室的趋势。这种观测井与观测分离的方式，主要是方便观测井的清洗、维修，同时也有利于观测防潮等，观测井距观测室一般要大于 4m 左右，以便于观测井维修时满足钻机工作场地。各类观测室的平面布置示意图见图 3–9。

观测室应具有抗震、防盗、防火、防雨渗、防潮、防尘、保温、防洪等功能。在自然条件下，仪器室内应确保室温保持在 5 ～ 40℃之内，湿度≤ 80%。在一些寒冷地区，冬季室内温度难以保持在 5℃以上时，可考虑建地下仪器间，其深度应保证在当地冻土层面以下 1.5m，其墙体外围要有防渗层，防止夏季地下水渗入，其顶部要有具有保温功能的盖板。

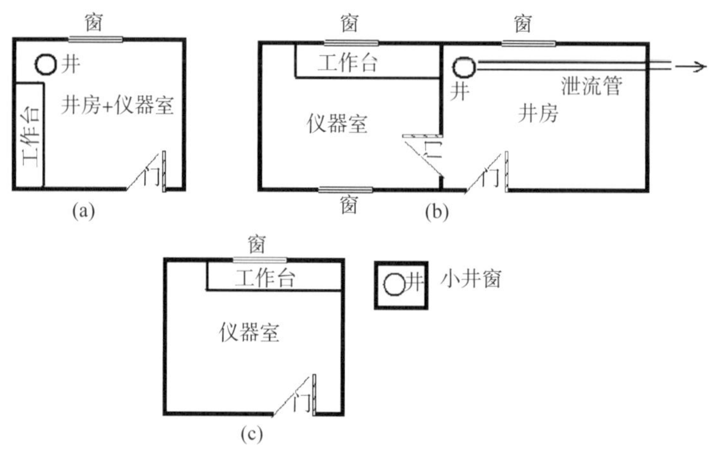


图 3-9　各类观测室平面布局示意图

（a）井房与仪器室合为一室；（b）井房与仪器室分开；（c）仪器室带小井窝

观测室内外需装饰。外墙要抹灰并粘贴瓷砖或涂浅色（白、灰、淡蓝、黄等）涂料。室内内墙抹灰并贴瓷砖或涂料，层内顶、地面要铺设防滑地板砖等。我国现有的观测室，因地制宜，多种多样，如图 3-10 所示。

（a）四川川03井水位水温观测楼

（b）辽宁本溪台水位、水温观测楼

（c）新疆红雁池台水位水温观测室

（d）福建华安汰内流体台观测室

图 3-10　我国地震地下水物理观测室外观（实例）

观察室的设计与施工，宜选专业设计与施工部门承担。设计图中一般包括平面图、立面图、层顶图、基础图等，如图 3-11 所示。

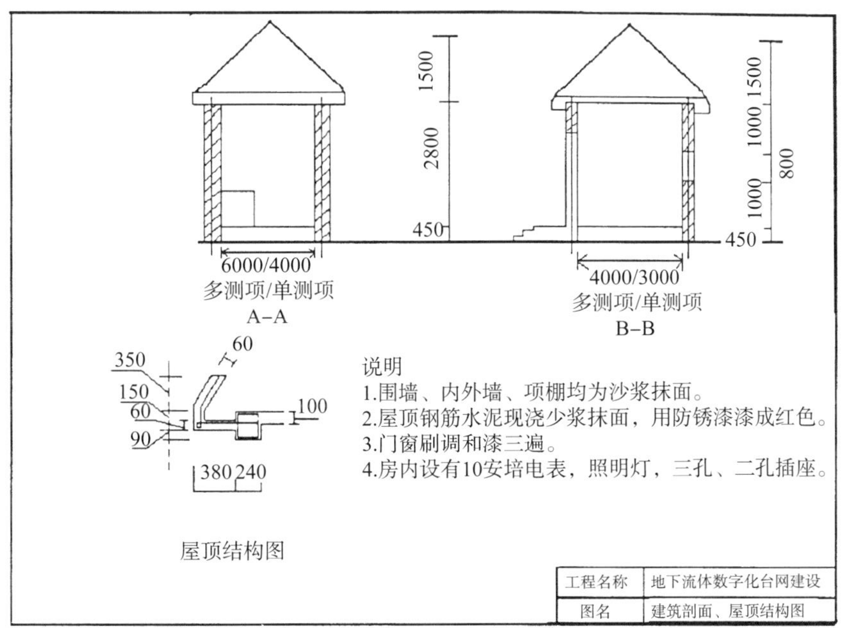


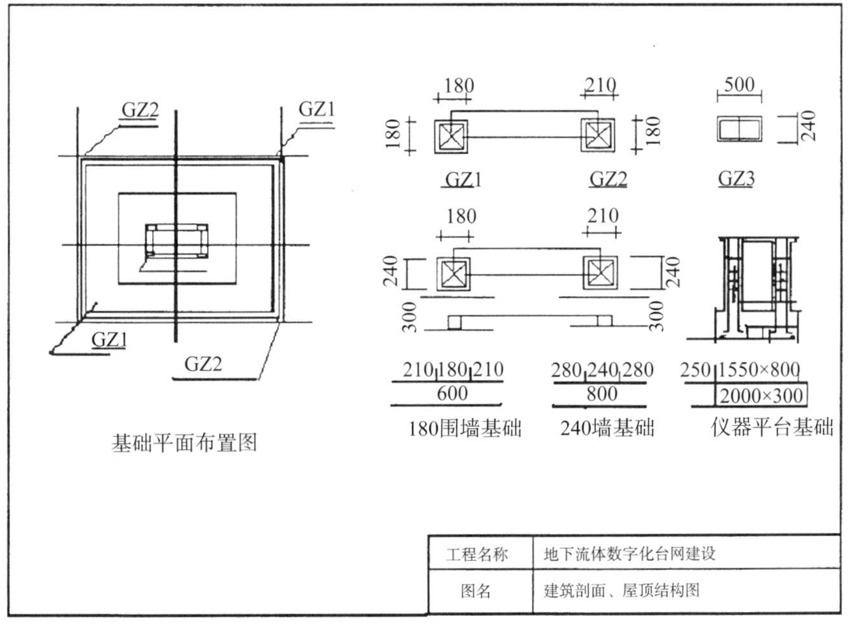


图 3-11　地下流体台站观测室设计图（实例）

新疆红雁池台位于乌鲁木齐风口地区的戈壁区，冬季风大，温度低可达零下 40℃左右，夏季温度又可高达 40℃左右。该台在建设时不仅采用了井房与观测室分离的方式，为了解决温度冬低夏高的问题还采用了地下室作为观测室，冬暖夏凉的环境可以很好地满足仪器的工作条件。这种方式在北方寒冷地区建台时可以借鉴。

## 二、供电设施

地震地下水物理台站的供电电源有两类：一种是交流供电，多依托于台站所在地的供电系统；另一种是太阳能供电。

目前多数台站的供电依托于当地 220V 的市电与农电系统，要设一条专用供电线，可根据情况设置一个变压器，也可直接由市电或农电引到台站。供电线路要求接入观测室之前，必须用长大于 30m 的铠装电缆并埋入地下。供电线路入观测室需要把照明用电与仪器用电线路分开，在仪器用电线端上要安装配电箱，箱内设有闸刀、漏电开关（漏电断路器）、C 级防雷器等，如图 3-12 所示。

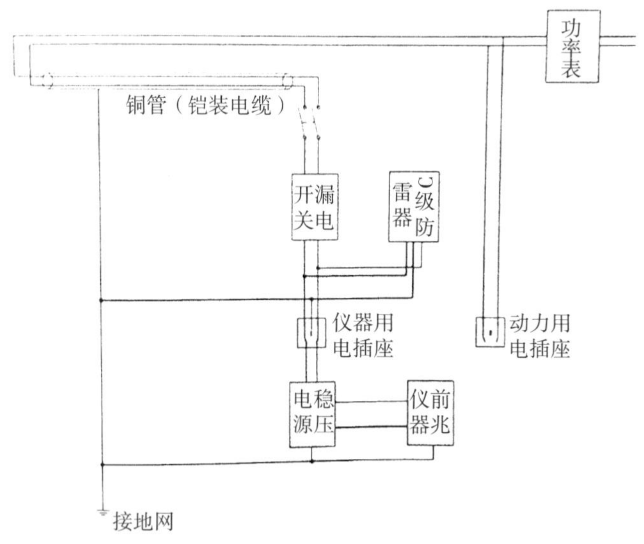


图 3-12　地下流体台站观测室供电线路布设示意图

目前部分地下流体台站开始依托太阳能供电。一般地下水物理观测台站需要 4 块太阳能电池板、1 个太阳能控制器与 4 组蓄电池构成供电系统。这类供电系统的最大好处是可大大降低台站被雷击的危险性。在实际运行中发现太阳能供电在冬季充电效能会降低，因此需要增加 50% 的太阳能板，一般以 6 块为宜，即每个主机以 3 ～ 4 块为宜，如果遇到太阳照射率低的地区，可以采用风光互补的方式进行供电，在冬季降雪可能对太阳能板有覆盖或连续阴天时，风力发电可以很好地进行补充供电，另外太阳能供电与偏远地区的交流电相比更加稳定，而且可以有效地避免交流供电电线引雷而造成仪器被雷击，所以野外偏远地区采用太阳供电反而比交流电更加适宜。

## 三、防雷设施

对于数字化台站而言，防雷设施建设是井台建设中非常重要的环节，是确保仪器设备在雷雨季节能连续正常运行的保障条件。一般台站多采用多种措施综合防雷。根据各台站所在地雷电活动的特点，可采用观测室防雷、供电线路防雷，必要时还要室外建设防雷塔等，其中最重要的技术环节是防雷地网建设。

观测室防雷，一般采用两种措施。一种是观测室顶板、构造柱、圈梁与地基中的钢筋相连成一体，并与防雷地网相连。另一种是屋顶设置引雷装置，屋顶设置环状钢筋，四角与边中用 20cm 高的钢筋柱托起来，然后把环状钢筋引雷装置用扁钢与地下的防雷地网相连，防止落地雷直接袭击观测室内仪器设备。

供电线路防雷分室外与室内两部分。室外是把 30m 长铠装电缆的供电线埋入地下，室内则在仪器用电线路上设置两道防雷器，第一道设在配电箱内，装 C 级防雷器；第二道设在仪器用电源插座上，装 D 级防雷器。

防雷地网是专门建设的防雷设施。一般情况下，挖开地面，在地下一定深度（≥ 0.5m）的坑内打入一定数量的角钢桩，再用角钢把各桩连为一体（图 3-13），再回填土，形成可把各类高压电流引入地下散开的装置。防雷地网的基本要求是接地电阻≤ 4Ω。在第四系松散层较厚（≥ 10m）的地区，特别是土层颗粒细（多为黏土、亚黏土），含水量较大的地区，一般的地网要达到接地电阻≤ 4Ω 的要求并不困难。但是，台站下部岩层中有砂砾石发育，特别是有基岩发育的地区，要达到≤ 4Ω 的要求是很困难的，要满足此要求需要采取多种降阻措施，首先是尽可能避开高电阻岩土层发育部位建地网，其次是加大地网的规模，加深角钢桩的长度与宽度、厚度，甚至部分采用电阻率小的铜桩、铅桩；若当地回填土的电阻率高时，应换用电阻率较低的黏土、亚黏土作为回填土，甚至填入化学降阻剂等。

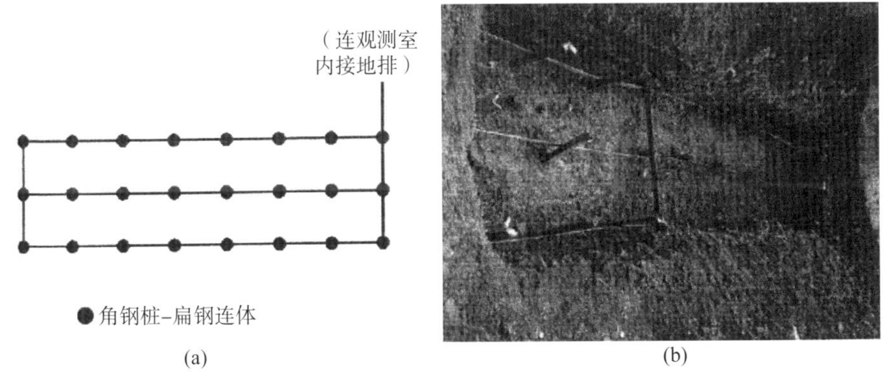


图 3-13 防雷地网施工中的钢桩连体骨架

## 四、通讯设施

数字化台站必须建设通讯设施，必须把观测到的数据及时传输到台网中心。数据通讯方式多种多样，如有线拨号传输、ADSL 拨号传输与支持 VPN 的 GPRS 或 CDMA 无线传输方式。有线拨号传输的方式逐渐被淘汰，GPRS 或 CDMA 无线传输方式正在被快速推广应用。值得注意的是，随着 3G 和 4G 通讯网络的普及，无线传输会越来越稳定可靠、方便快捷。

有线拨号传输方式的台站，无疑要架设通信线路。这种传输方式，由于电话线引雷，使台站仪器设备常遭雷击，严重影响仪器设备的正常运行，逐渐被淘汰。

ADSL 拨号传输方式需要铺设光纤线路，建设投资大。

目前正在推广应用的是基于 INTER 网的 GPRS（中国移动）或 CDMA（中国联通）的无线传输方式。这种方式投资少、价格低、易实现、传输效果好，特别是 GPRS 通讯技术，由于覆盖面广，对分布在偏远乡镇地区的地下流体台站观测数据传输更为适用。

然而，这种方式目前还不能保证所有的台站都能运用或传输效果好，为此，建台站之时有必要对信道进行测试。

GPRS 信道的测试过程，是在拟建设台站架设笔记本电脑、GPRS 信号发射天线及测试无线 GPRS 、DTU 设备，直接把该设备连接到计算机的串口，用 AT 命令，查询通讯网络的信号强度，评价台站通讯信道的稳定性。

测试的时间一般要超过 2 ～ 3 小时，有条件时还可延长。测试的强度稳定性值应在 10 ～ 30 之间，即可保证未来观测数据的正常传输。

## 五、井台的观测技术系统

数字化观测井台的观测设备如表 3-9 所列。各类设备的造型可根据各井台的实际要求选定。这些仪器设备的连接如图 3-14 所示。

表3-9　数字化井水位观测台站的基本设备表

| 序号 | 设备名称 | 仪器型号 | 单位 | 数量 | 备注 |
|---|---|---|---|---|---|
| 1 | 观测仪器 | LN-3A、SZW-1A等 | 套 | 1 | 含主机、传感器、电缆等 |
| 2 | FPC通讯终端 | DTU | 台 | 1 | |
| 3 | 稳压电源 | | 台 | 1 | |
| 4 | 电源避雷器 | | 台 | 1 | |
| 5 | 漏电保护器 | | 台 | 1 | |
| 6 | 12V100Ah免维护电瓶 | | 台 | 2 | |
| 7 | 12V直流电源 | | 台 | 1 | |
| 8 | 串口隔离转换器 | | 个 | 1 | |

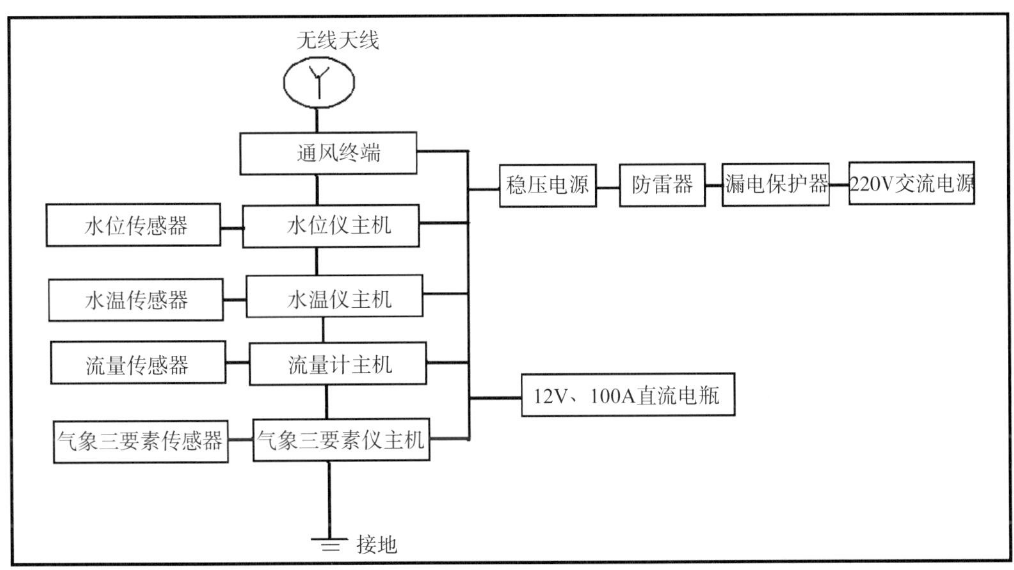


图 3-14 数字化地下水物理观测站仪器设备连接框图

## 六、其他设施

其他设施一般指围墙、大门、院内外道路等。位于山脚下的台站，还需考虑做防滑坡、防崩塌等设施，如挡土墙、防护栏或网等，紧邻河道侵蚀岸的台站，要做防河岸坍塌或侵蚀的设施等；有泄流的台站，要做合理的排水设施，等等。

# 第四章　井水位观测技术

## 第一节　井水位观测概述

### 一、井水位观测对象

地震地下水物理量观测中的井水位观测对象是井水面高度随时间的变化。这个“高度”可以用海拔高程表示，也可以以某一个假定基准面为“零”点的相对高度表示。地震地下水观测中规定以“相对”高度表示。在非自流井中，假定的基准面一般设在井口某一点，以该点为“零点”向下测量到井水面的垂直距离，称为静水位，它是传统水文地质学中的水位埋深值，作为井水位（图 2-1a）。在自流井中，一般采用有泄流条件下的井水位观测，测量的水位称为动水位，此时假定的基准面设在泄流口的中心点上，以该点为“零”点向上测量到井水面的垂直距离，即泄流口中心点以上的水柱高度（图 2-1b）。由此可见，在绘制动态曲线时，若观测对象是静水位时，则其水位纵坐标值一定要遵循上小下大的规定，若观测的是动水位时要遵循上大下小的规定，确保动态曲线的起伏变化直观地反映井水位的上升和下降变化（图 2-2）。

数字化水位仪的传感器一般采用压力式的，观测时把传感器投入到井水面以下一定深度，直接测量的是传感器底端进水孔到井水面间的水柱压力，这个值可换成水柱高度值。水柱高度值的变化，本质上可以反映井水面的变化，但不符合已有规范规定的静水位或动水位的定义，因此必须要经过必要的转换。

由上可见，井水位指井水面的高度，但不同类型的观测井中由于采取不同的观测方式，“井水位”的概念也不同，观测时切不可将“水柱压力”和“水柱高度”混淆为“静水位”和“动水位”。

### 二、引起井水位变化的作用与因素

引起井水位（面）变化的作用与因素，即影响井水位动态的因素，已在第二章做了介绍。在此，仅从井水位观测原理的角度做概述。

直接引起井水位变化的因素，从大的方面讲，可分为两大类（图 4-1）：一类是含水层中水量的变化，另一类是含水层中孔隙压力的变化。

引起含水层中水量变化的机理，主要是含水层中地下水得到补给或被排泄。引起含水层中水量变化的因素很多，常见的有大气降水与融雪水、地表水等的渗入补给，使含水层中水量增多（承压含水层中则是水被压缩，弹性储量增多），引起井水位上升；井水自流或泉水外流排泄，人类打井抽水，使含水层中水量减少，引起井水位下降。井水位的这种动态，有人称为宏观动态（此处“宏观”二字的含义，与广义地下水宏观异常中的“宏观”二字是同词异意，概念不同，切不可混淆）。

引起含水层中孔隙压力变化的机理，主要是含水层受力状态的变化与变形破坏。当含水层受到压力（压应力）作用时，含水层中岩土骨架发生压缩变形，空隙率变小，孔隙水压力增大，含水层中的地下水流入井筒中，从而引起井水位上升。当含水层受到张力（张应力）作用时，含水层岩土骨架发生拉张变形，空隙率增大，孔隙水压力变小，井筒中的水流入含水层中，从而引起井水位下降。一般认为，含水层受到剪切力（剪应力）作用时，仅发生剪切变形，含水层岩土空隙率和孔隙水压力不变化，自然井水位也不会发生升降变化。然而，当剪应力作用使含水层岩土骨架发生破裂时，其空隙率增大，孔隙水压力变小，井水位下降。引起含水层受力状态变化的因素较多：天文因素主要有日、月引力作用；地球内动力因素有地震活动与构造运动、火山活动等，地球外动力因素有地表水体载荷变化、滑坡与泥石流活动等；气象因素有大气压力变化、风速风力作用等；人类作用因素有修筑各种地表构筑物，如高楼大厦、铁路、公路、大型水库等对地表面施加荷载等。由于含水层受力状态的改变引起的井水位变化，称为井水位微动态。这类微动态是地震地下水观测关注的主要信息。

## 三、井水位动态观测的基本原理

井水位动态观测的基本原理是，在一定的井－含水层系统中，利用一定的仪器设备，按照规定的技术要求，获取含水层中地下水补给与排泄状态的变化或含水层岩土受力状态的变化引起的井水位随时间变化的数据与动态观测曲线，如图 4-1 所示。

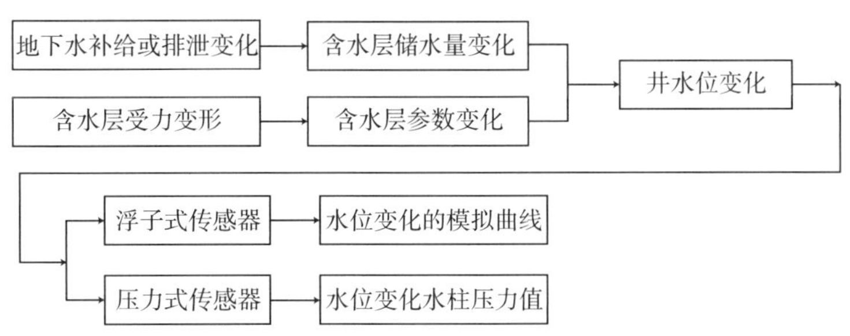


图 4-1　井水位动态观测的基本原理示意图（据《DB/T 48—2012》）

浮子式水位仪观测井水位变化的原理和方法：当井水位发生变化时，浮标受到的浮力发生变化，使其上下浮动，浮标上下浮动产生的力，通过导绳（吊绳）传递到滑轮（导轮）上，使其转动，滑轮的转动带动固定在其上的滚筒同步转动，记录笔把井水位变化的信息记录在卷在滚筒上的专用记录纸上，产出反映水位变化的模拟曲线，如图 4-2(a)。

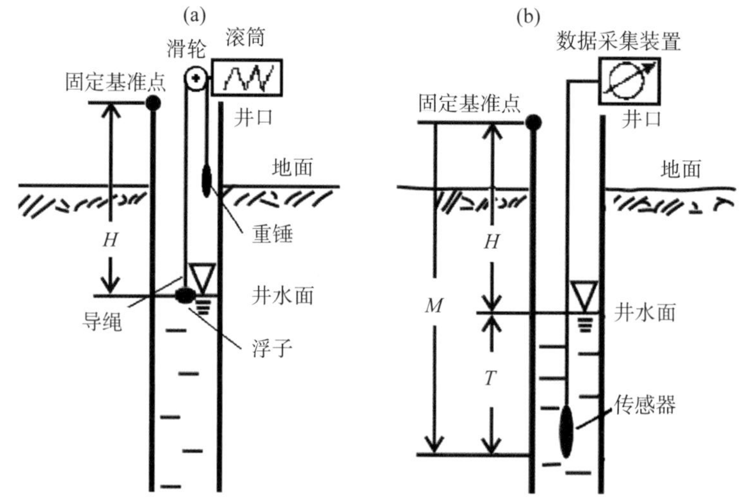


图 4-2　井水位观测系统示意图（据《DB/T 48—2012》）

（a）浮子式水位观测；（b）压力式传感器水位观测

压力式水位仪观测井水位变化的原理与方法：井水位的变化表现为井中水柱高度的变化，水柱高度的变化使传感器受到的水柱压力发生变化，通过传感器底端的压力导孔传递到传感器内的压力敏感元件时，产生相应的电压变化信号，再通过信号电缆传输到数据采集装置，把电压信号转化成水柱高度值，如图 4-2(b)。

水柱高度与水柱压力的关系为：$P=\rho gT$

式中，$P$ 为传感器所受压力；$\rho$ 为被测井水的密度；$g$ 为当地重力加速度；$T$ 为水柱高度。

水柱高度与压力（即相应的电压量）成线性关系。

$$T=\frac{1}{\rho g}P=KV$$

式中，$K$ 为仪器常数，是水位仪量程与输出电压的比值，单位 m/V。

## 四、井水位动态观测的主要目的

地震地下水观测中井水位动态观测的主要目的是捕捉与地震活动有关的信息。一般认为，地震的孕育与发生过程将会引起含水层受力状态的变化，由此引起井水位动态的异常变化，即在井水位动态中可能显现出地震前兆异常信息。当然，与地震活动有关的信息中，还包括同震异常与震后异常信息，这种异常信息不仅显示当次地震活动引起的信息，其中还可能隐含着未来地震活动的前兆信息，因此近年来倍受关注。

然而，井水位动态是多种因素作用下产生的综合信息。如果以 $y_i$ 代表某一井某一时刻的井水位值，那么

$$y_i = a_0 + a_1x_1 + a_2x_2 + a_3x_3 + \cdots + a_nx_n$$

式中，$a_0$ 为前一时刻的动态值；$x_1, x_2, x_3 \cdots x_n$ 为某一时刻各种影响因素的强度值，如降雨量、地下水开采量、大气压力值、固体潮汐引力值等，当然，其中也可能含有与地震活动有关的因素；$y_i$ 为各种因素作用引起井水位变化的函数。这个函数是与井和含水层的多个特性有关的复杂的函数，以井水位对地球固体潮汐的响应函数为例，不仅涉及到地球到日、月心的距离与相对位置，而且还与含水层的导水系数、弹性储水系数、井孔的半径等参数有关。对于这类函数，目前还处于探索的初期，井水位对各种因素的响应函数的研究，是地震地下水科学有待开拓的理论领域。由此可见，在这样复杂的动态观测值中，识别与提取地震前兆异常的科学信息是较为困难的。

在井水位观测中，在当前条件下，最主要的目标是取得连续真实客观的观测数据，为当今与未来从中提取可靠、可信的前兆异常信息提供基本的保障。

井水位动态观测的目的，除了获取与地震活动有关的信息之外，还可以获取其他有用的信息。例如，深层水资源信息、地壳动力作用信息、含水层物理力学参数等。这些信息对国民经济发展与地球科学研究都是很重要的。

## 第二节　井水位观测仪器及其使用

### 一、井水位观测仪器概述

井水位观测仪器，简称水位仪或水位计。

在我国地震地下水观测历史中，使用过多种多样的水位仪，从原始的测钟到机械式水位仪，再到数字化水位仪，其种类多达几十种。

曾使用过的机械式水位仪有 HCJ-1 型、SZ-1 型、红旗 -1 型、SW-20 型、SW40 型，SW40-1 型等，经过几十年的使用与检验，最终选择了 SW40 型或 SW40-1 型水位仪为主要的机械式水位仪。这些水位仪，都是以各种形状与尺寸的浮标（漂）作为水位传感器，观测结果直接产出纸介质的水位动态记录曲线。

我国地震地下水动态观测网中也曾暂短地使用过 JSZ-1 型、GSQ-Ⅱ型、SSJ-1 型等机电式水位仪，它们或对水位传感器或对产出的动态产品做了电子式改进，但均被后来迅速发展的数字化观测技术所替代。

数字化观测技术是近十年来发展起来的新技术。这类水位仪从水位传感器到动态数据的产出都进行了脱胎换骨的更新，使井水位观测跨入电子化、数字化、网络化、自动化、计算机化的现代化阶段。

据 2013 年统计，目前在地震地下流体观测网中，井水位观测的仪器主要有两大类十多种。各种水位仪的使用台套数及所占比例如表 4-1 所示。

表4-1　目前使用的水位仪统计

| 仪器类型 | 仪器型号 | 生产厂家 | 使用台数 | 所占百分比 |
|---|---|---|---|---|
| 机械式水位仪 | SW40，SW40-1型 | 重庆水文仪器厂 | 173 | 33.39 |
| | SW20 | 河南省南阳地震办公室 | 20 | 3.86 |
| | 红旗-1型，红旗-2型 | 上海地质仪器厂 | 6 | 1.15 |
| 数字式水位仪 | LN-3型（“九五”产品） | 中国地震局分析预报中心 | 136 | 26.25 |
| | LN-3A型（“十五”产品） | 中国地震局分析预报中心 | 118 | 22.78 |
| | ZKGD3000型 | 中科光大公司 | 26 | 5.02 |
| | DRSW-1型 | 中国地震局地壳应力所 | 12 | 2.32 |
| | SWY-II型 | 中国地震局地壳应力所 | 8 | 1.54 |
| | DTX-1730型 | 广东珠海泰德公司 | 19 | 3.69 |
| 小计 | 10种 | 7家 | 518 | 99.98 |

由表 4-1 可见，我国井水位观测中使用机械水位仪约占 1/3，而数字化仪器约占 2/3；机械式水位仪中以 SW40 或 SW40-1 型为主，数字式水位仪中以 LN-3 型和 LN-3A 型为主，但近两年，ZKGD3000 型与 SWY-Ⅱ型水位仪的数量在快速增多。

下面重点介绍 SW40 型、LN-3A 型、ZKGD3000 型与 SWY-Ⅱ型四种水位仪的构成、工作原理、安装使用与维护等技术。

## 二、机械式水位仪

以 SW40-1 型为代表介绍机械式水位仪的构成、工作原理、安装、使用和维护等技术。

### 1. 机械式水位仪的构成与工作原理

机械式水位仪一般由浮标（漂）、重锤、导绳、滑动、滚筒、记录笔、时钟、走时器、拉簧钢丝绳等构成，如图 4-3(a) 所示。仪器的外貌，如图 4-3(b) 所示。

浮标多为具有一定形状与尺寸的塑料罐，常见的形状有圆筒状、圆锥状，其直径 50 ~ 200mm 不等，其高度 50 ~ 100mm 不等；罐内往往装入一定的砂，使其具有一定质量，质量约 200 ~ 2000g；不同形状、尺寸与质量的浮标使用于不同井径及水位变化幅度不同的观测井中。重锤多为铜质或钢质的金属棍棒，上有可系导绳的环，一般其质量 100 ~ 1000g。浮标与重锤之间一般要保持一定的配重关系（表 4-2）。吊绳的一端系浮标，另一端系重锤，其功能是由浮标感应出水位变化信息并传导到滑动轮上，推动滑动轮转动。

滑动轮转动时带动滚筒同步转动，此时记录笔把井水位升降变化记录在卷在滚筒上的记录纸上。记录笔与时钟、走时器、拉簧钢丝绳连在一起，形成一个计时系统，随时钟的走时左右移动，这样就把不同时刻的井水位变化记录在记录纸上，可获取一定时间段（一般是一天）内井水位随时间变化过程的曲线（图 4-4）。

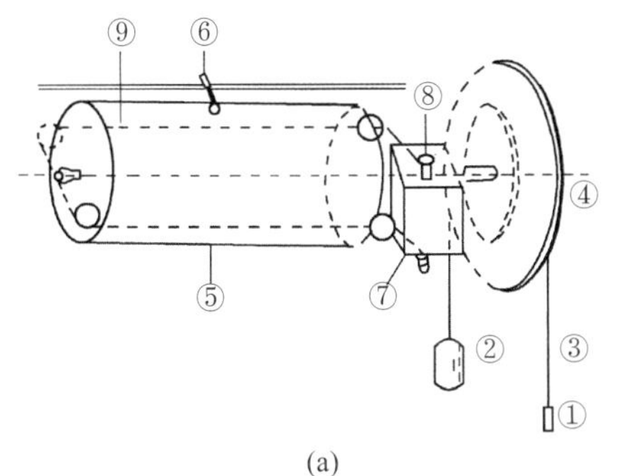

(a)

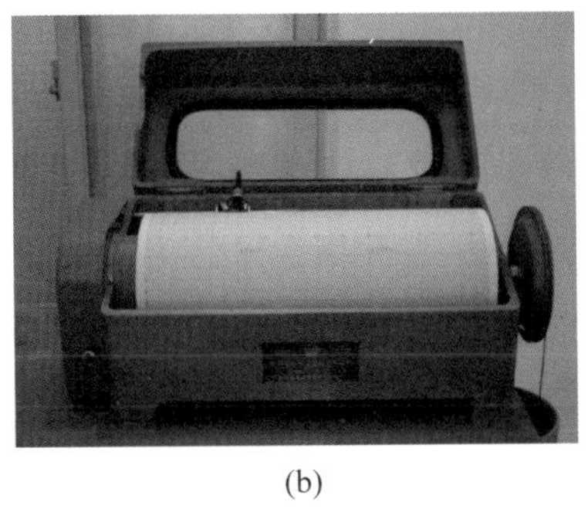
(b)

①浮标；②重锤；③吊绳；④滑轮；⑤滚筒；⑥记录笔；⑦时间传动部件（包括时钟）；⑧走时轮；⑨拉簧钢丝绳

图 4-3 机械式水位仪的构成（a）与外貌（b）

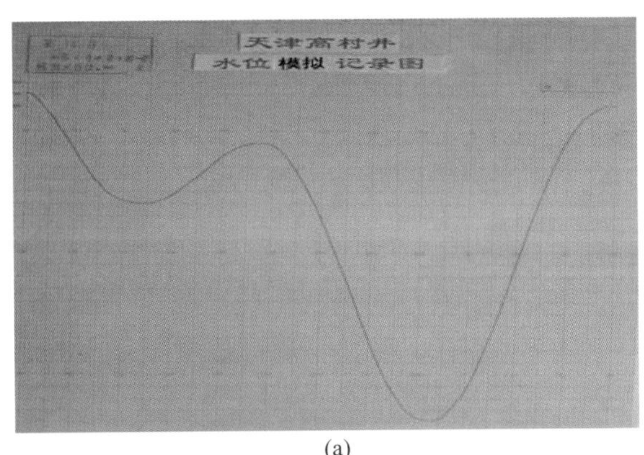

(a)

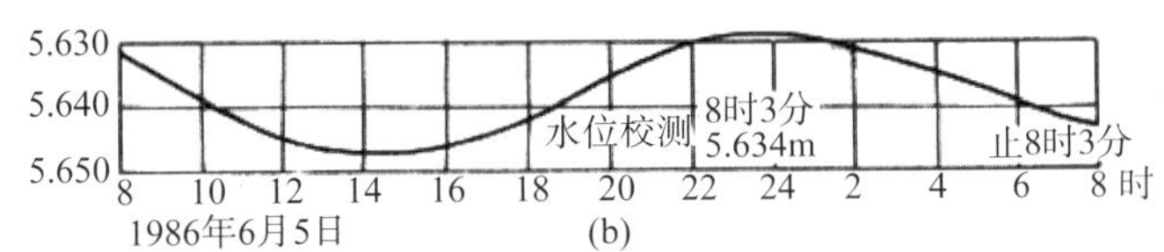

(b)

图 4-4 机械式水位仪记录的水位日动态曲线

（a）原始模拟水位记录曲线；（b）读取动态观测值曲线

表 4-2 几种浮标与重锤的配重关系

| 浮标形状 | 圆筒状 | | | | | 圆锥状 | |
|---|---|---|---|---|---|---|---|
| 浮标直径/mm | 200 | 100 | 70 | 70 | 51 | 110 | 75 |
| 浮标高度/mm | 85 | 45 | 145 | 45 | 100 | 100 | 100 |
| 浮标质量/g | 2200 | 350 | 360 | 250 | 180 | 570 | 280 |
| 重锤质量/g | 950 | 200 | 125 | 178 | 100 | 200 | 100 |

### 2. 机械式水位仪的安装与使用

（1）安装前的检查。

把仪器装箱运到需要安装的井台后，必须对仪器进行开箱检查。检查的内容如下：

①机件、器件与配件是否齐全，且要与装箱单一致；

②滚筒轴与滑动轮是否拧紧，且要拧成一体；

③计时器（时钟与走时器）是否完好，且装入电池后可听到“唰唰”有节奏的走时声；

④滚筒与滑动轮重心是否重合：任意转动一个角度后轻轻放手，滚动不发生自转。若重心不重合时，可按下列步骤调整：

（a）在滚筒右侧面上找出总处在上面的点，在接近该点处增加质量后再试；

（b）调整滚筒后装上滑轮，用同样的方法在滚筒右侧面上找出总处在下面的点，然后在接近该点处减轻重量（如打个孔眼）后再试，直到重心重合。

（2）仪器的安装。

安装仪器时注意如下事项：

①仪器必须固定在专用工作台上，并保持水平；

②仪器的放置方向与位置一定要保证观测操作（换记录纸等）方便；

③在井口确定一个基点，作为井水位测量的零点，并做出永久性标记；

④匹配好浮标与重锤的配重（表 4-2）；

⑤用吊绳把浮标与重锤挂在滑动轮的槽内并入井中，一定要把重锤放在靠向观测员或仪器的正面方向，把浮标放在背向观测员或仪器背面方向上；

⑥浮标尽可能漂浮在井水面的中央，若难居中时可使用导向器等；

⑦重锤一侧的吊绳不宜过长（< 5m），井径较小时也可把重锤放在井筒外；

⑧防止浮标、重锤等器件碰井壁；

⑨在走时器内安装电池（一般为 1 号电池 2 节）；

⑩记录笔内吸满墨水（吸满一次，一般可用一周）。

安好的机械式水位仪，如图 4-5 所示。

图 4-5 安好的机械式水位仪

(3) 仪器的使用。

①在滚筒上安装记录纸（标明记录日期、观测员等），安装的方法如下：

(a) 把记录纸两端事先沿端线折成直角，插入滚筒上的槽缝中；

(b) 一手压住纸面，另一手转动滚筒一圈，让纸面紧贴在滚筒面上；

(c) 拨动滚筒一侧的拨杆，让槽缝拟合并夹紧记录纸。

②校测当时水位，校准时间，并把两个值记录在记录纸的始记点附近；

③把记录笔轻轻放在始记点上（一般在记录纸的左边）；

④安装之后，稍等片刻，查看仪器是否工作正常，是否可记录到水位随时间的变化；

⑤仪器运行一天，可记录到 24 小时（常常是当日上午 8:00 到次日上午 8:00）水位随时间的变化曲线；

⑥为了节省记录纸，一张记录纸上可记录 2 ～ 4 条 24 小时的动态曲线，换日记录时把记录笔向左移，稍微转动滚筒，选定另一个起始点，重复②～④，记录新一日的水位动态曲线。如此反复可在一张记录纸上记录多日水位动态曲线，如图 4-6。

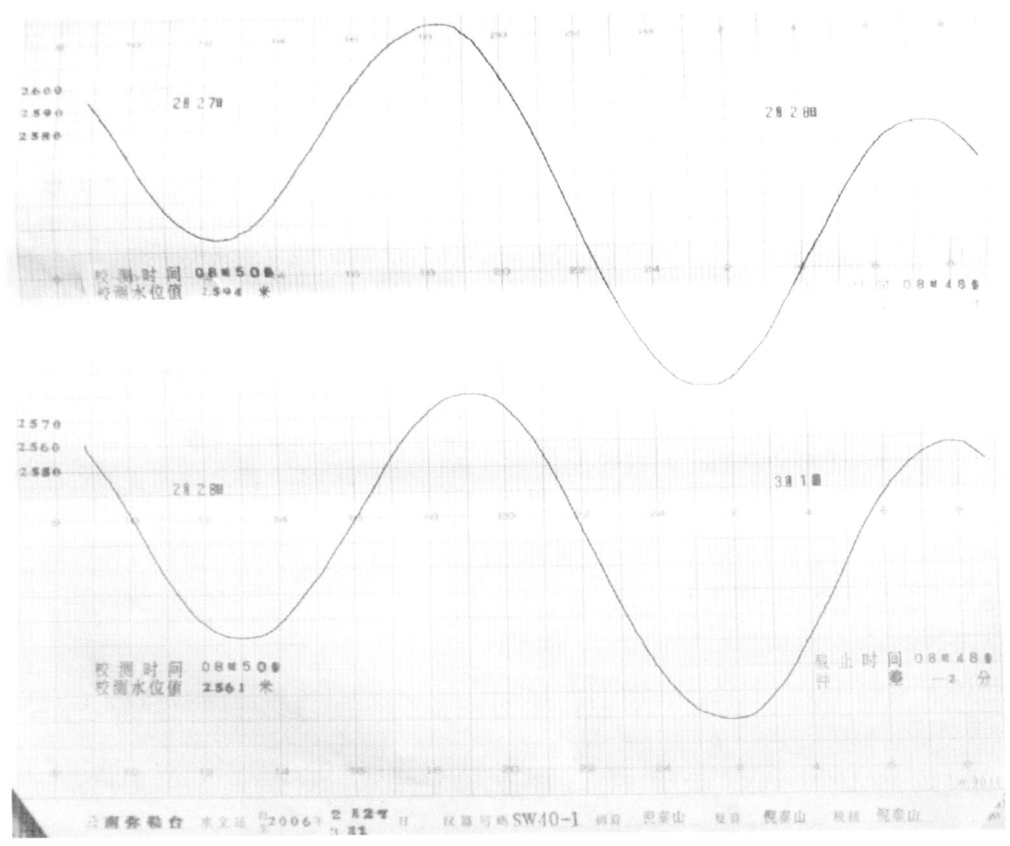


图 4-6　机械式水位仪记录在一张图纸上的多日动态曲线

## 三、LN-3A 型数字水位仪

LN-3 型数字水位仪是中国地震局分析预报中心于“九五”期间研发的，“十五”期间更换了水位传感器，并改称为 LN-3A 型数字式水位仪。两个型号的仪器构造、工作原理、性能指标等大同小异。

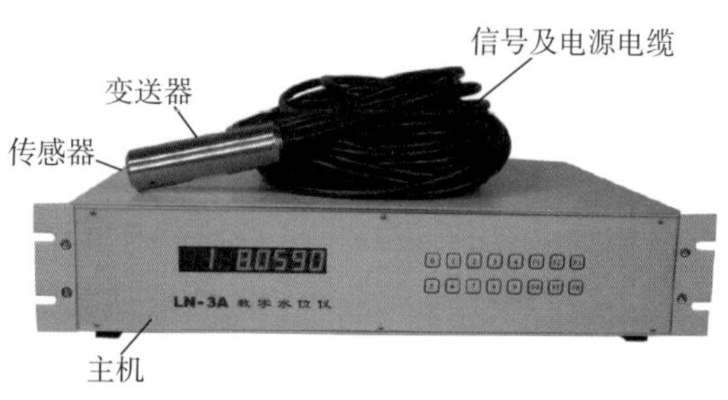

图 4-7 LN-3A 型数字水位仪

### 1. LN-3A 型水位仪的构成

LN-3A 型水位仪主要由水位传感器、主机和信号电缆构成，如图 4-7 所示。

水位传感器为水柱压力传感器，由金属外壳与装入其内的电路组成。金属外壳长 280mm，直径 40mm，为 ICR18Ni9Ti 合金钢管；由上、中、下三段构成，其间用丝扣连接，中段内置压力传感器电器元件，下段底部有压力导孔，水柱压力由此导入，上端与信号电缆连接。压力传感器的内部电路由压力敏感元件、测量放大器、模拟电路输出与精密恒流源等四个部件组成。压力敏感元件是美国 FOXBORO 公司生产的扩散硅半导体压力器件。

信号电缆为具有特殊结构的专用电缆。电缆内部除导线外，还有一条导气管，用来对传感器进行气压补偿。在传感器一端的电缆外面还有一条 12m 长的增强型塑料套管，用来保护电缆的入水部分。水位传感器的电缆为 6 芯绒，分别与主机上的不同插孔对接（表 4-3）。

表4-3 LN-3A型水位仪传感器电缆中的6条芯绒与主机对接法

| 仪器上对接插孔号 | 1 | 2 | 3 | 4 | 5 | 6 |
|---|---|---|---|---|---|---|
| 芯线颜色插头 | 黑 | 蓝 | 绿 | 黄 | 棕 | 红 |
| 相对的仪器性能 | 地线 | -15V | 室温信号 | 信号零线 | 气压信号 | +15V |

主机内部由单片机系统 (CPU) 和双积分式模数转换（A/D）等部分构成，另有时间服务系统、LED 数字显示系统、操作键盘、RS-232 串行接口等，如图 4-8 所示。

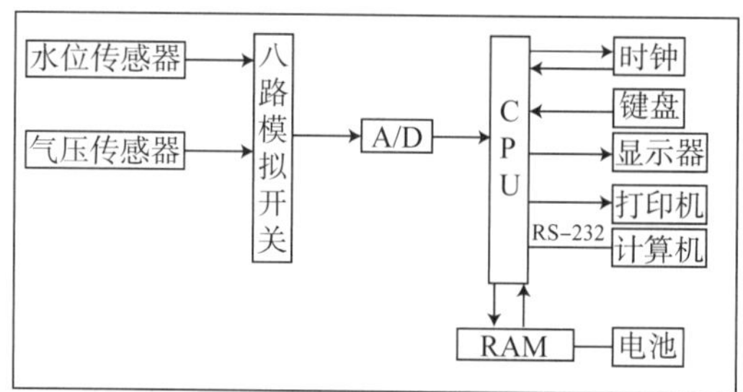

图 4-8 LN-3A 型数字水位仪主机的构成框图

主机的外壳分为前面板与后面板，如图 4-9 所示。前面板上标有仪器名称、LED 数字显示器及 0 ~ 9，F1 ~ F6 等 16 个操作键。后面板上有显示开关、RS-232 通讯接口、水位传感器接口、气压传感器接口、水位调零旋钮、直流 12V 电源接线座、直流保险丝座、交流 220V 电源插座、电源开关等。

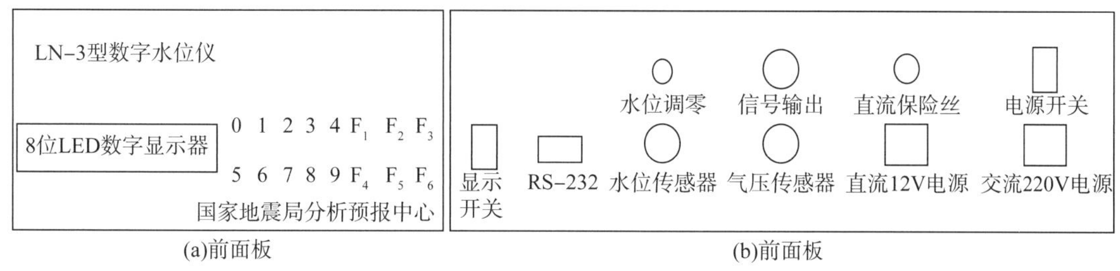


(a)前面板　(b)前面板

图 4-9　LN-3A 型数字水位仪的主机

### 2. LN-3A 型水位仪的工作原理

把水位传感器放入井水面以下一定深度时，传感器底端以上的水柱压力通过导压孔作用到压力传感器上。压力传感器是在膜片表面的单晶硅芯片上用扩散工艺制成四个阻值相同的电阻连成的惠思登电桥（图 4-10）。在压力作用下，其中一对桥臂电阻的阻值发生变化时，另一对桥臂电阻发生相反的变化，此时在电桥的输出端就可得到与所受压力呈线性关系的模拟电信号。

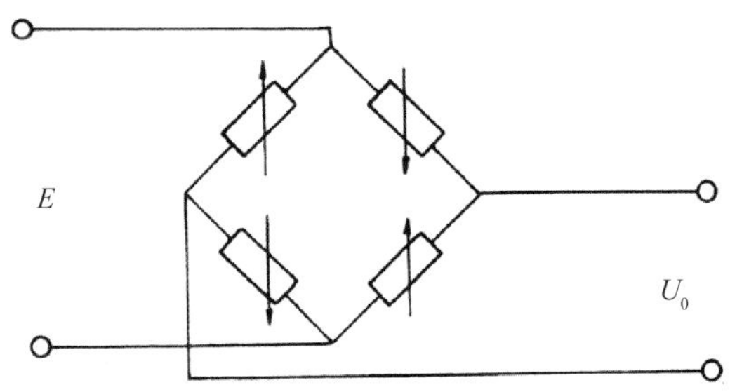


图 4-10　LN-3A 型数字水位仪压力传感器的工作原理

这个信号通过信号电缆传输到主机中，经模数转换变成“水位”数值，并在面板显示出来，或通过 RS-232 接口与计算机相连，或直接与通信单元相通，实现自动传输。

### 3. LN-3A 型水位仪的性能与技术指标

LN-3A 型水位仪除了测量井水位，还可以搭配气压、气温、水温等传感器测量其他物理量的动态。水位仪的主要性能如下：

①具备人机对话的性能，可通过键盘设置时间、采样通道（测量物理量）、机号等；

②供电方式为交、直流两用，可自动切换；

③可存储 10 天以上的分钟值观测数据等。

LN-3（A）型水位仪的技术指标如下：

①量程：0 ～ 10m；

②分辨率：1mm；

③观测精度：±0.2%F.S；

④最大误差：±0.25%F.S；

⑤长期稳定性：< 2cm/a；

⑥采样率：1 次 / 分钟；

⑦动态响应速度：> 1m/s。

4. LN–3A 型水位仪的安装与使用

（1）安装与运行环境要求。

LN–3A 型水位仪的安装与运行环境要求如下：

①供电电源：(a) 交流电源要求为 220V ± 1V，50Hz；(b) 直流电源要求为 12V（9 ~ 18V）；(c) 交直流自动切换；

②工作环境：温度 0 ~ 40℃，相对湿度≤ 85%；

③主机可装入 19 标准机柜内；

④所配电源、通信等插头（座）及相连的电缆应符合国家与行业相关标准。

⑤其他相关要求。

（2）安装步骤与方法。

①水位传感器下井前，必须调零，使水位输出模拟信号（电压）为零；

②把水位传感器信号电缆的另一端插头插入主机面板的相关插孔中拧紧螺扣；

③通过仪器后面板上的电源开关接好交、直流电源；

④取下传感器底端的螺丝钉和橡皮胶垫；

⑤测量井口至水面的深度，下放传感器入水；传感器入水时，按表 4–4 的规定检查传感器的线性；

表4–4 水位传感器水下深度与仪器显示的输出电压关系

| 传感器入水深/m | 1 | 2 | 3 | 4 | 5 | 6 | 7 | 8 | 9 | 10 |
|---|---|---|---|---|---|---|---|---|---|---|
| 仪器显示的模拟电压/V | 0.2000 | 0.4000 | 0.6000 | 0.8000 | 1.0000 | 1.2000 | 1.4000 | 1.6000 | 1.8000 | 2.0000 |

⑥传感器线性符合要求时，选定传感器放置深度（选定原则是最低水位不降到传感器底端，最高水位不超过导气管口；一般选井水面以下 2 ~ 3m 为宜，准确记录当时时间与传感器至井口基准点（零点）的垂直距离和传感器在井水面以下的深度；

⑦在井口以适当方式固定传感器的信号电缆；

⑧观察 2 ~ 3 个小时，检查仪器工作状态是否正常；

⑨检查仪器的各种性能与功能；

⑩填写压力式水位仪的安装记录表（表 4–5）。

**表4-5　压力式水位仪的安装记录表**

| 仪器名称 | 局（所）　台　　站（井） | | | | | 安装日期 | | 年　月　日　时 | | | |
|---|---|---|---|---|---|---|---|---|---|---|---|
| 仪器型号 | | 水位类型 | | | 动水位/静水位 | 安装人员 | | | | | |
| 安装仪器 | 检查内容 | | | | | | | | | | |
| | 仪器开箱检查 | | | | | | | | | | |
| | 井水位测量值 | | | | | | | | | | |
| | 观测井深度测量值 | | | | | | | | | | |
| | 井口检查 | | | | | | | | | | |
| | 电源检查 | | | | | | | | | | |
| | 下降次序 | 1 | 2 | 3 | 4 | 5 | 6 | 7 | 8 | 9 | 10 |
| | 下降幅度 | 1.00 | 2.00 | 3.00 | 4.00 | 5.00 | 6.00 | 7.00 | 8.00 | 9.00 | 10.00 |
| | 仪器显示差值 | | | | | | | | | | |
| | 下降深度与仪器显示值差值 | | | | | | | | | | |
| | 升降次序 | 1 | 2 | 3 | 4 | 5 | 6 | 7 | 8 | 9 | 10 |
| | 升降幅度 | 1.00 | 2.00 | 3.00 | 4.00 | 5.00 | 6.00 | 7.00 | 8.00 | 9.00 | 10.00 |
| | 仪器显示差值 | | | | | | | | | | |
| | 上升深度与仪器显示值差值 | | | | | | | | | | |
| 安装结果检查 | 传感器固定时间 | 传感器固定深度 | | | | | 仪器显示值 | | 水位测试值 | | 差值 |
| | 日　时　分 | | | | | | | | | | |
| | 水位检查（每小时记录一次） | 时间 | 时分 | 时分 | | | 时分 | | 时分 | | |
| | | 仪器显示值 | | | | | | | | | |
| | | 水位校测值 | | | | | | | | | |
| | | 差值 | | | | | | | | | |
| | 工作参数显示功能 | | | | | | | | | | |
| | 工作参数修改功能 | | | | | | | | | | |
| | 通信功能 | | | | | | | | | | |
| 安装效果评价 | 仪器工作状态 | | | | | | | | | | |
| | 问题与处理意见 | | | | | | | | | | |

1.“仪器开箱检查”对比装箱单，实物与装箱单一致填写“主机与附件齐全”，缺少项填写缺项名称；

2.观测井深度测量值（m）；基准面（点）到井底的垂直距离；

3.井口检查：井口装置（不）符合要求，有（无）井内异物，有（无）漂浮物等；

4.电源检查：交流供电电压（不）符合要求，有（无）直流供电；

5.井水位校测值（m）：基准面到水面的垂直距离；

6.差值：水位校测值减仪器显示值；

7.工作参数显示功能：正常（不正常）；

8.工作参数修改功能：有（无）；

9.通讯功能：正常（不正常）；

10.仪器工作状态：正常（不正常）；

11.问题与处理意见：填写具体处理意见。

（3）使用。

LN–3A 型数字水位仪的使用，主要通过主机前面板上的各种键来运作。

①各类设置—F1(SET) 键操作：F1(SET) 键用于设置日期、时间、机号、通道等。其设置方法如下：

(a) 第一次按 F1 键时，进入日期设置状态，数字显示器中显示出正在修改的日期数字，用数字键按顺序设置年年（00–99）、月月（01–12）、日日（0–31）；

（b）第二次按 F1 键时，已修改的日期（年、月、日）写入主机，同时进入时间设置状态，显示器中闪烁的是正在修改的时间数字，用数字键按顺序设置时时（00–23），分分（00–59），秒秒（00–59）；

（c）第三次按 F1 键时，已修改的时间（时、分、秒）写入主机，同时进入机号设置状态，显示器上第 1、第 2 位显示“No”字样，最后两位显示机号；

（d）第四次按 F1 键时，已修改的机号写入主机，同时进入数采通道设置状态，显示器上第 1，第 2 位显示“CH”字样，用最后一位显示通道数（1 ～ 8），一般水位为第 1 通道；

（e）第五次按 F1 键时，已修改的通道数写入主机，同时自动进入巡回检测数据显示状态。

②显示时间——F2(TIME) 键操作：按 F2 键后，主机进入时间显示状态。

③显示日期—— F3(DATA) 键操作：按 F3 键后，主机进入日期显示状态。

④巡回监测——操作 F5F6(CLR) 键：按 F5 或 F6 键后，主机由时间或日期显示状态返回，巡回显示测量数据状态，每隔 1 分钟更新显示测量数据。

（4）故障检查与维修。

LN–3A 型数字水位仪的常见故障及其检查与维修方法，列于表 4–6 中。

**表4–6　LN–3A型数字水位仪的常见故障及其检查与维修方法**

| 序号 | 故障现象 | 检查与维修方法 |
| --- | --- | --- |
| 1 | 仪器上电时，显示器只有一位亮，其他位都不亮或八位全亮 | 仪器断电后重新上电 |
| 2 | 显示器不亮 | 检查主机后面板上的显示开关是否处在“关”的位置，要置于“开”的位置；检查主机内主板至面板间的带状电缆及其接插件是否插牢 |
| 3 | 单独使用交流电源时，主机不工作 | 检查交流保险丝是否正常 |
| 4 | 单独使用直流电源时，主机不工作 | ①检查直流保险丝是否正常；②直流电源电压是否过低 |
| 5 | 水位输出信号不稳定 | ①检查是否供电电压不稳；②检查传感器插件接触是否良好；③检查传感器导气管是否进水；④检查主机线路板上各接口插件及其连线是否正常 |
| 6 | 水位输出信号不变化 | ①检查传感器底端导压孔是否被堵塞；②检查井水位是否已降到传感器底端之下；③井中水位自身是否不变化 |

## 四、ZKGD3000 型数字水位仪

中科光大 ZKGD3000 型地下流体观测系统设备采用高集成、模块化设计思路，设备包括数字水位、气压、高分辨率水温传感器及主机、蓄电池供电智能控制器和蓄电池组。根据观测的任务可选择不同测项的传感器，在此仅对水位传感器进行介绍。

ZKGD3000 型数字水位仪主机如图 4-11 所示。

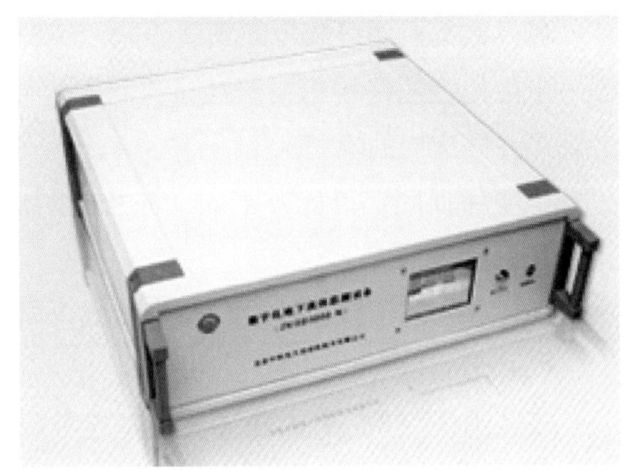

图 4-11　ZKGD300 型数字水位仪主机外观

### 1. ZKGD3000 水位仪器性能与技术指标

ZKGD3000-M 型数字水位计技术参数如下：

量程：0 ～ 30m/0 ～ 50m；

精度等级：优于 0.1%F.S；

长期稳定性：≤ 0.1%F.S/ 年；

分辨率：优于 1mm；

工作电压：4.5 ～ 26V；

信号输出方式：直接输出数字信号，RS485 标准；

信号线：高拉力、屏蔽保护专用信号线；

功耗：< 0.1W，低功耗设计，适合电池供电；

通讯方式：RS485 通讯；

数字标定：数字标定功能；

数字校准功能：带有比例因子和偏移量设置；

单位：米水柱、MPa、Bar，可设置；

结构：一体化结构；小型化；

封装：316L 不锈钢壳体封装；

安装：投入式安装；带有防卡防护帽；

冷凝：允许；

结露：专门结构，没有结露；保证设备的稳定可靠；

抗干扰防护措施：有。

### 2. 仪器设备安装

ZKGD3000 型数字水位仪的安装要求如下：

（1）数据监测终端箱的安装。

①数据监测终端箱是壁挂式机箱，可以直接用水泥钉或者直径 6mm 的膨胀螺丝固定在观测井井房内的墙壁上；

②要保证固定得比较牢固；注意安装的位置高度大约在 1.5 ~ 2.0m 之间，这样便于接线和以后的维护；

③注意安装位置要便于和探头接线，同时便于连接电源插座。

（2）水位探头的安装。

安装水位探头之前，需要弄清楚这个观测井的水位年最大变化幅度，比如最大年变化幅度为 6m，那么必须选用量程为 10m 的水位探头，如果年最大变化幅度为 14m，那么必须选用量程为 20m 的水位探头，总之必须使探头的量程大于观测井水位的最大年变化幅度，并且至少留有 30% 的余量。

安装水位探头的原则是探头保证在最低水位以下，同时保证和最高水位的距离不大于水位探头的量程，如图 4-12 所示。根据以上原则选择好投入的深度后，首先在线缆上标出位置，然后把水位探头慢慢投入到观测井中，注意投入的过程中不要猛烈碰撞探头，直到线缆的标记处和井口在同一水平面上，最后固定线缆即可。

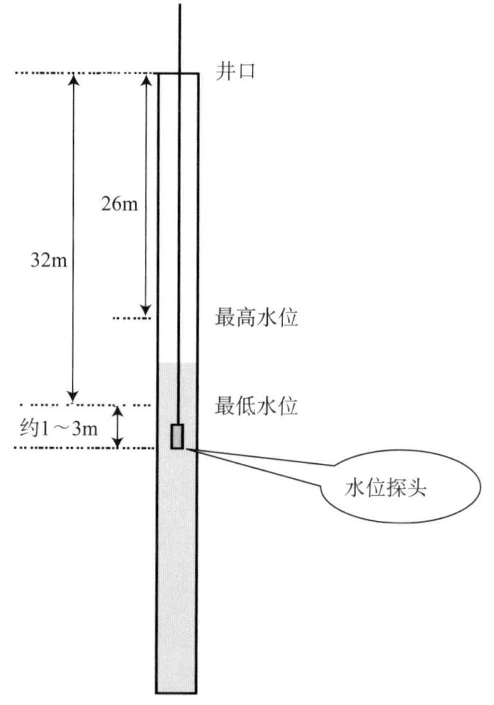

图 4-12　水位探头放置位置示意图

（3）水位探头的信号线缆与终端箱的连接。

水位探头在观测井中放置好后，便可以连接终端箱了。把线缆穿过终端箱下面 4 个穿线孔中从左数第二个穿线孔，然后进入到终端箱中。水位线缆也有 4 根信号线，分成 2 组，每组 2 根，其中有红色信号线的一组为正信号线组，另外一组为负信号线组。水位线缆正信号线组连接在接线端子的 V+ 端子上（24V 电源正极），要确保信号线组和端子连接紧密。

（4）终端箱的电源线与 220V 插座的连接。

在连接电源线之前，终端箱中的空气开关应是断开状态，将终端箱上的电源插头插到电源插座，并检查所有接线是否正确地连接和就绪；然后把空气开关拨到闭合状态，数据监测终端开始工作。

### 3. 系统软件配置

ZKGD3000 型地下流体监测系统可通过 WEB 页访问主机并进行系统软件参数的设置、数据查看及数据下载等操作。

系统软件初始设置如下：

①台站代码：10000；②设备 ID：0000 ZKGD0001；③ IP 地址：192.168.1.171；④子网掩码：255 255 255 0；⑤网关：192.168.1.1。

访问系统的设置参数如下：

①便携电脑的 IP 设置为：192.168.1.175；②子网掩码：255 255 255 0；③网关：192.168.1.1。

完成各项设计后用交叉网线与主机连接。开始访问 192.168.1.171 的网页，进入网页后可根据说明书和中国地震台前兆台网的规范，进行台站代码、设备 ID、采样率、测项分量通道等配置，根据当地前兆台网中心分配的 IP 进行配置后，重启主机按新的 IP 登陆。

### 4. 常见故障与维修

ZKGD3000 型地下流体监测系统，在实际运行中可能出现的故障有如下几种：蓄电池供电智能控制器故障、传感器故障、主机故障或连接线路松动等。常见的故障及解决办法见表 4-7。

**表4-7　常见的故障及解决办法**

| 故障部分 | 故障现象 | 故障原因 | 检查及排除步骤 |
| --- | --- | --- | --- |
| 传感器 | 主机显示屏水位测项显示为NULL | 传感器连接接触不好或者水位传感器报坏 | ①重新连接水位传感器<br>②如果显示仍然为NULL，将传感器换到另一传感器接口位置，仍然为NULL，判定传感器损坏<br>③如果更换位置正常则主机连接线有问题，联系厂家技术人员维修 |
| 主机 | 显示屏上不显示其中某项测项 | 系统软件没有设置 | WEB页登陆仪器，查看分量设置中是否启用，若未启用，点击“是否启用”后的方框，决胜该分量则可 |
| | 显示屏不显示，没有任何供电 | 主机线路问题 | 联系厂家技术人员维修 |
| | 供电控制器正常，主机没有供电 | 主机电源开头没有开或者连接线路故障 | ①先检查主机后面的“电源开头”是否闭合<br>②若“电源开头”闭合后，主机仍无供电，检查供电智能控制器和主机之间连接线路<br>③若故障仍然不能排除则联系厂家技术人员维修 |
| | 其他不正常现象 | | 联系厂家技术人员维修 |

## 五、SWY-II 型水位仪

### 1. 水位仪概述

SWY-Ⅱ型数字式水位仪是专门为地下流体前兆观测设计的压力式水位仪，具有高分辨率、高稳定性、高精度、数字化自动观测等特点。

SWY-Ⅱ型数字式水位仪压敏元件采用美国 ICSensors 公司 86 系列超稳压力传感器，通过外围电路将压力传感器信号变送到主机中进行采集。

SWY-Ⅱ型水位仪网络接口板（兼仪器触摸屏）采用 32 位 ARM920T 高速处理器内核、固化 WinCE 操作系统，为仪器工作的低功耗稳定的操作系统提供技术保障，如图 4-13 所示。

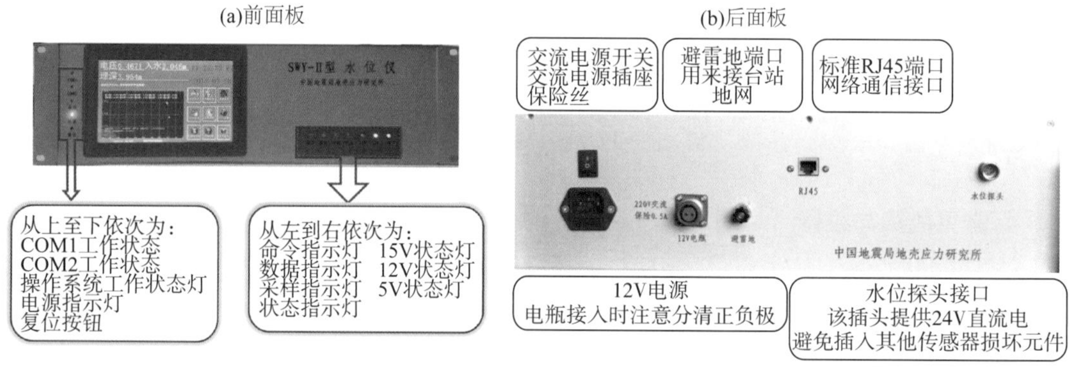


图 4-13 SWY-II 型数字式水位仪的主机

### 2. 水位传感器工作原理

水位传感器为压力传感器，其原理是当井水位发生变化时，井水位的变化可以用井水面以下某一基准面至井水面的水柱高度的变化来描述。传感器测量井中该基准面以上水柱压力变化，按照电压和水柱压力转换关系，将该基准面以上的水柱压力变化转换为压力水位值。根据静水位或动水位观测原理，按照一定的换算关系，将压力水位值 $P_h$ 转换为井水位值 $h$。

水柱压力与水柱高度的关系为：$P_h=\rho gh$。

当井水面下的基准面为传感器的导压孔时，水柱高度即为压力水位。水柱高度与传感器输出的电压为线性关系时，压力水位表示为：$H_P=h=\dfrac{Ph}{\rho g}$。水位观测与压力关系的原理图见图 4-14。

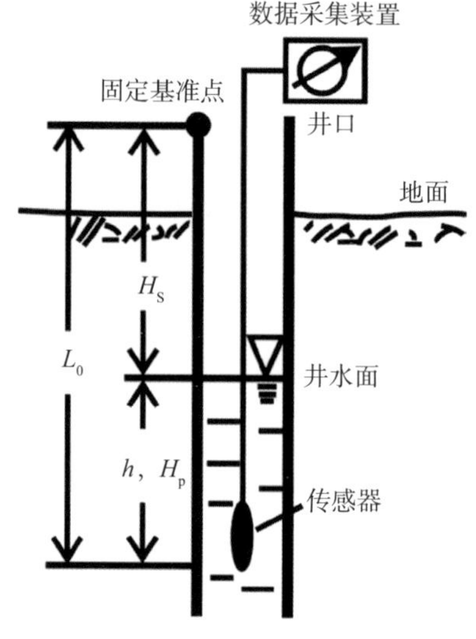


图 4-14 SWY-II 型数字式水位仪传感器工作原理图

### 3. 水位仪性能与技术指标

SWY-Ⅱ型水位仪的性能与技术指标如下：

量程：0 ～ 10m；

分辨力：1mm；

最大误差：0.2%F.S.（2cm，经测试能控制在 1cm 之内）；

长期稳定性：0.1%F.S./ 年；

采样率：1 次 / 秒（用来存储、具体技术分析、找回分钟值等），1 次 / 分（用来数据入库）；

电缆长度：30m 或 50m（其他长度须跟厂家定做）；

电源：AC 100 ～ 240V；DC 9 ～ 18V；交直流自动切换，对直流电瓶有浮充电功能；

功率：主机部分 3W；显示屏 5W，启动时可能达 10W；

避雷：内置有避雷器件，

通信规程：地震前兆台网专用设备网络通信规程；

WEB：支持 WEB 方式对仪器进行参数设置、数据下载、监控等；

FTP：支持 FTP 进行数据下载、软件更新；

时间服务：支持 SNTP 网络校时；

UDP 报警：扩展功能；

标定：现场标定、实验室标定；

校测：支持现场校测。

为适应地震前兆观测中的复杂环境，进行传感器电路设计需要考虑到的是信号长距离输送。为此本机将压力传感器信号输出到一个二线制变送器内，这样将压力传感器输出的电压信号转换成相应的电流信号，减少了温度及测量电缆电阻对信号传输的影响。该电流信号经过电缆传回到主机，主机内部再通过一个 62.5Ω 的精密电阻将电流信号转换为电压信号，输入到 A/D 转换器中，完成数据采集全过程，如图 4-15 所示。

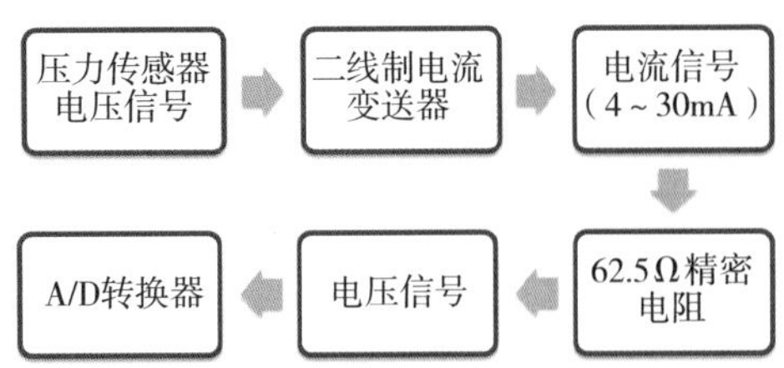


图 4-15　SWY-II 型数字式水位仪的信号长线传输技术示意图

水位传感器采用二线制电流传输，实际传输电流范围为 4.16 ～ 20.16mA，在 62.5Ω 精密电阻两端产生的电压降即为压力传感器输出信号。电压范围在 0.26 ～ 1.26V。

设计中为保证水位测量不受到气压干扰，将半导体压力传感器参考压力通过导气管与大气相连。该导气管一端与传感器内的参考压力室相连，另一端与大气相通，避免大气压力波动对水位观测产生影响。日常观测工作中，应防止电缆出现毁坏性弯折或是转接盒内的导气管产生堵塞。

### 4. 水位仪器的安装

（1）安装前的检查。

开箱检查每套 SWY-Ⅱ型数字式水位仪，由 2 个包装箱组成：主机包装箱和传感器包装箱。不要对包装箱进行破坏性毁坏，保留包装箱用于下一次仪器运输或返厂维修使用。

根据主机包装箱内的装箱单，检查主机、传感器等配件是否完整。水位传感器与传感器电缆密封连接在一起，切勿毁坏或弯折电缆。每套仪器包含避雷接地电线，可根据台站实际情况选择是否安装。电瓶连接线同样根据台站实际情况连接，注意电瓶正负极不能接反。

（2）安装时水位标定。

由于利用压力传感器进行水位观测时，每一口井所在地区的重力加速度（$g$）不同，不同井水的密度（$\rho$）也有差别，$\rho$ 与 $g$ 值的微小差异及压敏元件的非线性特征，会给 SWY-Ⅱ型水位仪观测值带来额外的系统误差，为解决这种由于现场观测环境与压敏元件非线性带来的观测误差，在 SWY-Ⅱ型水位仪的设计中添加了新的水位传感器校准和台站现场的校准方法。因此在传感器安装时需要进行现场标定。

标定方法引入了数据拟合技术，用 4 阶多项式拟合算法给出传感器参数。水位仪采用的拟合公式为：

$$L=A_0+A_1\times V+A_2\times V^2+A_3\times V^3+A_4\times V^4$$

式中，$L$ 为传感器入水深度；$A_0$、$A_1$、$A_2$、$A_3$、$A_4$ 为拟合参数；$V$ 为传感器输出的电压值。

标定方法如下：

①将传感器入水 0.1m，对传感器位置进行微调，使其输出为 0.2600V（图 4-15），此时仪器显示入水深度为 0.000m，此时在井口处做好标记，与井口齐平的电缆位置标记为零点（图 4-16）。

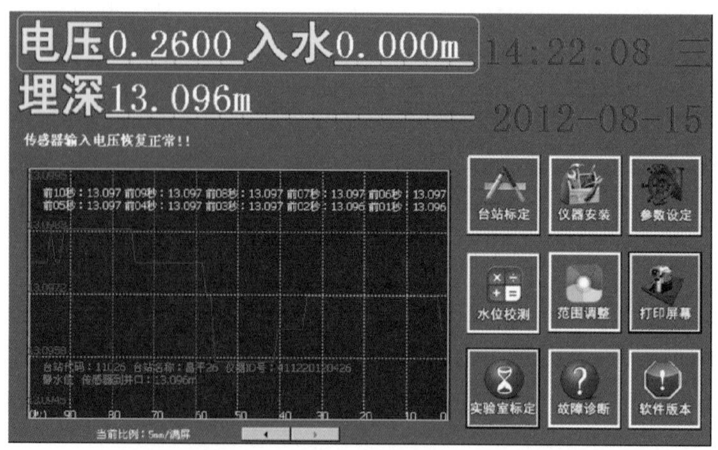


图 4-16　SWY-Ⅱ型数字式水位仪安装时仪器面板显示图

②零点开始，量出 10m 电缆，每 1m 做好标记（图 4-17）。

③台站现场标定只进行单行程，进行水位探头下放去程实验，探头下放深度依次为 0m，1m，2m，…，10m。每个点停留 3 ~ 5min，让产出的水位数据稳定（图 4-18）。

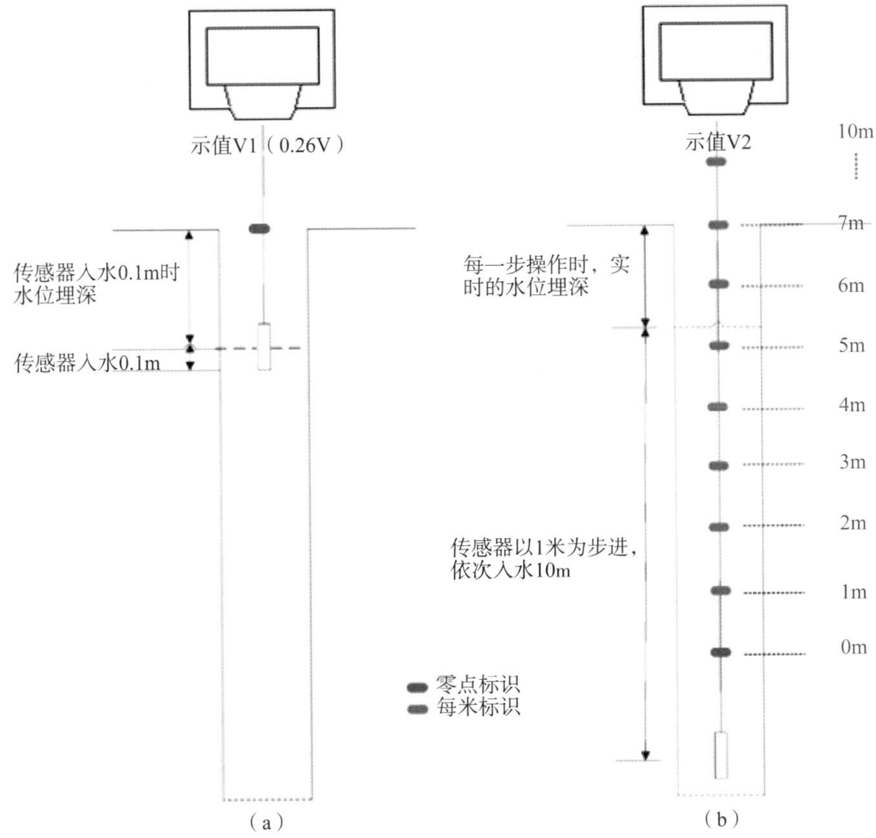


图 4-17　SWY-II 型数字式水位仪安装水位标定时传感器入水深度示意图

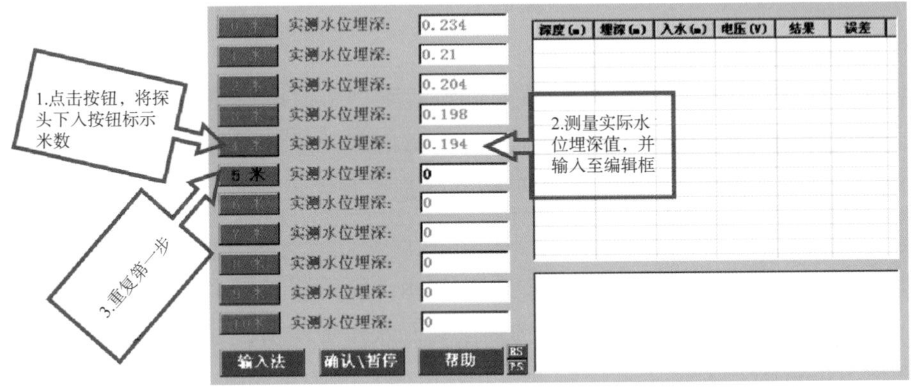


图 4-18　SWY-Ⅱ型数字式水位仪安装水位标定时水位埋深实时显示图

④当完成 10m 的校测后，仪器会自动生成计算结果，点击确认 \ 暂停按钮，保存标定结果（图 4-19）。退出标定界面开始进一步安装工作。

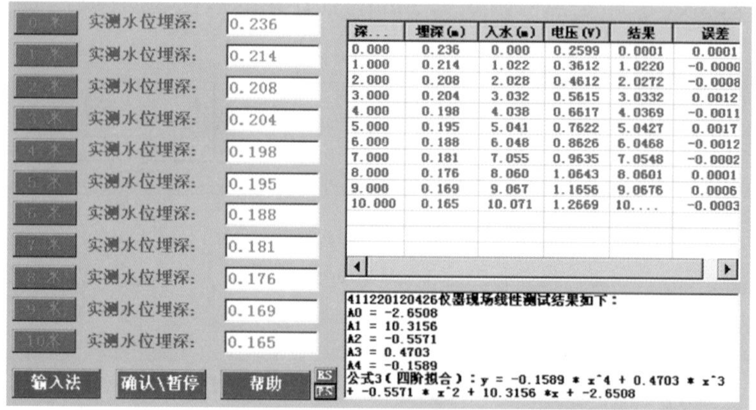


图 4-19　SWY-Ⅱ型数字式水位仪安装时水位标定结果显示图

### 5. 参数设置

参数设定界面如图 4-20 所示。

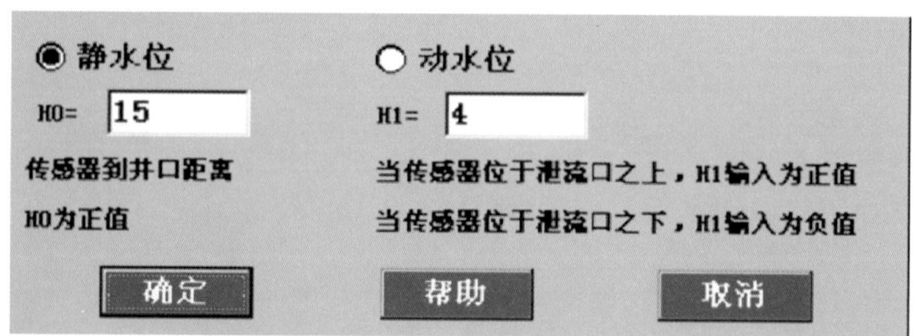


图 4-20　SWY-II 型水位仪参数设置界面图

对静水位测项，选中静水位，并在 $H_0$ 框中输入下放井深度（也称传感器电缆下放长度），为传感器零点至井口距离。

对动水位测项，选中动水位，$H_1$ 值为传感器零点至泄流口距离，如传感器位于泄流口之上，$H_1$ 为正值，如位于泄流口之下，$H_1$ 为负值。一般情况下建议把传感器放置在泄流口之下，一方面是该方法计算简单，另一方面是如有井水断流时，可以避免传感器露出井水面。

静水位井传感器位置一般放置在井水面下 5m（传感器量程 10m）左右的位置。安装完毕后，使传感器稳定 10min，通过测钟测量实际水位埋深值，如实测水位埋深值与仪器显示值差值 >5mm 时，通过手动调整 $H_0$ 或 $H_1$ 值使其匹配。如果差值 >5cm，则需重新进行现场水位校准。

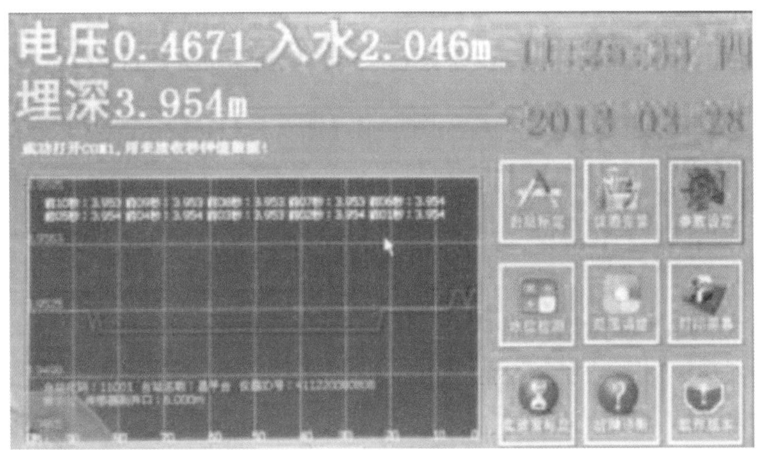


图 4-21 SWY-Ⅱ型数字式水位仪实地安装时的主界面显示图

安装完成后主界面显示如图 4-21 所示。对静水位观测，主界面中入水 2.046m 为传感器零点位置到水面距离，埋深 3.954m 为井内水面至井口高度。对动水位观测，主界面中入水位值也为传感器零点位置到水面距离，埋深值为井内水面至泄流口的高度。

其他参数按照界面标签进行填写即可，也可在 WEB 上进行设置，由于界面都是人机对话方式（图 4-22），操作简略。

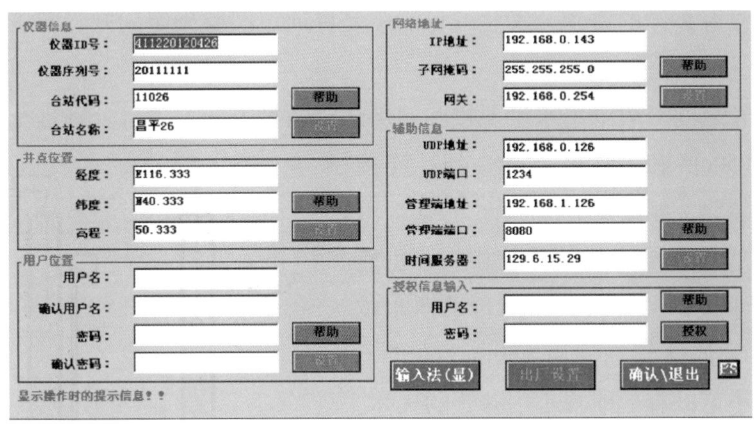


图 4-22 SWY-Ⅱ型数字式水位仪的 WEB 设置工作示意图

### 6. 水位传感器位置调整

由于井位大幅度变化导致超出传感器量程或露出水面时，水位仪须定期进行校准等工作。水位传感器的测量范围为 0 ～ 10m，当传感器入水过深（>10m）或过浅（传感器出水），不论对于测量结果还是传感器都有一定的损害。因此需要对传感器的入水深度进行调整。方法如下：

①点击主界面中的范围调整（图 4-23a）；

②点击“(1) 开始调整”之后根据实际情况向上或向下调整传感器位置，调整结束后固定传感器，点击“(2) 结束调整”，结束入水深度的调整 ；

④ 击“(3) 确认结果”，将弹出结果对话框（图 4-23b）。

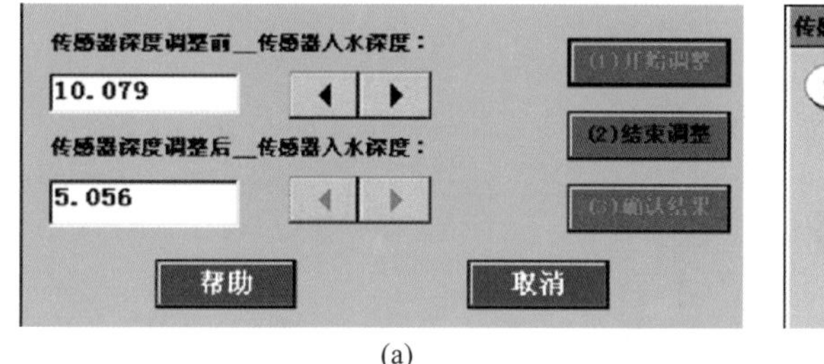


(a)

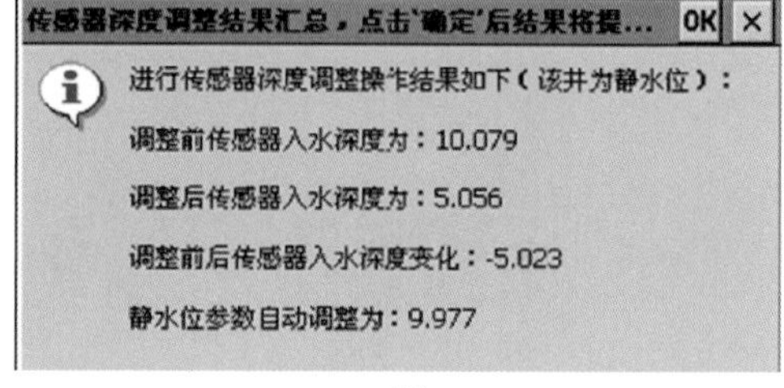


(b)

图 4-23　SWY-Ⅱ水位仪传感器位置调整工作示意图

## 六、井（泉）水位观测井口装置

在井（泉）的水位观测中，常常遇到水温过高无法满足仪器的工作条件，有的水中气体含量太高，气体逸出影响水位的正常观测，水中含有油脂、泥沙等杂质影响了水位的观测，在此类井泉中进行水位观测时需要采用副井管的方法。副井管的目的是降低水温、防止气泡对仪器的干扰。然而究竟如何安装副井管，副井管与主井管如何连接，在目前只有定性的说明并没有具体的要求。实验的目的就是要通过实验确定副井管与主井管的连接方法和距离。

主管与副管之间一般采用水平连接和倾斜连接两种方式。项目分别进行了主管与副管水平连接长度 50cm 和 100cm、倾斜 45° 连接三种连接方式装置。如图 4-24 所示。井管采用 $\phi$110 的 PVC 管材，与一般的井管相当，也能满足 SW40-1 水位计和投入式压力传感器水位仪的工作条件。连接管均采用 $\varphi$50mm 的 PVC 管材，管径减小可以有效地减小主井管的气体、油脂等物质的干扰。倾斜连接只选择了 45° 一种角度的连接，主要是由于 PVC 管材的规格选材方便，通常只有这一种规格的倾斜角度。仪器选择了采用 SW40-1 日记式水位计 2 台，气泵 1 台（产生气泡用），循环水泵 1 台（用于产生稳定模拟水源），水槽 1 个（循环水水源），铅球 1 个（用于产生振荡水位）。

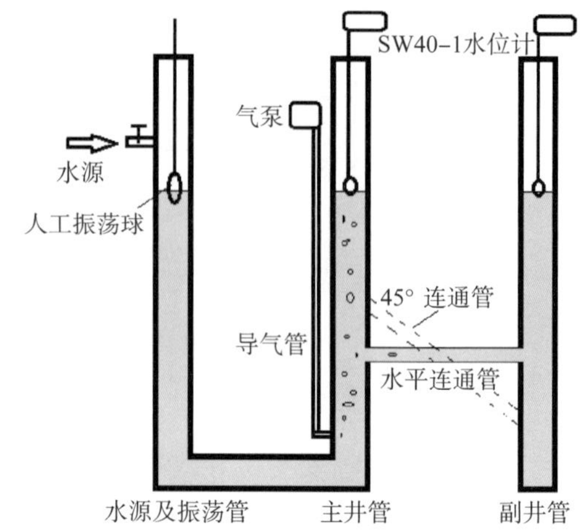


图 4-24　水位观测主井管与副井管连通管实验装置

首先进行了主管与副管倾斜45°连接实验，图4-25所示是2009年4月14日采用人工产生气泡实验，主管气泡产生的干扰幅度分别是34mm、50mm、40mm、39mm、30mm，通过倾斜连接的副管则有效地消除气泡的干扰，记录幅度分别是10mm、12mm、12mm、9.5mm、8mm。消除干扰幅度达63%。

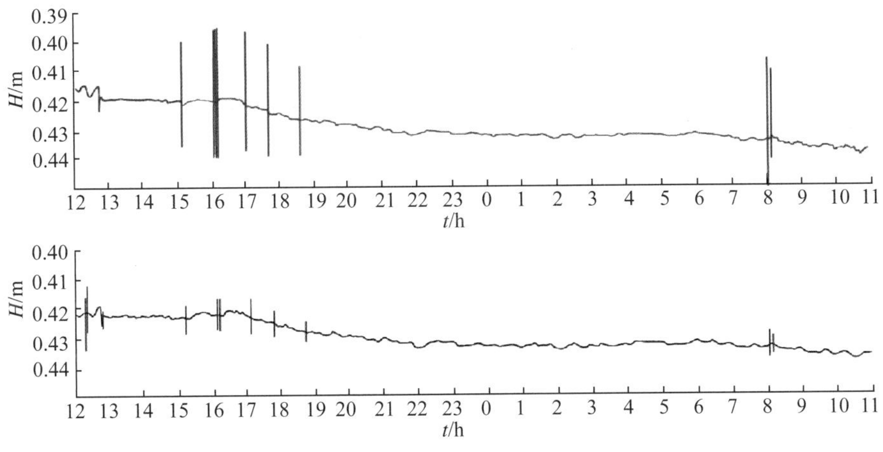


图4-25　主副管倾斜连接方式气泡影响原始记录曲线

图4-26是4月24日在水源控制管产生的大幅度水位振荡，主管（上图）和副管（下图）记录的曲线。可以看出，在副管中不但没有减小，相反记录得比主管还好，分析认为，可能是两仪器的灵敏度有差别的原因。

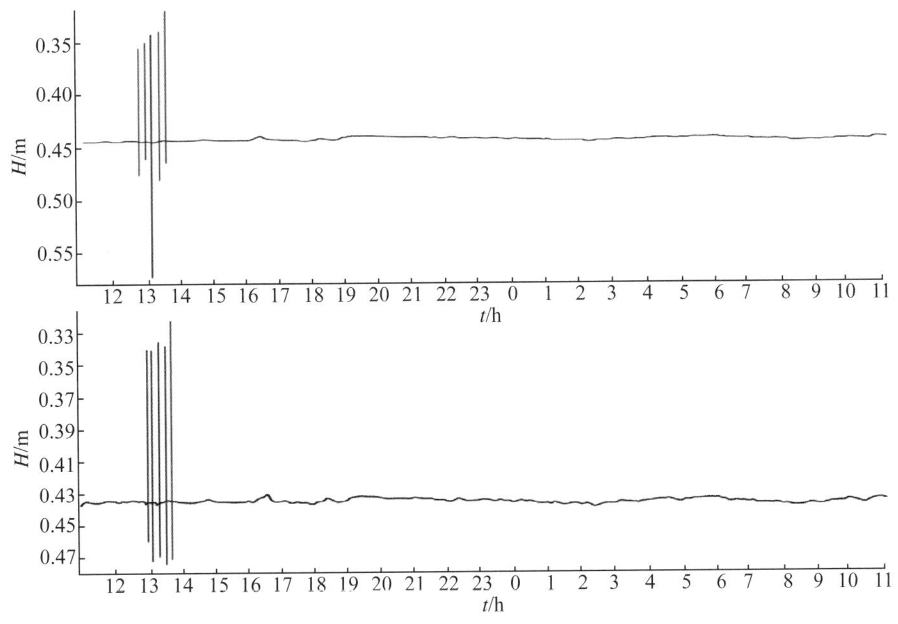


图4-26　主副管倾斜连接方式水位振荡实验原始记录

图 4-27 是连接管改成 50cm 长度的水平连接方式，5 月 11 日人工水位振荡和水位增大记录曲线，上图是主管，下图是副管，可以看出，主管和副管可同样完全记录到振荡现象。

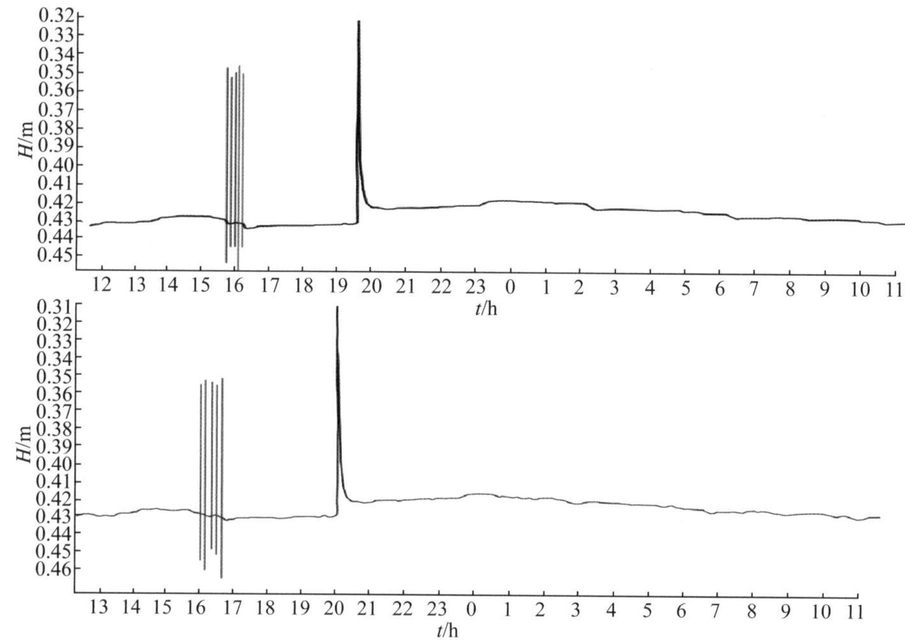


图 4-27　长度 50cm 水平连接水位振荡和大幅上升实验原始记录曲线

图 4-28 是 5 月 14 日气泡干扰实验，主管记录幅度为 44mm、42mm、47mm，而副管记录幅度是 13mm、9mm、12mm，消除干扰幅度达 66%。

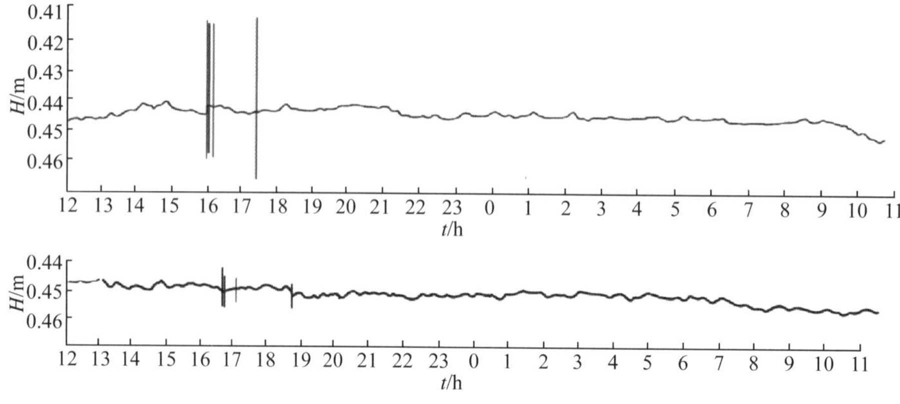


图 4-28　长度 50cm 水平连接气泡影响实验原始记录曲线

图 4-29 是水平连接管加长到 100cm、6 月 5 日加水引起水位增大时，主管、副管记录原始曲线的清绘曲线。主管记录幅度为 45mm、88mm，副管为 55mm、88mm，显然没有因为加长连接管而影响水位变化的记录。

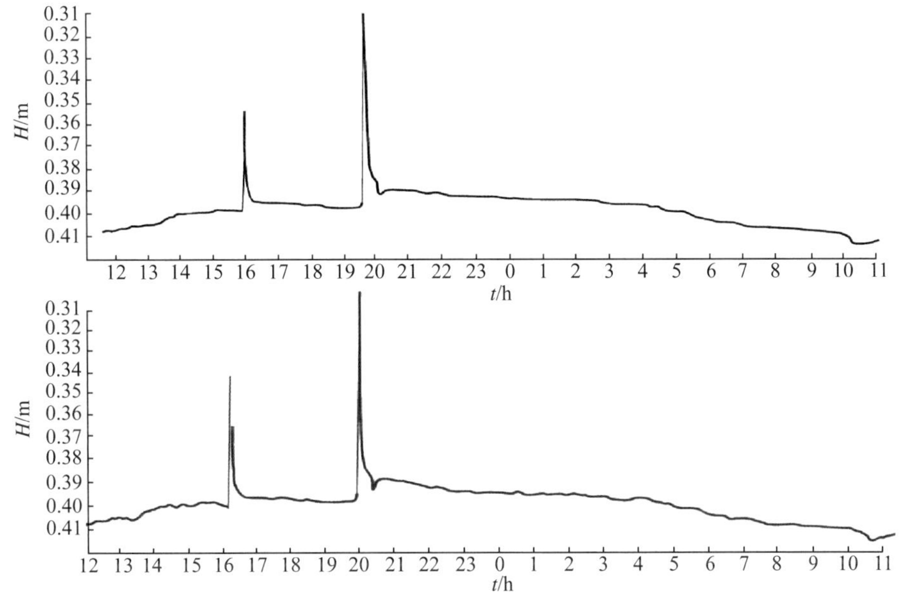


图 4-29 长度 100cm 水平连接水位大幅上升实验原始记录曲线

图 4-30 是 6 月 4 日人工气泡干扰实验主、副管原始记录曲线的清绘图，主管记录的幅度为 44mm、52mm、42mm（前三个气泡），副管记录幅度为 2mm、2mm、2mm。干扰消除幅度达到 96%，显然消除效果是非常好的。

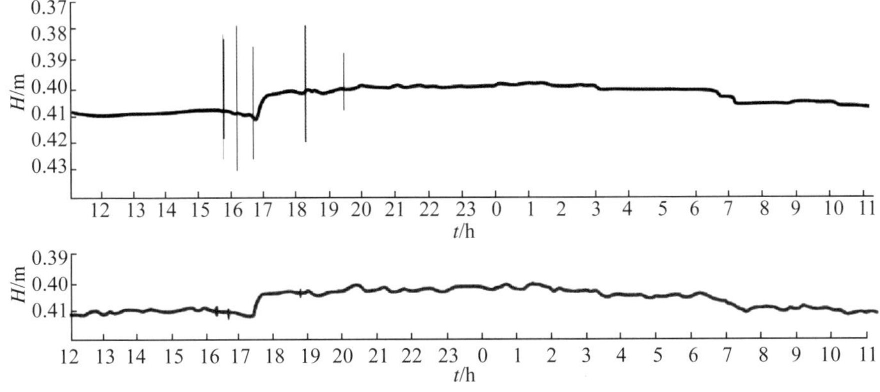


图 4-30 长度 100cm 水平连接水位气泡影响原始记录曲线

从以上实验结果可以看出，水平连接长 100cm、管径 50mm 的 PVC 管即可有效地消除气泡干扰，且不会影响水位变化的记录。而在台网观测中所用的连接管管径不一，有的非常小，为了验证连接管的管径对水位变化记录的影响，2010 年 6 月 7 日进行了直管长度 100cm，$\phi$25mm、$\phi$10mm、$\phi$30mm 三种不同管径的实验。

表4-8　不同管径连接管记录水位结果

| 管径/mm<br>水位变化/mm | 30 | | | 25 | | | 10 | | |
|---|---|---|---|---|---|---|---|---|---|
| | 主管 | 副管 | 降/% | 主管 | 副管 | 降/% | 主管 | 副管 | 降/% |
| 人工气泡 | | | | 71 | 5 | 93% | | | |
| 振荡 | 105 | 51 | 51 | 42 | 36 | 14 | 116 | 18 | 84 |
| 振荡 | 155 | 47 | 70 | 78 | 35 | 55 | 98 | 16 | 84 |
| 水位上升 | | | | 62 | 62 | 0 | | | |
| 水位下降 | | | | 16 | 14 | 12 | | | |
| 振荡 | | | | 37 | 34 | 8 | | | |
| 振荡 | | | | 120 | 17 | 86 | | | |

气泡干扰实验：气泡实验连通管的管径越小消除气泡的效果显然越好。在前面的实验中，当管径为 50mm 时已经达到非常好的效果，显然对于小于 50mm 的 30 ~ 10mm 的是没有问题的，由表 4-8 可以看出 $\phi$25mm 管径的连接实验消除效果可以达到 93%。

水位振荡和升降实验：要求副井管中水位的振荡速率与主井管一致，显然井管的管径越小跟踪速率越差，从表 4-8 可以看出管径小于 50mm 时都有不同程度的影响，受振荡的速率影响较大，在主管中产生的水位振荡，在副管中均有不同程度（8% ~ 86%）的消弱。做了两次连接管水位振荡实验，影响程度分别是 51% 和 70%，显然也不稳定。从实验可以看出，在 10mm 管径中的影响比较稳定，两次实验信号消弱程度均达到 84%，可以得出管径越小影响越大和结论。

综上，连通管的管径越大对水位的振荡和升降变化影响越小，但消除气泡干扰的效果就越差，相反连通管的管径越小消除气泡干扰的效果就越好，但水位振荡跟踪效果就越差。在实验中连通管管径小于 50mm 时水位的振荡就受到影响，在连通管长度 100cm、管径 50mm 时既能基本消除气泡的干扰，又不会影响水位的振荡跟踪速率。因此建议在选择副井管观测水位时连通管以长度 100cm、管径 50mm 为宜。一般采用水平连通管可，如果井孔中含油脂较多，因为油比水轻容易漂浮在水面上形成干扰，这时可考虑采用从主井管到副井管向下倾斜 45° 的连通管。

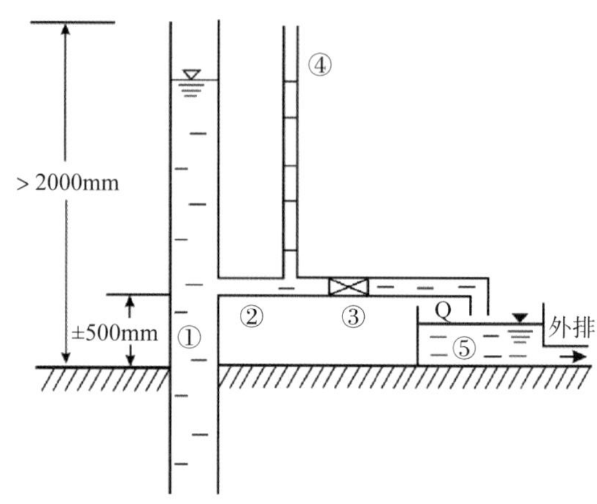


图 4-31　自流井动水位观测井口观测装置示意图
（据《DB/T 20.1—2006》）

①观测井；②泄流管；③控流阀；④测压管；⑤泄流池

根据实验结果和观测规范等建议采用如下井水位观测井口装置：

当观测井的井口静水压力大于 20kPa（水柱高度 2m）时，宜进行有泄流条件下的动水位观测。

自流井的井口观测装置，由泄流管、测压管、控流阀与泄流池等组成（图 4-31）。泄流管应水平横接在井管上，横接的位置宜在井房地面以上 0.5m 处，泄流管径大小应根据泄流量大小而定，一般以 20 ～ 100mm 为宜。泄流管上应设置阀门，用于调控泄流量，保证井水位高时不由井口溢出，井水位低时不降到泄流口顶面以下；若可控制合理的泄流量时，也可不设置阀门。由泄流管排出的水，须经泄流池再排出井房外，不应由泄流管直接排出。泄流管中应设置流量计或在管口设置测泄流量的装置。泄流管以上动水位变动段的井管高度应大于 1.5m。

测压管：观测动水位时，为了便于井水位校测，应在泄流管前端（控流阀前）设测压管。测压管宜为无色透明的玻璃或有机玻璃管，测压管上应有测量水柱高度的刻度，且刻度精确到 1mm。测压管应竖直立在泄流管上，并与观测井管平行。测压管与泄流管连接处应密封，防止井水渗漏。

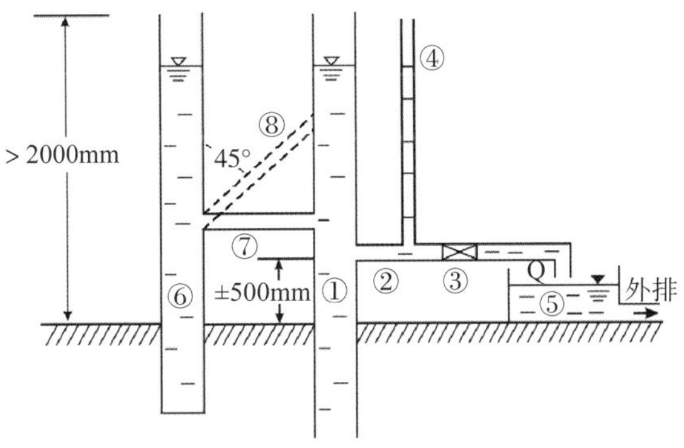


图 4-32　副井管装置示意图

①主井管；②泄流管；③控流阀；④测压管；⑤泄流池；⑥副井管（观测水位用）；⑦连通管（一般情况下）；⑧连通管（井水含气量大时）。

井水温度大于 40℃或井水中有较多气泡逸出时，宜在副井管中观测井水位，副井管装置如图 4-32 所示。副井管的数量，一般为 1 个，但水温高于 80℃时或井水面逸出气泡很多时可设 2 个以上。副井管与主井管间的距离 1 ～ 2m。副井管与主井管的井径及高度宜保持一致。

副井管与主井管之间，应有连通管相连，具体要求如下：

(a) 连通管的内径一般取 50mm 为宜。

(b) 主井管上的接口位置宜控制在井水面以下 0.5m，泄流口以上 0.2m 之间。

(c) 连通管的连接方式，一般情况下以平接为宜；井水中含气量较大或油脂多时以斜接管为宜，主井管上的接口在上，副井管上的接口在下，其斜度宜为 45°。

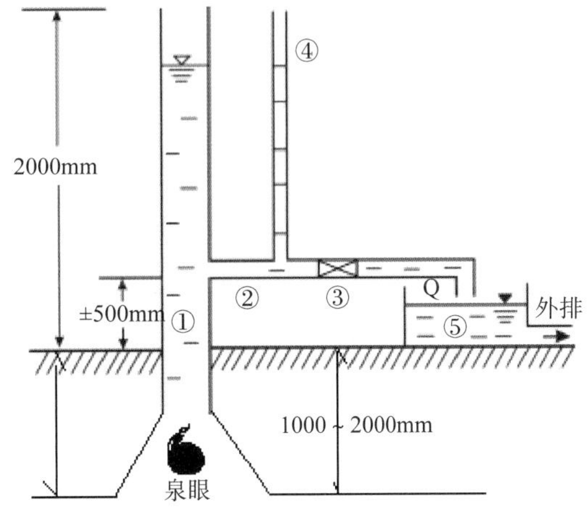


图 4-33　泉改井动水位观测装置

①主井管；②泄流管；③控流阀；④测压管；⑤泄流池；

静水位井如果存在温度过高和含气体量大或油脂多的情况时参考上述方法增加副井管观测。

具有承压性的上升泉水的动水位观测，首先需要进行泉改井（在泉眼 1 ～ 2m 的深处安装喇叭形集水井管，图 4-33），再进行动水位观测，当温度过高和含气体量大或油脂多时参考上述方法增加副井管观测。

## 七、水位观测数据的现场校测

无论是机械式水位观测还是数字水位观测，为了确保数据的准确性，必须对观测仪器产出的数据进行现场校测。然而，水位数据的现场校测，尤其是数字化观测的现场校测，至今仍无有效的校测方法。在此只介绍目前实用的现场校测方法。

### 1. 机械式水位观测数据的现场校测方法

（1）静水位观测数据的校测。

静水位观测数据的校测方法多种多样，如超声波校测法、半导体水位仪校测法、电测法、探针式水位校测法等,但都不能满足水位现场校测精度要求。现场最简单常用的是测钟校测法。

测钟是较为原始的测井水位的工具，一般用铜材制作，其形状多为棒状，长度 10 ～ 20cm 不等，其下端断面上旋出一个钟状空穴（图 4-34），其上端设系测绳用的小孔。测绳要用刚性较强的材质绳或钢尺。当把系有测绳的测钟放入井中，当测钟下口到达井水面时会发出“嘭”地碰撞水面响声（反复多次，确定最准确的发响深度），测量井口零点到触及水面反响时的测绳长度，即可获取当时的静水位值。这种方法，在井水位深度小于 50m 时，都还可保证井水位的校测精度不低于 2cm。

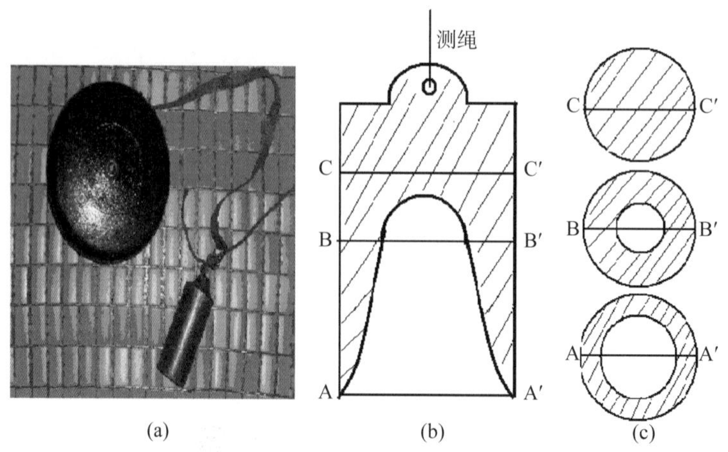


图 4-34　测钟示意图

（a）测钟外貌；（b）测钟纵断面图；（c）测钟横断面图

电子水位校测仪由早期的探针式水位校测法发展而来，克服了传统探针式水位校测法量程低、水质依赖性大等缺点，能够满足水位校测方面越来越高的测量需求，是静水位校测工具的发展趋势。

由杭州超距科技有限公司研发的电子水位校测仪为棒状，长度一般为 40cm 左右。如图 4-35 所示，其内部中空，内部集成控制板、报警器、锂电池，外壳由抗腐蚀的 PVC 材质制造，下端内部有两个特制不锈钢电极，上端设卷尺夹接结构，夹接刚性卷尺作为读数装置，由于整机质量小，会降低钢尺形变，提高测量准确度。探头与测尺集中置放在便携式手提箱内，携带与使用比较便捷。

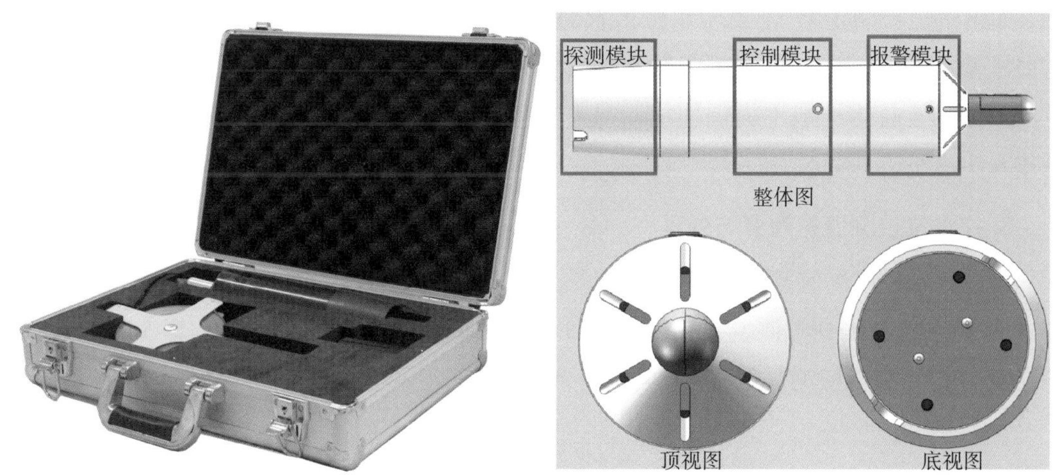


图 4-35　电子水位仪校测仪外观设计与功能结构

使用中把夹有钢尺的校测仪放入井中，当校测仪底部到达水面时，报警器会发出巨大的报警音，缓缓提高校测仪，在报警音消失的时刻记录钢尺当前的读数，此时的读数即为静水位值，一般反复进行 5 次以上测量，即可测量出准确的静水位值。此种方法在井水深度小于 50m 时，可以保证井水位的校测精度不低于 1cm。

电子水位校测仪的性能高、准确性好、操作简便，是静水位校测比较好的工具。

（2）动水位观测数据的现场校测。

上述的静水位观测数据的现场校测方法，也适用于动水位观测数据的现场校测，但更为准确的校测方法是测压管校测法。该法通过测压管读数实现校测，测压管是刻有刻度（格值 1mm）的有机玻璃管，竖立在泄流管之上，位于限流阀与井管之间（图 4-31）。由于连通管原理，测压管中的水面与井筒中的水面高度完全一致，读出的测压管中水位值即为动水位值，基本无误差，是最好的动水位校测法。

机械式水位观测的数据，必须每日校测一次。一般规定每日上午 8 时换记录纸时进行校测，并把校测值与校测时间记录在纸上。

2. 数字式水位仪的传感器现场检测

当数字式水位观测数据不正常，经查其他各部位都正常、怀疑传感器有问题，时可采用下方法在现场对压力工水位传感器进行线性检测。这种方法的基本原理是，由于 0 ~ 10m 量程范围内，传感器输出的电压与传感器底端到井水面的水柱压力 $P$ 严格保持线性关系，而 $\Delta\rho = \rho g \Delta H$，式中，$\rho$ 为井水的密度，$g$ 为井点重力加速度，$\Delta H$ 为水柱变化幅度，因此传感器的放置深度变化一定量时，相对应产出的电压也一定（表 4–4），例如传感器提升 0.5m 时，输出电压一定降低 0.1000V（100mV），传感器下放 0.5m 时，输出电压一定升高 0.1000V。因此通过这种方法可以检测仪器产出的数值是否真实、可靠。如果线性检测正常，则说明水位传感器没有问题，如果不正常则说明水位传感器故障，需要维修。然而，这种方法可能给观测技术系统的运行状态带来人为扰动，对动态数据造成人为的干扰，一般不提倡使用，只有在排除了其他各项故障，确实怀疑传感器故障时才采用这种方法。

3. 井水位校测值的计算与处理

（1）井水位校测值及其误差计算。

在静水位观测井校测，要反复校测 5 次，取得 5 次测量值（$h_i$），计算 5 次测量值的平均值（$\overline{h_i}$），那么校测误差（$\sigma_1$）的计算式如下：

$$\sigma_1 = \frac{\sum_{i=1}^{5}\left(\overline{h_i} - h_i\right)}{5}$$

$\sigma_1$ 值满足下列规定值（表 4–9）时，$\overline{h_i}$ 即可作为水位校测值。若不满足，则再校测 5 次并计算误差，直至满足上述规定。

表4–9　静井水位校测允许误差（$\sigma_1$）

| 井水位深度/m | 0 ~ 10 | 10 ~ 30 | 30 ~ 60 | >60 |
|---|---|---|---|---|
| 误差/mm | 5 | 10 | 15 | 20 |

在动水位观测井中，则要每隔 1 分钟读一次测压管中的水位值，反复 5 次，然后按上式计算测量误差（$\sigma_1$）。该误差满足 ≤ 5mm 时其平均值（$\overline{h_i}$）作为水位校测值，若不满足则再重复校测。

（2）水位观测值的校正。

机械式水位观测中，水位观测值的校正就是对一个记录日（24 小时）动态记录曲线和末端所指的水位值用水位校测值进行校正，下一个动态记录曲线的起点落在记录纸上新定的校测值上即可。例如，前一个记录日动态记录曲线的末端所指的水位观测值为 2.34m，而当换记录纸时校测的水位值为 2.32m，则当日记录曲线的原点（记录笔的落点）就应是

2.32m 处，也就是新的观测值。其间观测的误差，则将平均分配到前一日记录曲线的各个整点值上，需要对 23 个观测值逐个进行校正。

在数字化水位观测中，水位观测值的校正稍显复杂，不仅要考虑水位校测误差（$\sigma_1$），还要考虑水位观测值的误差（$\sigma_2$），的计算方法已述。$\sigma_2$ 的计算方法与 $\sigma_1$ 大同小异，是对水位校测的同时读取水位仪器显示值，水位观测值（$h_j$）同取 5 个数值，按下式计算

$$\sigma_2 = \frac{\sum_{n=1}^{5}\left(\overline{h_j} - h_j\right)}{5}$$

式中，$\overline{h_j}$为 5 个 $h_j$ 的平均值，即水位观测值的平均值。那么，我们可以求得水位校测值 $\overline{h_i}$ 与水位观测值$\overline{h_j}$之间的差值 $\Delta H'$，

$$\Delta H' = \overline{h_i} - \overline{h_j}$$

同时也可求得井水位校正误差 $\Delta H$

$$\Delta H = \Delta h + |\sigma_1| + |\sigma_2|$$

式中，$\Delta h$ 为仪器的最大误差（LN−3A 型为 ±0.25F.S.，LN−3A 量程是 0 ～ 10m，则满量程 F.S. 是 10m，最大误差就是 0.0025×10=±0.025m）。此时可依 $\Delta H$ 与 $\Delta H'$ 的大小关系，判定水位仪工作是否正常并依此提出下一步处理意见。如果 $|\Delta H'| \leqslant \Delta H$，表明水位仪工作正常，通过调整传感器的放置深度，使 $\Delta H' = 0$（即水位校测值与仪器显示的水位观测值相等）即可。如果 $|\Delta H'| > \Delta H$，表明水位仪工作不正常，把水位仪送回厂家进行检修（以 LN−3A 为例，如果 $\Delta H' > 0.025+|\sigma_1|+|\sigma_2|$，则认为仪器工作不正常需要返厂维修）。

# 第三节　井水位观测结果的处理与分析

## 一、观测日志的填写

有人值守的数字化观测台站，必须每天填写观测日志。观测日志的内容主要是仪器运行状况及其有关的运行环境、发现的故障及其处理情况、产出的数据情况及其他与台站运行有关的各项。

仪器运行状况及其有关的运行环境，指交流电源电压、直流电源电压、浮充电源电压及动水位观测井的泄流量测定时间与测得的量。发现仪器故障时，填写发现时间、故障表现及其处理情况，如报告上级、电话咨询有关专家、送厂家检修、更换备用仪器、检测待修等。

产出的数据情况，主要指数据完整率或连续率，对发现的数据不正常情况作出说明，如维修仪器、校测、进行科学实验等。

凡是同台站运行与水位仪工作有关的情况，都要一一作出说明。

观测日志填写格式，要符合相关管理部门如中国地震局地下流体学科台网管理组的相关规定。

无人值守的台站，原则上也应有观测日志。这个日志一般由省级台网管理部门或地震台有关人员填写。

## 二、观测数据处理

观测数据的处理，一般由省级台网管理部门的有关人员或台站人员进行。处理的内容包括预处理、均值计算、产出月报表等。

### 1. 观测数据预处理

数据预处理包括对无效数据与异常数据的处理。

无效数据一般指产出的数值为“0”或负值，有时出现超量程（0 ~ 10m）的数据与不在合理取值范围的数据等。

异常数据指观测技术系统故障、仪器标定及水化学取样等产出的违背正常变化规律的数据。这些异常数据实质上也是无效数，一般视为等同于“缺数”。

有时出现的原因不明的单点突跳（脉冲）或阶变等，明显不符合正常变化规律的数据，一般也看作是无效数，也视为无效数据。

上述的各类无效数，均要填写在“观测日志”中的数据情况中，并删除处理。

然而在台网中心的数据库中要有两套数据，一套是包含上述无效数在内的所有原始数据，另一套是把上述无效数据作为缺数预处理之后的有效数据。一般对外提供服务的数据，应是第二类数据。

### 2. 均值计算

原始的观测数据，一般分为两类：一是机械式水位仪观测产出的整点值（小时值）数据，二是数字化水位仪观测产出的分钟值数据。在个别井台，为了某些研究的目的，还有秒钟采样获取的秒钟值数据。

根据地震分析预报与科学研究的需求，应计算各类均值。这些均值包括时均值、日均值、旬均值、月均值、年均值等。这些均值的计算原则是根据前一个时间层次的数据系列求算后一个时间层次的均值（表 4-10），不可跨层次计算均值，如由分钟值直接计算日均值等。

表4-10　各类均值计算的规定

| 各类均值 | 时均值 | 日均值 | 月均值 | 年均值 |
|---|---|---|---|---|
| 计算用数据 | 分钟值 | 时均值 | 日均值 | 月均值 |

### 3. 月报表

无论是机械式水位仪观测还是数字式水位仪观测，都必须以观测井为单位编报月报表。一般规定月报表的主要内容包括每日每时的时均值与月均值，要附日均值或时均值动态曲线。在动态曲线上，对于异常点或异常段应做说明，如邻近地区发生地震、仪器故障等，如表 4-11 所示。

表4-11 新疆新04井2015 年5月水位月报表

乌鲁木齐流体综合台新04井水位2015-05月报表（之一）

新疆地震局乌鲁木齐流体综合台（65007） 2015年05月

| 日期 | 1 | 2 | 3 | 4 | 5 | 6 | 7 | 8 | 9 | 10 | 11 | 12 | 13 | 14 | 15 |
|---|---|---|---|---|---|---|---|---|---|---|---|---|---|---|---|
| 0 | 4.0150 | 4.0060 | 4.0150 | 4.0000 | 3.9890 | 3.9810 | 3.9820 | 3.9810 | 3.9760 | 3.9820 | 3.9620 | 3.9620 | 3.9580 | 3.9780 | 3.9950 |
| 1 | 4.0150 | 4.0050 | 4.0140 | 4.0000 | 3.9910 | 3.9820 | 3.9850 | 3.9820 | 3.9720 | 3.9820 | 3.9580 | 3.9390 | 3.9530 | 3.9760 | 3.9920 |
| 2 | 4.0120 | 4.0060 | 4.0130 | 3.9980 | 3.9930 | 3.9820 | 3.9850 | 3.9850 | 3.9720 | 3.9830 | 3.9560 | 3.9360 | 3.9690 | 3.9890 | 3.9880 |
| 3 | 4.0060 | 3.9990 | 4.0070 | 3.9960 | 3.9900 | 3.9810 | 3.9850 | 3.9860 | 3.9740 | 3.9840 | 3.9510 | 3.9360 | 3.9650 | 3.9860 | 3.9820 |
| 4 | 4.0020 | 3.9920 | 4.0010 | 3.9890 | 3.9870 | 3.9770 | 3.9820 | 3.9840 | 3.9730 | 3.9850 | 3.9500 | 3.9370 | 3.9660 | 3.9850 | 3.9780 |
| 5 | 4.0000 | 3.9910 | 3.9990 | 3.9850 | 3.9860 | 3.9730 | 3.9790 | 3.9820 | 3.9740 | 3.9860 | 3.9520 | 3.9600 | 3.9670 | 3.9860 | 3.9750 |
| 6 | 3.9990 | 3.9900 | 3.9960 | 3.9810 | 3.9800 | 3.9700 | 3.9760 | 3.9800 | 3.9750 | 3.9850 | 3.9520 | 3.9630 | 3.9500 | 3.9890 | 3.9760 |
| 7 | 4.0000 | 3.9920 | 3.9970 | 3.9800 | 3.9760 | 3.9680 | 3.9740 | 3.9760 | 3.9790 | 3.9860 | 3.9520 | 3.9660 | 3.9590 | 3.9750 | 3.9800 |
| 8 | 4.0050 | 3.9980 | 4.0010 | 3.9830 | 3.9770 | 3.9690 | 3.9740 | 3.9760 | 3.9770 | 3.9870 | 3.9530 | 3.9520 | 3.9660 | 3.9820 | 3.9880 |
| 9 | 4.0110 | 4.0030 | 4.0070 | 3.9870 | 3.9810 | 3.9710 | 3.9780 | 3.9730 | 3.9760 | 3.9870 | 3.9530 | 3.9580 | 3.9710 | 3.9870 | 3.9930 |
| 10 | 4.0150 | 4.0080 | 4.0120 | 3.9910 | 3.9860 | 3.9760 | 3.9830 | 3.9760 | 3.9760 | 3.9860 | 3.9510 | 3.9600 | 3.9720 | 3.9900 | 3.9960 |
| 11 | 4.0150 | 4.0110 | 4.0150 | 3.9970 | 3.9920 | 3.9820 | 3.9870 | 3.9790 | 3.9790 | 3.9860 | 3.9500 | 3.9590 | 3.9710 | 3.9900 | 3.9990 |
| 12 | 4.0170 | 4.0160 | 4.0180 | 4.0020 | 4.0030 | 3.9900 | 3.9880 | 3.9810 | 3.9810 | 3.9890 | 3.9500 | 3.9570 | 3.9700 | 3.9890 | 3.9980 |
| 13 | 4.0150 | 4.0120 | 4.0160 | 4.0060 | 4.0090 | 3.9950 | 3.9940 | 3.9860 | 3.9820 | 3.9880 | 3.9660 | 3.9550 | 3.9670 | 3.9880 | 3.9930 |
| 14 | 4.0100 | 4.0080 | 4.0110 | 4.0010 | 4.0060 | 3.9970 | 3.9990 | 3.9870 | 3.9850 | 3.9880 | 3.9620 | 3.9560 | 3.9650 | 3.9840 | 3.9850 |
| 15 | 4.0040 | 4.0060 | 4.0040 | 3.9950 | 4.0040 | 3.9960 | 4.0020 | 3.9880 | 3.9880 | 3.9880 | 3.9600 | 3.9550 | 3.9660 | 3.9800 | 3.9780 |
| 16 | 3.9980 | 3.9980 | 3.9960 | 3.9900 | 3.9960 | 3.9900 | 4.0000 | 3.9880 | 3.9920 | 3.9900 | 3.9390 | 3.9570 | 3.9620 | 3.9770 | 3.9710 |
| 17 | 3.9920 | 3.9920 | 3.9880 | 3.9860 | 3.9870 | 3.9850 | 3.9950 | 3.9850 | 3.9940 | 3.9900 | 3.9600 | 3.9560 | 3.9650 | 3.9770 | 3.9640 |
| 18 | 3.9890 | 3.9900 | 3.9840 | 3.9800 | 3.9860 | 3.9820 | 3.9930 | 3.9800 | 3.9930 | 3.9900 | 3.9630 | 3.9570 | 3.9680 | 3.9800 | 3.9620 |
| 19 | 3.9890 | 3.9900 | 3.9830 | 3.9770 | 3.9810 | 3.9780 | 3.9880 | 3.9800 | 3.9930 | 3.9880 | 3.9650 | 3.9610 | 3.9720 | 3.9850 | 3.9630 |
| 20 | 3.9900 | 3.9960 | 3.9840 | 3.9750 | 3.9780 | 3.9760 | 3.9820 | 3.9760 | 3.9890 | 3.9840 | 3.9670 | 3.9630 | 3.9760 | 3.9900 | 3.9660 |
| 21 | 3.9960 | 4.0000 | 3.9880 | 3.9770 | 3.9770 | 3.9750 | 3.9810 | 3.9720 | 3.9860 | 3.9790 | 3.9670 | 3.9630 | 3.9790 | 3.9960 | 3.9680 |
| 22 | 4.0010 | 4.0070 | 3.9930 | 3.9810 | 3.9780 | 3.9780 | 3.9820 | 3.9710 | 3.9840 | 3.9730 | 3.9670 | 3.9640 | 3.9800 | 3.9980 | 3.9710 |
| 23 | 4.0060 | 4.0130 | 3.9990 | 3.9860 | 3.9800 | 3.9800 | 3.9810 | 3.9760 | 3.9810 | 3.9680 | 3.9660 | 3.9620 | 3.9800 | 3.9980 | 3.9750 |
| 日均值 | 4.0044 | 4.0010 | 4.0017 | 3.9890 | 3.9880 | 3.9805 | 3.9857 | 3.9801 | 3.9813 | 3.9848 | 3.9588 | 3.9522 | 3.9639 | 3.9816 | 3.9806 |
| 月均值 | 4.0207 | | | | | | | | | | | | | | |

整点值、日均值曲线图

观测人：汪成国 校对人：李新勇 负责人：许秋龙 制作日期：2015/6/1 第9页

乌鲁木齐流体综合台新04井水位2015-05月报表（之二）

数据单位：m 2015年05月

| 日期/小时 | 16 | 17 | 18 | 19 | 20 | 21 | 22 | 23 | 24 | 25 | 26 | 27 | 28 | 29 | 30 | 31 |
|---|---|---|---|---|---|---|---|---|---|---|---|---|---|---|---|---|
| 0 | 3.9770 | 3.9510 | 3.9880 | 3.9820 | 3.9860 | 3.9830 | 3.9910 | 4.0030 | 4.0160 | 4.0620 | 4.1070 | 4.1540 | 4.1690 | 4.1460 | 4.1660 | 4.1830 |
| 1 | 3.9800 | 3.9500 | 3.9880 | 3.9830 | 3.9880 | 3.9850 | 3.9920 | 4.0110 | 4.0160 | 4.0610 | 4.1070 | 4.1550 | 4.1650 | 4.1580 | 4.1660 | 4.1820 |
| 2 | 3.9820 | 3.9670 | 3.9870 | 3.9820 | 3.9900 | 3.9860 | 3.9920 | 4.0160 | 4.0150 | 4.0610 | 4.1080 | 4.1550 | 4.1610 | 4.1580 | 4.1610 | 4.1800 |
| 3 | 3.9760 | 3.9660 | 3.9840 | 3.9790 | 3.9900 | 3.9850 | 3.9920 | 4.0170 | 4.0170 | 4.0650 | 4.1100 | 4.1560 | 4.1580 | 4.1510 | 4.1590 | 4.1750 |
| 4 | 3.9660 | 3.9600 | 3.9770 | 3.9760 | 3.9890 | 3.9830 | 3.9900 | 4.0160 | 4.0200 | 4.0680 | 4.1140 | 4.1560 | 4.1580 | 4.1510 | 4.1580 | 4.1720 |
| 5 | 3.9580 | 3.9360 | 3.9710 | 3.9710 | 3.9860 | 3.9800 | 3.9860 | 4.0130 | 4.0210 | 4.0720 | 4.1180 | 4.1570 | 4.1590 | 4.1520 | 4.1590 | 4.1720 |
| 6 | 3.9540 | 3.9340 | 3.9660 | 3.9670 | 3.9830 | 3.9770 | 3.9810 | 4.0080 | 4.0210 | 4.0750 | 4.1190 | 4.1590 | 4.1620 | 4.1580 | 4.1610 | 4.1760 |
| 7 | 3.9530 | 3.9350 | 3.9640 | 3.9660 | 3.9810 | 3.9760 | 3.9770 | 4.0060 | 4.0230 | 4.0750 | 4.1240 | 4.1630 | 4.1650 | 4.1570 | 4.1660 | 4.1810 |
| 8 | 3.9560 | 3.9420 | 3.9680 | 3.9670 | 3.9810 | 3.9760 | 3.9770 | 4.0010 | 4.0250 | 4.0810 | 4.1250 | 4.1640 | 4.1690 | 4.1590 | 4.1700 | 4.1850 |
| 9 | 3.9620 | 3.9500 | 3.9740 | 3.9710 | 3.9860 | 3.9770 | 3.9790 | 4.0000 | 4.0250 | 4.0810 | 4.1280 | 4.1640 | 4.1730 | 4.1600 | 4.1710 | 4.1870 |
| 10 | 3.9680 | 3.9580 | 3.9800 | 3.9780 | 3.9880 | 3.9800 | 3.9820 | 3.9990 | 4.0240 | 4.0810 | 4.1280 | 4.1620 | 4.1720 | 4.1590 | 4.1700 | 4.1910 |
| 11 | 3.9700 | 3.9660 | 3.9830 | 3.9850 | 3.9930 | 3.9860 | 3.9890 | 3.9970 | 4.0260 | 4.0800 | 4.1260 | 4.1610 | 4.1710 | 4.1600 | 4.1710 | 4.1930 |
| 12 | 3.9670 | 3.9710 | 3.9830 | 3.9910 | 4.0000 | 3.9890 | 3.9960 | 3.9980 | 4.0260 | 4.0800 | 4.1230 | 4.1600 | 4.1690 | 4.1580 | 4.1710 | 4.1950 |
| 13 | 3.9660 | 3.9760 | 3.9860 | 3.9970 | 4.0050 | 3.9950 | 4.0010 | 4.0060 | 4.0290 | 4.0840 | 4.1220 | 4.1590 | 4.1670 | 4.1580 | 4.1710 | 4.1910 |
| 14 | 3.9580 | 3.9710 | 3.9900 | 3.9990 | 4.0070 | 3.9990 | 4.0060 | 4.0100 | 4.0340 | 4.0850 | 4.1210 | 4.1580 | 4.1660 | 4.1520 | 4.1660 | 4.1870 |
| 15 | 3.9500 | 3.9660 | 3.9860 | 3.9980 | 4.0060 | 4.0020 | 4.0080 | 4.0150 | 4.0390 | 4.0890 | 4.1220 | 4.1550 | 4.1630 | 4.1490 | 4.1600 | 4.1820 |
| 16 | 3.9430 | 3.9600 | 3.9790 | 3.9930 | 4.0020 | 4.0010 | 4.0100 | 4.0220 | 4.0450 | 4.0920 | 4.1240 | 4.1560 | 4.1600 | 4.1460 | 4.1520 | 4.1770 |
| 17 | 3.9360 | 3.9530 | 3.9730 | 3.9870 | 3.9950 | 3.9950 | 4.0080 | 4.0260 | 4.0500 | 4.0950 | 4.1260 | 4.1550 | 4.1590 | 4.1450 | 4.1490 | 4.1710 |
| 18 | 3.9320 | 3.9490 | 3.9670 | 3.9800 | 3.9880 | 3.9950 | 4.0050 | 4.0250 | 4.0540 | 4.0980 | 4.1280 | 4.1570 | 4.1600 | 4.1460 | 4.1490 | 4.1700 |
| 19 | 3.9320 | 3.9530 | 3.9630 | 3.9760 | 3.9850 | 3.9920 | 4.0050 | 4.0270 | 4.0580 | 4.1010 | 4.1330 | 4.1610 | 4.1630 | 4.1480 | 4.1500 | 4.1700 |
| 20 | 3.9360 | 3.9590 | 3.9620 | 3.9750 | 3.9810 | 3.9890 | 4.0020 | 4.0250 | 4.0590 | 4.1030 | 4.1380 | 4.1650 | 4.1650 | 4.1530 | 4.1530 | 4.1710 |
| 21 | 3.9410 | 3.9690 | 3.9650 | 3.9750 | 3.9780 | 3.9870 | 3.9990 | 4.0210 | 4.0600 | 4.1060 | 4.1420 | 4.1680 | 4.1660 | 4.1580 | 4.1650 | 4.1780 |
| 22 | 3.9450 | 3.9760 | 3.9690 | 3.9770 | 3.9780 | 3.9880 | 3.9980 | 4.0180 | 4.0610 | 4.1080 | 4.1460 | 4.1690 | 4.1670 | 4.1600 | 4.1750 | 4.1830 |
| 23 | 3.9500 | 3.9850 | 3.9750 | 3.9820 | 3.9820 | 3.9900 | 3.9980 | 4.0150 | 4.0620 | 4.1080 | 4.1500 | 4.1710 | 4.1690 | 4.1600 | 4.1800 | 4.1880 |
| 日均值 | 3.9565 | 3.9558 | 3.9771 | 3.9806 | 3.9894 | 3.9874 | 3.9983 | 4.0120 | 4.0343 | 4.0839 | 4.1246 | 4.1599 | 4.1648 | 4.1558 | 4.1632 | 4.1808 |

观 测 工 作 说 明

本月整点值数据完整率：100.00%，缺数：0个。
本月数据完整可靠

填表说明：观测工作说明中填写直接影响观测数据的因素，如仪器故障、改动观测系统、停电、出现新的干扰源、标定、操作差错等。 第10页

## 三、井水位动态曲线的绘制

动态曲线的绘制，是为了观测人员较直观地了解井水位观测情况及水位动态变化的规律，发现可能出现的各类异常。一般情况下，绘制的主要动态曲线是年动态曲线与月动态曲线，有时也可绘制多日、日动态曲线。年动态曲线应用月均值绘制，月动态曲线应用日均值或时均值绘制，多日或日动态曲线应用时均值或分钟值动态绘制。绘制动态曲线时，特别要注意静水位观测与动水位观测中水位坐标（纵坐标）中有关数值大小排列的规定，即静水位观测曲线中水位坐标数值排列应上小下大，动水位观测曲线中数值排列应上大下小。如图 4-36、图 4-37 所示。

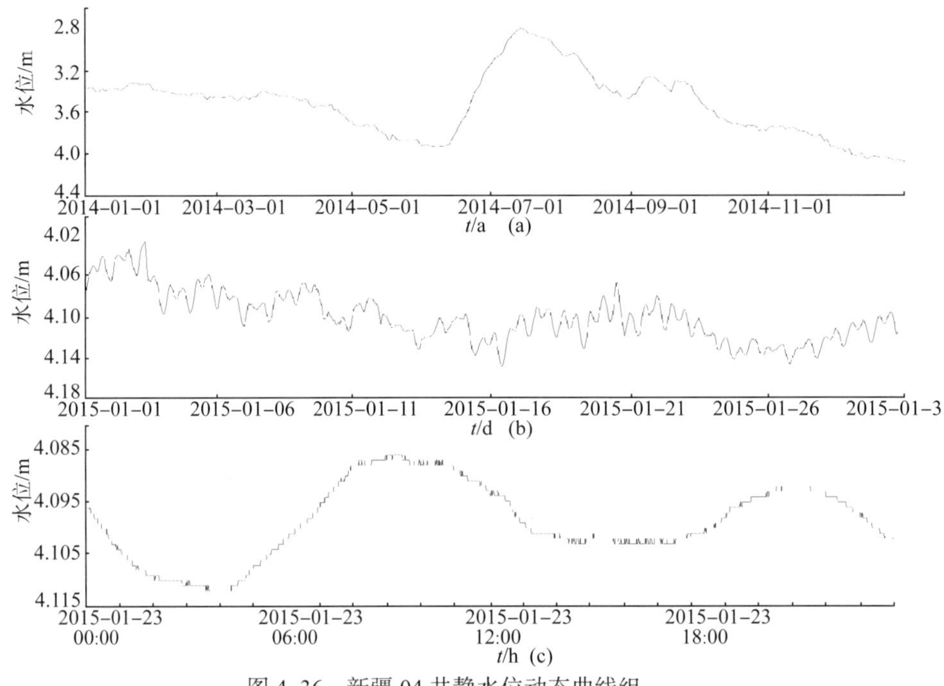


图 4-36 新疆 04 井静水位动态曲线组

（a）2014年动态曲线；（b）2014年1月动态曲线；（c）2014年1月23日日动态曲线

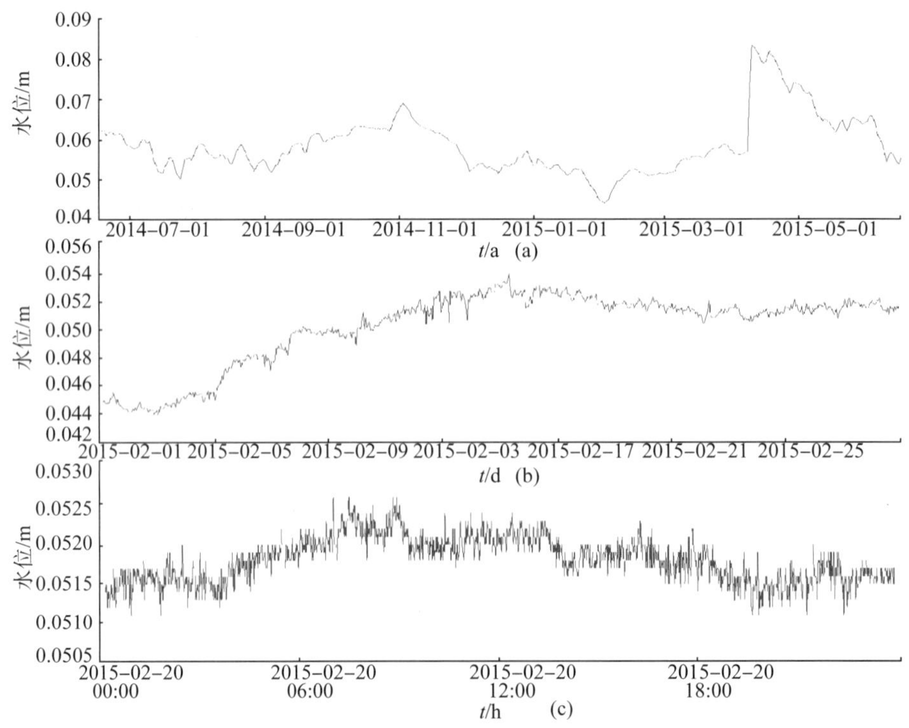


图 4-37 新疆 10 号泉动水位动态曲线组

（a）年动态曲线；（b）2015年2月动态曲线；（c）2015年2月20日动态曲线

## 四、井水位动态的初步分析

井水位动态的分析，一般包括正常动态的分析与异常动态的识别和分析两个方面。

### 1. 井水位正常动态分析

井水位正常动态指观测井外围一定范围内无规定强度的地震活动（表 4–12），各类动态影响因素无异常变化的情况下出现的井水位的有规律变化（参见第二章第一节）。可分不同时间尺度（多年、年、月、多日等）动态分别进行分析。

表4–12　正常动态与异常动态区别中有关地震活动的参考值

| 井震距/km | ≤100 | ≤200 | ≤300 | ≤600 | ≤1000 |
|---|---|---|---|---|---|
| 活动地震$M_S$ | 4.0～4.9 | 5.0～5.9 | 6.0～6.9 | 7.0～7.9 | ≥8.0 |

井水位正常动态的分析内容，一般包括动态曲线的形态类型 [（趋势型、起伏型（有规律起伏型、无规律起伏型）、平稳型等 ]；最大值、最小值及最大变化幅度；对有规律起伏型动态分析其周期、峰谷出现时间与幅度等；对无规律起伏型动态分析其平均值、均方差、超 $n$（一般为 2 ～ 3）倍均方差值的个数等。由此掌握各井水位在不同时间层次上变化的基本规律与基本特征。只有熟悉了解各测项的正常动态，才有可能识别异常，特别是地震前兆异常，实现地震地下水监测的主要任务。

### 2. 井水位异常动态分析

井水位异常动态可分为两类：一类是观测井外围一定范围内发生规定强度的地震活动时出现的前兆异常（表 4–12）；另一类是一定范围内某动态影响因素的作用出现异常变化时出现的干扰异常。也可分不同时间尺度（多年、年、月、多日等）的动态，分别进行分析。无论正常动态还是异常动态，在不同时间尺度的动态曲线上，可分析不同成因的动态特征（表 4–13）。

表4–13　不同层次的动态曲线上反映的不同类型的信息

| 反映的信息 \ 动态曲线类型 | 日动态曲线 | 月动态曲线 | 年动态曲线 | 多年动态曲线 |
|---|---|---|---|---|
| 降雨渗入补给 | ● | ● | ● | ● |
| 地下水开采 | ● | ● | ● | ● |
| 地球固体潮汐作用 | ● | ● | | |
| 大气压力作用 | ● | ● | ● | |
| 同震响应 | ● | | | |
| 地震前兆响应 | 临震异常 | 短临异常 | 短临与中短期异常 | 中短期与中长期异常 |

异常动态的识别方法有前后动态对比法（图像识别法）、差分法、平差法、相关分析方法、从属函数法、小波分析法等多种。但对于观测人员而言，主要是前后动态对比法与相关分析法。

利用前后动态对比法识别异常时，特别注意要有足够时间长度的正常动态背景作为依据（图 4-38）；利用相关分析法识别异常时，应把相关因素同步绘制到水位动态曲线上，以便做对比分析（图 4-39）。

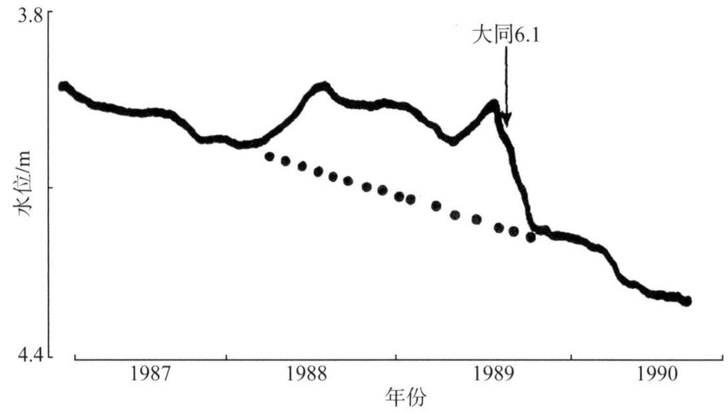


图 4-38　前后动态分析法识别井水位前兆异常

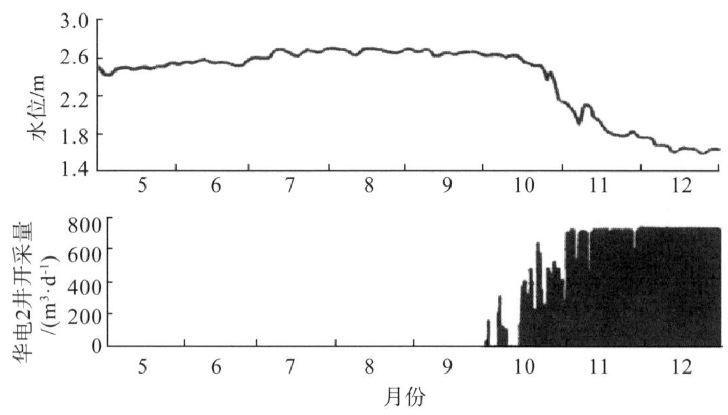


图 4-39　相关分析法识别井水位干扰异常

对于识别出的异常，要做异常性质的初步分析，即判定是干扰异常还是前兆异常。这是较为困难的工作。一般情况下，是先把异常视为干扰异常进行调查与分析，可从如下四个方面去分析判定是否为干扰异常：

①成因上相关：指井水位异常变化与某一种干扰因素的影响相关，如降雨量异常增加，井水位一定会是上升型异常，地下水开采量明显增大，井水位一定会表现为下降型异常，等等；

②空间上相关：指相关干扰因素作用的地点距观测井的距离在一定的范围内（参见表3-3，表3-4）；

③时间上相关：相关干扰因素作用出现的时间同井水位异常出现的时间相吻合；

④强度上相关：指井水位异常的幅度及其起伏变化过程同相关的干扰因素作用强度及其变化过程相对应。

如果异常与干扰因素作用之间存在上述四个方面的相关性，这种异常即可视为干扰异常。如果出现的异常同某一种干扰因素的作用在四个方面都不相关，或只有一两个方面明显不相关，则可视为前兆异常。无论判别为干扰异常还是前兆异常，都要进行一系列的异常调查、分析与研究工作，特别是到观测场进行调查与核实，需要时还要做校测、比测（平行观测与对比观测）等实验观测。如果判定可能属于地震前兆异常时，一方面及时上报，另一方面要组织跟踪监测与研究。

跟踪研究即随时分析异常的形态、幅度等特征及其演变过程（加速、转折、结束或突变）等，参考以往的震例，对未来的震情提出初步的预测意见。当然，地震分析预报的主要任务将由专门的部门如分析预报中心承担，但不排斥地震观测人员做相关的初步分析与研究，由于观测人员熟悉观测数据及其内涵，在震情分析方面具有一定的优势，这种优势应该得到开发与发挥。几十年地震分析预报的实践表明，许多前兆异常多是由地震观测人员首先发现的，有些成功的震情预测意见最初也是由地震观测人员提出的。

# 第五章　井（泉）水温度观测技术

## 第一节　井（泉）水温度观测概述

### 一、井（泉）水温度观测对象

温度是地下水最重要的物理特性之一，地震地下水温度的观测主要是针对井水或泉水温度的观测。井或泉的选择与其他前兆观测一样，首先应选在地震活动区的活动断裂带上，距断裂带的距离尽可能小，最好能选在断裂带的端点、拐点或与其他断裂的交汇部位。其次要考虑选在地热异常区内，地热异常区往往是深部热流上涌的地区，有可能观测到来自地球深部的信息，这种信息往往与地震的孕育过程有着一定的联系。然而地下水的温度和地表温度相关，地球表面的温度由于受太阳辐射的影响而产生日变化、年变化。地表温度日变化的影响深度较浅，年变化的影响深度可达几十米。这种变化对地壳浅部温度的影响幅度随深度的增加按指数规律减小。观测井的深度一定要大于变温层的深度。自流井或泉要求储水层较深，其流量、温度较为稳定；观测井孔要求最好为承压井；温泉水由于来源较深，携带深部的信息较丰富，但干扰因素也较多，通过泉改井的方式对泉口进行改造成温泉井进行温度观测为宜，观测泉井的深度宜大于 2m，并以井底为泉水涌出口。目前用于地下水温度观测的主要是静水位井、温泉井，也有少量的自流井。静水位井的深度要求除满足大于 100m（孔隙含水层顶部应有稳定的隔水层，隔水层顶板深度宜大于 100m，裂隙或岩溶含水层观测层深度宜大于 200m）的条件外，还应该确保观测含水层避开与之有直接水力联系的地下水开采层和其他环境干扰，这两项都是必要条件，若深度已达到甚至超过 200m 但仍然没有避开开采层，则仍然要增加深度直至避开开采层。

目前用于地震前兆的地下水温度观测，主要通过温度计测量井水和泉水温度随时间的动态变化，静水位井的温度变化非常微小，日变幅度多在 $n\times10^{-2}\sim n\times10^{-3}$ 年变化幅度约 0.1 ～ 0.2℃。因此，用于静水位井水温度观测的仪器，分辨力应优于 0.001℃，考虑到水温震前异常，不仅有微量信息，而且还有百分之几度的宏观变化。因此，在年变化较明显的温泉与自流井中，还可以选用一批灵敏度相对低的温度计，用于自流井水和泉水温度观测，分辨力优于 0.01℃即可。

## 二、引起井（泉）水温度变化的作用与因素

能引起地下水温度变化的作用与因素主要有以下三类：第一，地下水补给或排泄变化引起的含水层储水量的变化；第二，地下热物质的上涌或局部断裂的剧烈活动产生的热；第三，地震孕育与发生过程中，含水层受力变形引起含水层参数的变化。地下水温度通过热传导或对流形式在井水或泉水中表现出来。利用放置在观测井和观测泉中的温度传感器获取地下水温度的动态变化。水温的正常动态大体上可分为 4 种基本类型：平稳型、趋势型（趋势上升或趋势下降）、跳跃型与周期型。平稳型动态，如图 5-1(a) 所示，其特点是水温月变化小于 0.0003℃，年变化小于 0.008℃，这样的动态特征反映了地下水环境水温的变化是十分稳定的，没有其他水流的干扰。趋势型动态，如图 5-1(b) 所示，其特点是水温的变化表现出一个稳定的变化速率，或趋势上升或趋势下降。跳跃型动态，如图 5-1(c) 所示，其特点就是在短时间内有明显的升降起伏变化，多见于火山活动区与温泉中，可反

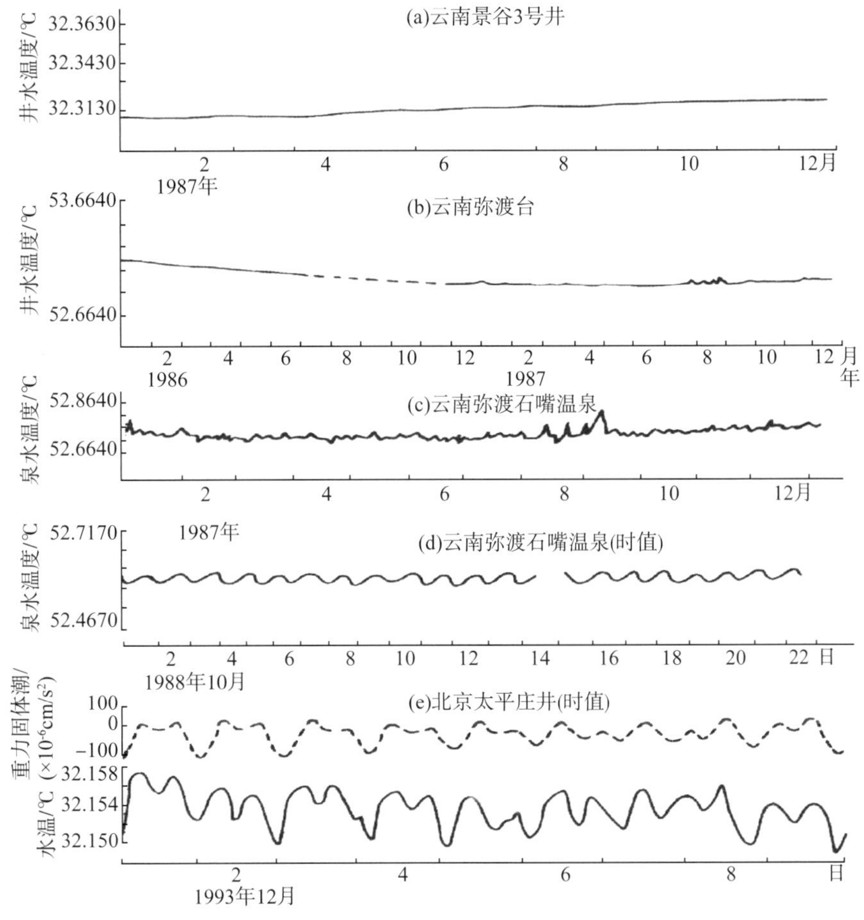


图 5-1　常见的水温正常动态类型（据付子忠等，1992；朱清钟等，1993）

（a）平稳型；（b）趋势型；（c）跳跃型；（d）、（e）周期型

映了地壳环境的不稳定状态。周期型动态，按其周期长短还可分为多种，如长周期型动态、多日周期型动态、日周期型动态等。日周期型动态还可区分出非固体潮（图 5-1d）与固体潮型（5-1e）等。值得注意的是，随着井水温度观测精度的提高，观测方法的优化，越来越多的井水温度观测中记录到与水位相似的潮汐效应，因此在进行井水温度观测时要求做详细的温度梯度测量和最佳观测部位的选择实验，选择井孔中背景噪声低，对应力应变变化信息反应敏感的部位进行温度观测。

在一些自流井泉的出口处观测水温动态的结果表明，水温动态主要受大气温度与流量的影响。受气温影响的水温动态表现出较好的年变规律，其特点是井泉水温随季节有规律起伏变化，即冬春偏低、夏秋偏高，年变化幅度多为零点几至几摄氏度。但各井泉也有差异，有些井泉的水温较气温的升降滞后 1 ～ 4 个月。这样的年变化与水的循环浓度不大、含水层水温与地下变温带的温度变化影响有关，另一些深循环的井泉水温，流量较小，随着气温的升降变化较大，这与井泉口气温对热水的降温作用有关，流量较大的受气温影响则较小，比较稳定。水温与井泉水流量的关系，在一般的冷水中，水温与流量呈反向变化，而在热水中则呈正向变化。

井泉水温度的动态变化机理主要有如下几种 ：

（1）含水层受到力的作用而变形，促使井 - 含水层间产生水流运动和热对流，此时其异常机理同水温固体潮效应的机制基本一致，即含水层受挤压作用而产生附加压应力时，含水层中由于孔隙压力增大导致地下水流入井筒中，含水层受拉张作用而产生附加张应力时，由于孔隙压力减小导致井水流回到含水层中。当含水层中地下水的温度相对高时，前一种情况下会出现井水温度的上升型异常，后一种情况下会出现井水温度的下降型异常。当然，当井筒中的水来自多个含水层时，即一井中存在多个具有不同地下水温度的观测层时，情况可能较为复杂，此时要分析各个含水层地下水对井水温度的“贡献”大小。

（2）观测井所在地区大地热流发生变化，即有深部热流上涌，使井 - 含水层系统的热状态发生变化。一般认为，地球内部热的释放过程是极其缓慢的，100km 深部发生的热事件传递到地面需要（10 ～ 100）Ma 的时间，因此一个地区的大地热流值在一个有限的时间段中是十分稳定的。然而，地壳中有强震孕育与发生时，在导水导气的断裂带中，由于其中存在热对流，很有可能在有限的时间段内有热流影响到地壳浅层中，从而改变井水温度，表现为地震前兆异常。

（3）断层活动产生的摩擦热作用导致井水温度发生变化。现代地震学认为，地震的孕育与发生同断裂活动关系密切，而断裂活动会产生摩擦热，当这种热影响到含水层中时有可能导致井水温度的异常变化。

不同温度含水层之间混合引起温度的变化，一种是地震孕育或发生导致的停水层破裂使不同温度的停水层之间串通，导致温度变化。另一种是当含水层中有不同温度的地下水与地表水混入时，也可引起井（泉）水温度的变化。这种不同温度的水的混合作用多与含水层中地下水的补给与排泄作用有关。

井（水）温度观测，就是在一定地质 - 水文地质条件下建立温度观测井或温度观测泉，安装高精度的温度计，按照一定的观测技术规范，获得上述多种作用引起的井（泉）水温度随时间变化动态。

井（泉）水温度观测基本原理，如图 5-2 所示。

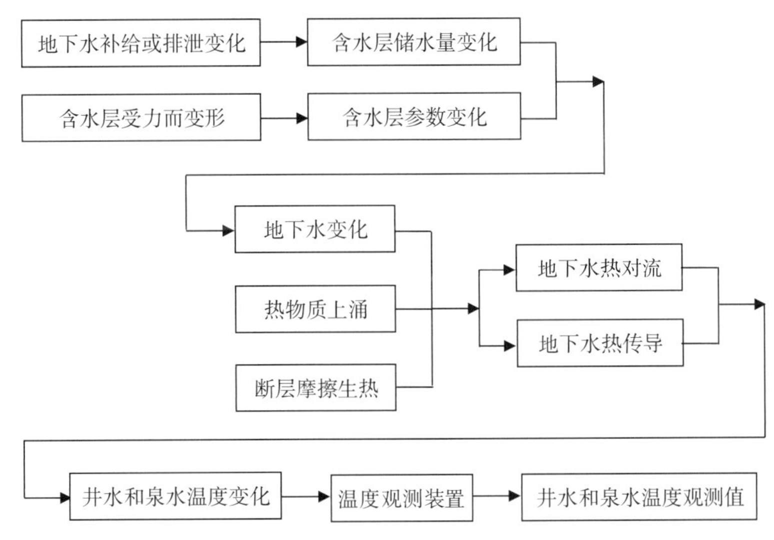


图 5-2 井（泉）水温度观测的基本原理示意图（据《DB/T 49—2014》）

## 三、井（泉）水温度动态观测的主要目的

地震地下水观测中，井水或泉水温度动态观测的主要目的是捕捉与地震活动有关的信息。一般认为，地下水温度的变化有时与孕震过程中的力学作用有关，温泉水的温度多数情况下取决于深层热水与浅层冷水二者的混合比。当然热水混入量增大时，水温度升高；反之，当热水流入量减少而冷水混入量增大时，水温则降低。在地震孕育过程中，一方面，当作为热水补给通道的裂隙和断层由于应力的作用而发生开启或闭合时必然引起热水流入量的增加或减少，并导致水温的上升或下降变化；另一方面，应力作用还可以导致水压的变化，从而引起流速的变化，这同样可以造成热水流入量的变化，并引起水温的变化。对于冷水井而言，水温在震前出现的异常升降，通常是孕震过程中的应力作用造成不同含水层地下水的串通、混合的结果，有时还可能与深部热水上涌有关。井（泉）水温度异常的特征，根据曲线的特征主要可分为缓变型（缓升、缓降）、阶变型（阶升、阶降）、脉冲型（脉冲上升、脉冲下降）。水温异常除地震前兆异常外，降水、融雪、人为开采都可引起类似的异常。因此，观测井（泉）水温的动态变化首先要清楚观测点的正常动态，并了解观测环境可能造成的干扰，这样才能识别出我们所需要的地震前兆异常。

## 第二节　井（泉）水温度观测仪器及其使用

### 一、井（泉）水温度观测仪器概述

我国的地震地下水温度动态观测，由最原始的水银温度计开始，经历了半导体温度计等观测阶段，到20世纪80年代中期研制成功了数字化观测仪器，其中有SZW-1A型石英温度计（中国地震局地壳应力研究所）、W-1B型温度计（北京康地公司）、CZ-2001型测温仪(河北省沧州地区电子研究所)、TDT-25型地温传感器(广东珠海泰德企业有限公司)等多种。在我国地震地下流体观测网中使用最广泛的是SZW-1A型石英温度计，随着行业仪器的市场化，中科光大和珠海泰德的数字式温度计也逐渐进入行业观测网。目前在行业观测网使用的数字式温度计见表5-1所示。

表5-1　目前使用的数字式温度计

| 型号 | 生产厂家 | 传感器参数 | 使用情况 |
|---|---|---|---|
| SZW-1<br>SZW-2<br>SZW-1A | 中国地震局地壳应力研究所 | 分辨力：0.0001℃<br>短期稳定性：0.0001℃/d<br>长期稳定性：0.01℃/a<br>测温范围：0～100℃<br>精度：优于0.05℃<br>传感器耐压：10MPa | 国家台网主要使用 |
| ZKGD-3000 | 北京中科光大自动化有限公司 | 量程：0～100℃/0～50℃<br>精度等级：优于0.1%F.S<br>长期稳定性：≤0.1%F.S/a<br>分辨力：优于0.0001℃<br>工作电压：4.5～26V | 市县台网使用较多 |
| TDT-25<br>TDT-36 | 珠海市泰德企业有限公司 | 一般应用于0～1000m的井下水温或地温观测，测量精度优于0.05℃，测量分辨力优于0.001℃ | 市县台网使用较多 |

从工作方式方面，目前用于地震观测的温度计可分为两类：

一类是人工测量用的玻璃液体温度计。玻璃液体温度计是一种使用方便、测温范围广、测温精度高、价格便宜的测温仪表，无论在日常生活中还是在工农业生产中都广泛使用，通常使用的有酒精和水银温度计两种。玻璃液体温度计的工作原理是基于液体在透明玻璃外壳中的热膨胀作用，它由液体贮囊与毛细管熔接而成，液体充满全部贮囊和毛细管的一部分。当温度变化时，贮囊内的液体体积随之发生变化，此时，毛细管中液体柱的凹液面也就随之升高或降低，通过温度标尺即可读出不同的温度数值。这类温度计主要在水样采集、异常调查、观测点勘选、其他仪器的校验、实验室等人工测量温度中使用。

另一类是数字式温度计，主要用于井（泉）水温度的连续自动化测量，也是目前地震行业普遍使用的温度计。数字式温度计主要由传感器和主机构成。不同数字式温度仪的主要区别在于传感器不同。温度传感器主要有如下几种：

（1）热敏电阻传感器。

这类传感器是利用热敏电阻的阻值随温度变化的特点来工作的，其特点是灵敏度高、成本低、用途广；其缺点是一致性差、重复性差、稳定性能差、非线性严重，观测精度只能达到 0.1℃左右，分辨力多为 0.01℃左右，适合于做低精度温度观测。

（2）半导体温度传感器。

半导体温度传感器又分为二极管温度传感器、三极管温度传感器及半导体集成温度传感器。二极管温度传感器、三极管温度传感器灵敏度比较高，成本较低，但批量生产工艺复杂，一致性差。半导体集成温度传感器 AD590，是美国模拟器件公司用半导体集成电路方法研制成功的电流型温度传感器，测温范围宽（−55 ～ 150℃），使用简单，但一致性比较难控制，观测精度可达 0.1℃。

（3）热电偶温度传感器。

根据双金属的材料不同特性有所不同，双金属的种类有多种，个别双金属可以做到 −200℃，多数为 −40℃，根据材料不同高温可做到 600 ～ 1300℃，与铂电阻相比，热电偶的温度特性、精度稍差，响应速度稍慢。在精度要求不是特别高的时候，一般用热电偶就可以满足要求，精密仪器大多是用铂电阻。但是像马弗炉这样工作温度超过 600℃的，还是得用热电偶，热电偶的允差范围从 1 ～ 2.5℃不等，这些参数是由热电偶所用材料而决定的。

（4）铂电阻温度传感器。

铂电阻温度传感器(RTD)是利用铂的物理特性制成的传感器。铂电阻温度传感器精度高、稳定性好、应用温度范围广，是中低温区(−200 ～ 850℃)最常用的一种温度检测器，不仅广泛应用于工业测温，而且被制成各种标准温度计(涵盖国家和世界基准温度)供计量和校准使用，但测试电缆的长度受到限制。铂电阻传感器有良好的长期稳定性，典型实验数据为：在 400℃时持续 300 小时，0℃时的最大温度漂移为 0.02℃。铂电阻温度传感器也是用铂制成的热敏感电阻。Pt100,就是说它的阻值在 0℃时为 100Ω,Pt100 温度传感器是一种以铂 (Pt) 做成的电阻式温度传感器，属于正电阻系数，其电阻和温度变化的关系式为 $R=R_0(1+\alpha T)$，其中，$\alpha = 0.00392$，$R_0$ 为 100Ω（在 0℃的电阻值），$T$ 为摄氏温度。Pt100 温度传感器的主要技术参数如下：测量范围：−200 ～ 850℃；允许偏差值 Δ℃：A 级 ±（0.15 + 0.002 ｜$t$｜），B 级 ±（0.30 + 0.005｜$t$｜）；热响应时间＜ 30s；最小置入深度：≥ 200mm；允通电流 ≤ 5mA。另外，Pt100 温度传感器还具有抗振动、稳定性好、准确度高、耐高压等优点。

（5）石英温度传感器。

石英温度传感器是根据石英传感器的谐振频率与被测温度一一对应的关系制作的温度－频率传感器，与传统的铂电阻等模拟传感器不同，石英温度传感器的工作机制是“谐振”。石英谐振器具有自振频率随温度变化而变化的特性。通过特殊的切割方向，可以使这种变化加强，制成一种高灵敏度测温传感器。根据不同的频率和切型，石英温度计的灵敏度可以在 20 ～ 1000Hz/℃范围内变动。对这一变化进行频率测量，可以使温度分辨力达到 $1\times10^{-4}$℃（甚至更高），这是其他温度计很难达到的。石英温度传感器稳定性高、时间漂移小，其误差远小于铂电阻温度计；分辨力最佳，其灵敏度大大高于绝大多数温度传感器和温度计，其中包括铂电阻温度计；长期稳定性极好，一两年内也可达 0.002 ～ 0.02℃。这种传感器输出信号是频率，可省略 AD 变换器，进入微处理器；导线的接触电阻长度以及电源电压的稳定度对测量准确度无影响，这是铂电阻温度计无法比拟的。由于石英晶体高纯度的特性，决定了其具有高分辨率，其频率－温度变换关系可以表示为：

$$T=A_0+A_1f+A_2f_2+A_3f_3+A_4f_4+\cdots$$

式中，$f$ 为石英谐振器的自振频率，$T$ 为石英谐振器的温度。$A_1$，$A_2$，$A_3$，$A_4\cdots$则是随着每个石英温度传感器的个性不同而不同的常数。仪器所配探头的五个常数是在计量部门标定后给出的。

传感器由测温谐振器和变换电路共同组成，封装在一个外径 30mm，长约 300mm 的紫铜管内，传感器电缆由一芯一屏构成，即负责由主机向传感器内的变换电路供电，再将传感器的信号送回主机。测温原理是以石英晶体片作为测温元件，将温度变化的模拟量转化为频率的数字量，再将此频率信号进行转换，并显示其温度值（图 5-3）。

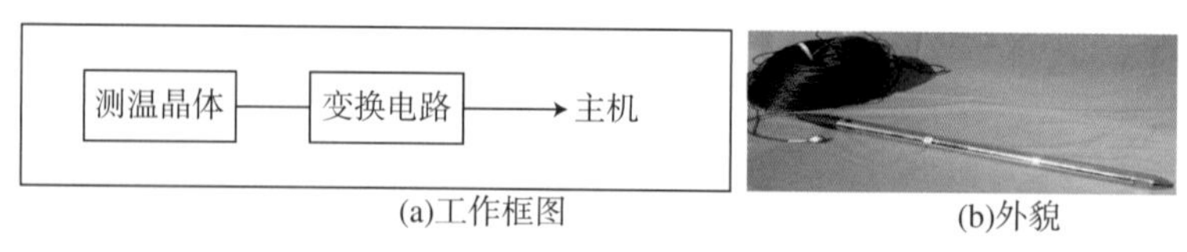

(a)工作框图　(b)外貌

图 5-3　石英温度传感器

## 二、SZW 系列数字式温度计

### 1. SZW 系列数字式温度计概述

SZW 系列数字式温度计是目前地震行业地下水温度前兆观测中广泛使用的温度计，传感器为石英温度传感器，探头可在 1000m 之内的水下长期正常工作。具有高分辨力、高稳定性、高精度、宽量程、数字化自动观测等特点。主要型号有：SZW-1、SZW-2、SZW-1A、SZW-1AV2000、SZW-1AV2004 等几种型号。

SZW-1 型数字式温度计 1983 年研制成功。它由石英钟、主计数器、液晶显示器、控制电路、二极管预制矩阵、十点频振荡器及放大器组成。它的核心部分是一个全自动工作的数字式线性化处理器，由石英钟单元提供各种标准的时标信号，由控制电路完成在 0 ～ 100℃范围内自动选择闸门时间、自动预加常数、最终显示被测温度值。十点频振荡器用于仪器的自校目的。

SZW-2 型数字式温度计是在 SZW-1 型基础上改进的。这种仪器主要适用于温度变化范围相对小的井孔中，其测温范围可由用户选定。

SZW-1A 型数字式温度计、SZW-1A 式温度计（VER2000 版）也是在 SZW-1 型基础上发展起来的，仍采用石英测温探头，但主机电路采用 CMOS 系列 Z80 微处理器为基础的智能化设计，大大改变了性能，扩展了功能，成为我国地热水温前兆观测的主导型仪器。

SZW-1A 数字式温度计（VER2004 版）是在（VER2000 版）的基础上又进行了改进。主要改进是增加分钟值数据存储容量到 31 天；掉电不丢失数据；增加以太网接口，可以连接到以太网，可以通过 CDMA、GPRS、ADSL 等方式连接到网络；符合 TCP/IP 协议；增加仪器网页；双 CPU 结构，支持本机电源监控、远程复位、看门狗和抗死机功能；免维护可充电电瓶，自动浮充电，过充保护，过放电保护；内置避雷组件，但需有良好的避雷地线支持；保留 RS232C 串口通信组网功能，除支持电话拨号联网功能外，还支持 GSM 拨号联网并与电话拨号联网功能完全兼容。还支持串口 GPRS、串口 CDMA、串口 ADSL 联网功能；支持 DB/T 12-3 2003 行业标准，通过因特网与已有数字化前兆台网集成组网；支持符合中国数字地震观测网络的《地震前兆台网专用设备网络通信技术规程》；远程更新程序功能。

SZW 系列仪器组成框图见图 5-4。

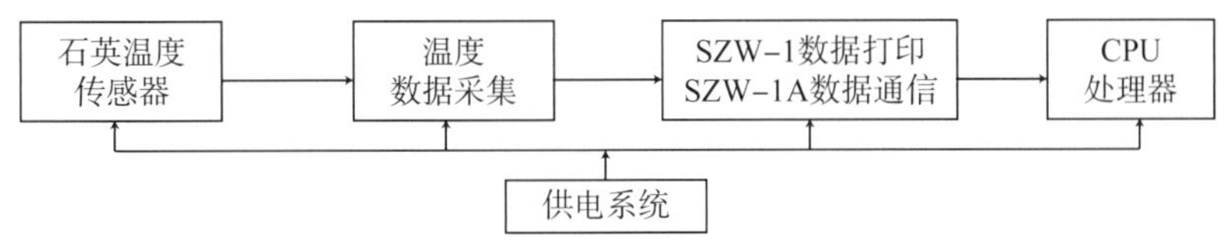


图 5-4　SZW 系列温度计组成框图

针对 SZW-1、SZW-2 和 SZW-1A 没有网络功能的老设备，在数字改造中通过 RS-232C 与 前兆仪器协议转换器相连接实现了符合中国数字地震观测网络之《地震前兆台网专用设备网络通信技术规程》。

SZW 系列的数字式温度计传感器是一样的，不同的是主机部分功能数据存储和采集方式，旧版本仪器的观测数据以打印方式产出，新版本仪器是通过网络将数据上传至前兆台网中心。目前使用的温度计以 2004 版以后的仪器为主，因此在此以 SZW-1A 数字式温度计（VER2004 版）为例介绍该系列温度计的使用。

## 2. 主要技术性能指标

SZW 系列数字式温度计的主要技术特性与性能指标如下：

分辨力：0.0001℃；

短期稳定性：短期漂移小于 0.0001℃ /d；

长期稳定性：长期漂移小于 0.01℃ /a；

绝对精度：± 0.05℃；

动态范围：0 ~ 100℃；

探头：Φ30mm × 690mm，耐 100 个大气压（10MPa）；

电缆标配长度：200m；

采样率：1 次 / 分钟；

电源：交流 100 ~ 240V，直流 9 ~ 18V，自动切换；

内置避雷部件；

标准以太网接口：10/100M 自适应；

数据存储容量：分钟值 31 天，掉电数据不丢失；

支持 TCP/IP 协议；

支持“九五”地震行业标准和“十五”前兆台网通信规程；

支持 WEB、FTP 方式访问管理仪器；

支持远程更新程序；

工作环境：温度 -20 ~ 50℃，相对湿度小于 85%；

外型尺寸：99mm（高）× 440mm（宽）× 400 mm（深），主机机箱能够安装在标准机柜内。

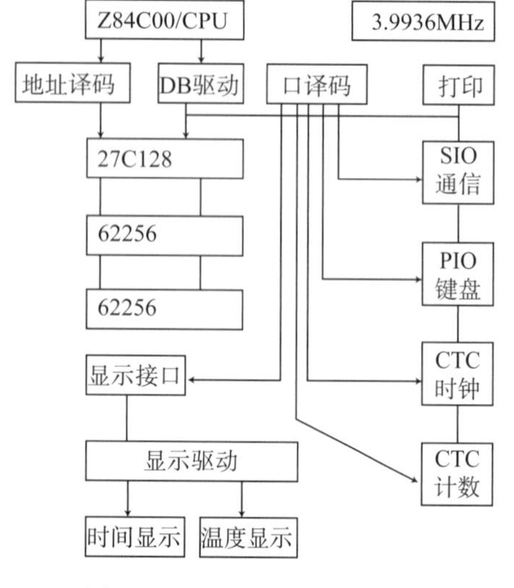


图 5-5　SZW-1A（VER2000 版）型数字式温度计工作原理图

## 3. 主机的构成与工作原理

主机由主板、网络接口板、电源、显示板和键盘板（前面板）、后面板等部分组成。

SZW-1A 型数字式温度计主机由 Z80 系列 CPU、CPU 总线驱动、时钟复位电路、内存储器及译码电路、口译码器电路、显示器接口、打印机接口、打印方式检测口、常数设定及控制口、CTC 计数器、PIO 接口、RS-232C 接口、打印方式控制电路、信号放大器、石英晶体及时基电路、测量控制电路、显示器和键盘电路、前后面板和有关插座组成。SZW-1A（VER2000 版）型数字式温度计工作原理如图 5-5 所示。

主机的主要电路设计在一块大印刷电路板上，有利于提高可靠性，前面板上是显示器板及键盘电路板，机箱内右半边为电源，后面板上配有打印插座、RS-232C 插座、探头插座、频率信号转出插座、一个直流电源插座、一个交流电源插座（含一个保险管座）和一个电源开关。主板的主要功能模块标注如图 5-6 所示。

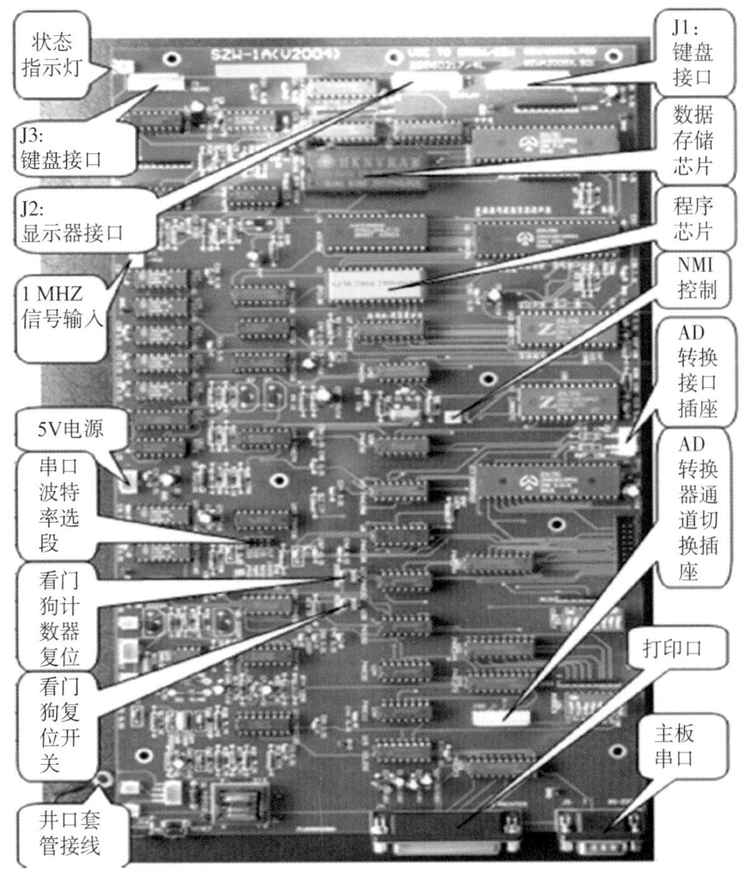


图 5-6　主板标注图片

主机 CMOS 系列 Z80CPU（U1）控制整机工作。16K EPROM（U2）和 48K RAM（U3，U4）通过总线驱动器 U7 挂在总线上。EPROM 中固化有主机的工作程序、探头参数等，RAM 主要用来存储数据。

SZW-1A 的全部接口均挂在 Z80CPU 总线上。U18、U19 构成标准并行打印口，可以接打印机，打印机型号是国产的 PP40。

SZW-1A 使用 U13 组成标准的 RS-232C 串行通信口，用以实现与微机通信或与前兆数字化设备配合实现遥测组网。

SZW-1A 使用一片 PIO 作键盘接口，和 PIO 相接的键有 11 个：“年”、“月”、“日”、“时”、“分”、“秒”、“打印 1”、“打印 2”、“打印 3”、“上”、“下”。

SZW-1A 采用液晶显示器，很省电。驱动电路由前面板上显示板中 U1 ～ U14 组成，共驱动 14 位液晶显示器，其中 6 位为时钟，另 8 位为通道 / 温度显示。前面板上的 U15 为显示器的显示数据驱动电路，主板上的 U17 为显示接口电路。

SZW-1A 使用了两片 CTC（U11，U12），其中一个通道作软件钟定时器，一个通道系统占用，一个通道作 SIO 时钟，两个通道为计数器。探头输出的频率信号在这里计数。一个通道为通信占用。

时基和 1MHz 温补石英晶振则产生系统所需的各种标准频率信号。电路由 U24、U25、U26、U27、U28 组成。V16、V52 为延时电路，与软件结合，构成本机看门狗。

测量控制电路提供 10s 的标准闸门时间。

系统在 CPU 控制下，实现软件钟计时，定时测量控制，频率 – 温度关系换算，控制打印和通信等。这些都是在软件控制下完成动作的。

数据存储芯片：专门用于存储观测数据，可存储分钟值观测数据 31 天；该芯片为 NVRAM，内有掉电保护电池，仪器掉电后观测数据不会丢失。

仪器设置 U51：仪器号是在现场总线方式下工作，以区别总线上不同的仪器。本仪器出厂时设置仪器号为 3 号。

9V 电源插座 J12：为探头供电的 9V 电源，这个电源与主机是隔离的。

探头测试拨动开关：拨动开关到“W”位置时，仪器处于观测（测量）状态；拨动开关到“T”位置时，仪器处于测试状态，仪器测量的是 $A_0$ 值。

接口板复位接口：通过该接口，主板每 6 小时复位网络接口板一次，也可在网上向网络接口板发一个“复位主板”的命令，网络接口板通过该接口复位主板。

探头隔离信号变压器：探头信号经该变压器耦合到主机，使探头与主机隔离，有利于减少雷害。

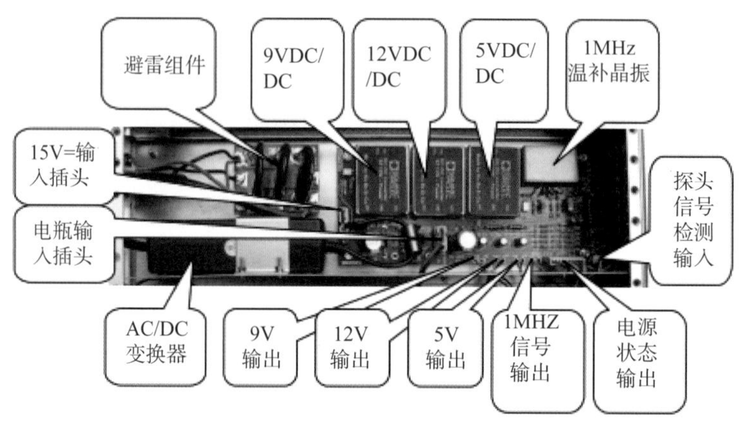


图 5-7　电源电路板标注图

电源控制单元如图 5-7 所示：其中避雷组件使用 3 个压敏电阻器件作三角形连接，一个角接相线，一个角接中线，一个角接交流电源插座的保护地端。要求为仪器供电的 220V 交流电源，必须使用三脚插座，且保护端要接建筑物地或避雷地，接地电阻小于 4Ω。电源单元将交流 220V（100 ~ 240V）转换成直流 15V、12V、9V、5V 为仪器各单元供电。

该仪器的前面板上有一系列的指示灯，各个指示灯的功能说明如下。

电源状态输出灯：分别输出 15V、13.6V、9V、12V、5V 的状态，其中 15V、9V、12V、5V 只有两种状态，有电时灯亮，没有灯不亮。13.6V 是电瓶电压，当该电压高于 11V 时，13.6V 灯亮，低于 11V 时灯不亮；电瓶电压低于 10V 时，会自动切断整机电源的供电，防止电瓶过放电损坏。

探头信号检测输入灯：探头工作正常时，输出一个幅度稳定的频率信号，前面板的绿色信号指示灯亮；探头工作不正常时，该指示灯不亮或闪烁。这些灯都在前面板上，如图 5-8 所示。

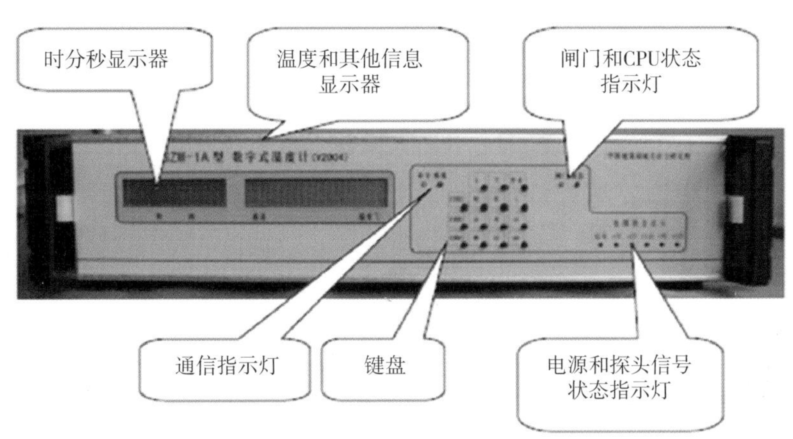


图 5-8 前面板标注图

前面板上有两个显示器，一个是时分秒显示器：6 位 LCD 字符显示器，显示本机时钟时、分、秒；另一个是温度和其他信息显示器：8 位 LCD 字符显示器，开机显示为 901213，表示开机时间为 2003 年 12 月 13 日。9 表示年、月、日。如果仪器连续到网上，网络自动对时功能启动，自动连接到网络时间服务器，将本机时间自动校准到标准时间。

“闸门”和 CPU 状态指示灯：当仪器测量探头信号时闸门灯亮（钟面时间 1s 开始亮，11s 熄），当 CPU 做处理时状态指示灯亮。

通信指示灯：包括“命令”灯和“数据”灯，当有命令从主板串口来到时“命令”灯亮，主机返回数据时“数据”灯亮。

后面板主要是电源、传感器、通信等接口，如图 5-9 所示。

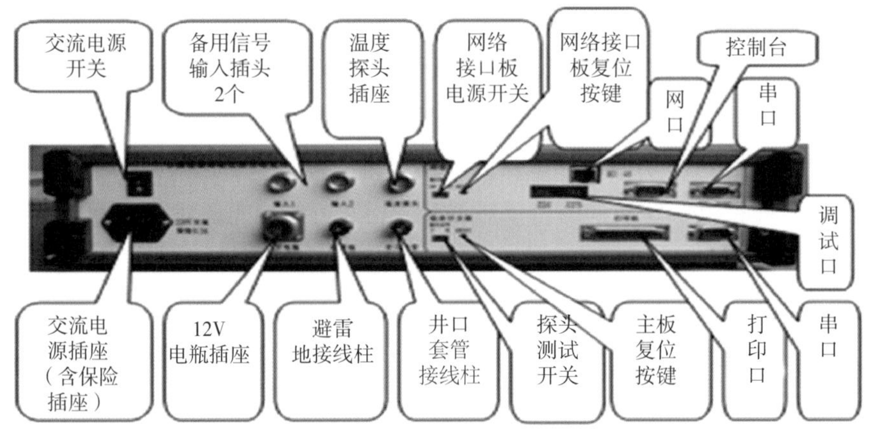


图 5-9　后面板标注图

### 4. 网络通讯

SZW-1A 数字式温度计（VER2004 版）在 VER2000 版的基础上又进行了改进，增加分钟值数据存储容量到 31 天，掉电不丢失数据，增加以太网接口。其他 SZW-1 系列的温度计通过网络通信接口的方式以符合中国数字地震观测网络的《地震前兆台网专用设备网络通信技术规程》。网络通信接口如图 5-10 所示。

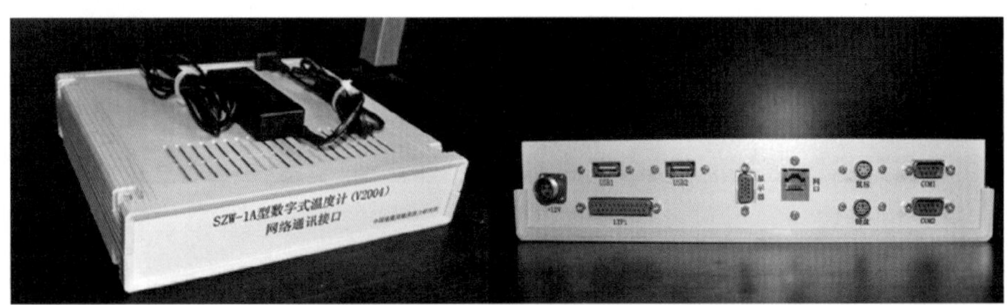


图 5-10　网络通信接口

网络通讯接口通过串口收取存储在前兆仪器中的原始数据，并存入协转中的存储卡内；利用内部自带数据转换程序，可以将从串口采集到的原始数据文件转换成“九五”及“十五”格式文件；支持 FTP、web 等网络服务，可通过网页修改相关参数，控制前兆仪器，查询观测数据；支持“十五”前兆通信规程，可将“十五”前兆数据自动采集至“十五”前兆数据库中；自带 VNC 客户端，用户可在同一网段的计算机下通过 VNC 访问协转，方便远程维护，便于软件更新与升级。

### 5. 仪器的维护及故障诊断

当仪器出现故障时检查仪器前面板的电源指示灯、信号灯、状态灯，以及仪器显示器的时间显示与温度显示是否正常，依照表 5-2 判断故障的位置器件、故障类型，并根据表中的解决办法排除故障和维修。

在排除故障和维修时，禁止带电插拔机内各种插头插座、集成电路片、通讯接口电缆；禁止带电焊接机内元件、引线。以上一切操作均应在断电状态下进行，交流、直流全部切断。焊接时，还应拔掉电铬铁的交流电源，以防静电损坏 CMOS 集成电路。

表5-2　常见的故障现象及解决办法

| 序号 | 故障现象 | 故障位置（器件） | 解决办法 | 故障类型 |
|---|---|---|---|---|
| 1 | 开机后无任何显示 | 电瓶未接或严重缺电；<br>交流保险丝断 | 接电瓶或充电；<br>更换保险丝 | 电源 |
| 2 | 5V灯不亮 | 5V DC/DC模块 | 更换该模块（厂家） | |
| 3 | 9V灯不亮 | 9V DC/DC模块 | 更换该模块（厂家） | |
| 4 | 12V灯不亮 | 12V DC/DC模块 | 更换该模块（厂家） | |
| 5 | 15V灯不亮 | 交流断电或保险线断；<br>AC/DC模块坏 | 检查交流电或更换保险线；<br>更换AC/DC模块（厂家） | |
| 6 | 13.6V指示灯不亮 | 交流断电且电瓶电压低于11V | 尽快充电，如果交流断电后该灯熄灭，表明电瓶故障，更换电瓶 | |
| 7 | 状态指示灯常亮 | 程序跑飞 | 按主板复位键，<br>断电5s后重新供电 | 主机 |
| 8 | 温度显示值为$A_0$值 | 传感器故障<br>放大器故障 | 传感器返厂维修，<br>更换放大器芯片（厂家） | 传感器 |
| 9 | 面板信号灯熄，且温度显示值为$A_0$值 | 传感器电缆断<br>传感器插头松动 | 更换传感器电缆<br>重插传感器插头 | |
| 10 | 面板信号灯熄，但温度显示值正常 | 信号灯或相关电路坏 | 修理（厂家） | |
| 11 | 显示的字条不完整 | LCD未插牢 | 打开机箱轻插LCD或送厂家维修 | 显示 |
| 12 | 显示器暗淡模糊 | 显示板故障 | 送厂家维修 | |
| 13 | 时钟不准 | 1MHz晶体振荡器 | 送厂家维修 | 时钟 |
| 14 | 时钟时走时停 | 看门狗故障 | 送厂家维修 | |

## 三、中科光大 ZKGD3000 地下流体观测系统（测温部分）

中科光大 ZKGD3000 地下流体观测系统设备采用高集成、模块化设计思路，设备主要包括数字水位、气压、高分辨力水温、主机、蓄电池供电智能控制器和蓄电池组。根据观测井泉的观测要求可选择不同的传感器，本章仅对温度传感器进行介绍。

### 1. 仪器功能与参数

ZKGD3000 数据采集器精度高（24 位分辨力，水位精度可以达到 0.001m/0.0001m，水温精度可以达到 0.001℃ /0.0001℃），采用霍尼韦尔公司生产的温度传感器，水温仪传感器的直径只有大约 3cm，在各种直径的观测井中都能使用；为了保证远距离、准确传输温度信号，采用电流方式传输，在壳体有限的空间内集成了专门的转换电路，将信号进行归一化处理，对处理后的直流毫伏电压信号（mVDC）进行温度补偿、线性补偿及放大后，再转换成标准的环流 4 ～ 20mADC 信号（图 5-11）。

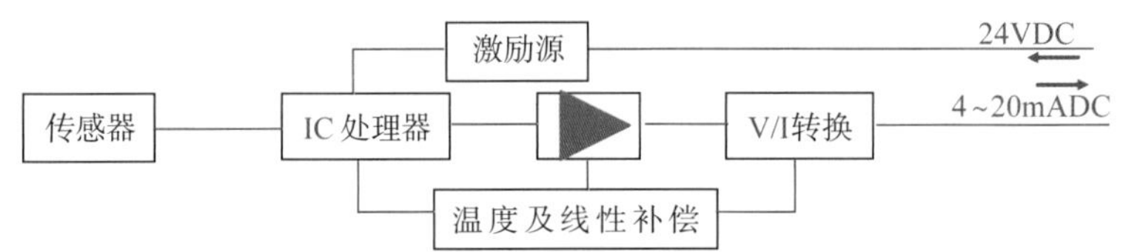


图 5-11　ZKGD300 型水温仪信号处理器

仪器的性能参数如下：

量程：0 ～ 100℃ /0 ～ 50℃ ；

精度等级：优于 0.1%F.S ；

长期稳定性：≤ 0.1%F.S/a ；

分辨力：优于 0.0001℃ ；

工作电压：4.5 ～ 26V ；

信号输出方式：直接输出数字信号，RS485 标准 ；

信号线：高拉力、屏蔽保护专用信号线，带防护塑带 ；

功耗：＜ 0.1W，低功耗设计，适合电池供电 ；

通讯方式：RS485 通讯 ；

数字标定：数字标定功能，最多可以 20 段折线 ；

数字校准功能：有，带有比例因子和偏移量设置 ；

数据比较基准：带有数字化数据比较基准 ；

结构：一体化结构，小型化 ；

封装：316L 不锈钢壳体封装 ；

安装：投入式安装 ；

冷凝：允许 ；

耐压：≥ 5MPa ；

防水等级：IP68。

**2. 系统软件配置**

ZKGD3000 温度计可通过 web 页访问主机并进行系统软件参数的设置，数据查看及数据下载等操作。

（1）系统软件初始设置。

台站代码：10000 ；设备 ID：0000 ZKGD0001 ；IP 地址：192.168.1.171 ；子网掩码：

255 255 255 0；网关：192.168.1.1。

（2）访问系统设置参数。

将便携电脑的IP设置为：192.168.1.175；子网掩码：255 255 255 0；网关：192.168.1.1；用交叉网线与主机连接，开始访问192.168.1.171的网页，进入网页后根据说明书和中国地震台前兆台网的规范，进行台站代码、设备ID、采样率、测项分量通道等配置。根据当地前兆台网中心分配的IP进行配置后，重启主机按新的IP登陆。

### 3. 常见故障判定与维修

ZKGD3000温度计，在实际运行中可能出现如下故障：①蓄电池供电智能控制器故障；②传感器故障；③主机故障；④连接线路松动等。常见的故障及解决办法见表5-3。

**表5-3　常见的故障及解决办法**

| 故障部分 | 故障现象 | 故障判断 | 检查及排除步骤 |
|---|---|---|---|
| 电源控制器 | 所有指示灯都不亮 | （1）220V交流电停电时间过长，蓄电池电用完，控制器保护性关闭 | （1）先检查220V交流电是否正常<br>（2）220V交流电正常后连接好控制器220V插座，长按控制器后面“启动按钮”2s，待控制器启动后松开 |
| | | （2）控制器故障 | 如果长按控制器后面“启动按钮”后控制器各指示灯都没有反应，联系厂家技术人员维修 |
| | “直流输出”灯不亮，CPU指示灯闪亮，蓄电池供电指示灯亮 | （1）主机有短路 | 检查蓄电池与控制器的连接线路 |
| | | （2）蓄电池与控制器连接线路故障 | 断开主机箱“电源开关”后查看控制器情况，如果断开“电源开关”后控制器正常，则主机有短路，联系厂家技术人员维修 |
| | | （3）控制器故障 | 断开“电源开关”后控制器故障仍在，控制器坏，联系厂家技术人员维修 |
| 传感器 | 主机显示屏温度测项显示为NULL | 传感器连接接触不好或者温度传感器坏 | （1）重新连接温度传感器<br>（2）如果显示仍然为NULL，将传感器换到另一传感器接口位置，仍然为NULL，判定传感器坏<br>（3）如果更换位置正常则主机连接线有问题，联系厂家技术人员维修 |
| 主机 | 显示屏上不显示，其中某项测项 | 系统软件没有设置 | web页登陆仪器，查看分量设置中是否启用，若未启用，点击“是否启用”后的方框，该分量则可显示 |
| | 显示屏不显示，没有任何供电 | 主机线路问题 | 联系厂家技术人员维修 |
| | 供电控制器正常，主机没有供电 | 主机电源开头没开或者连接线路故障 | （1）先检查主机后面的“电源开头”是否闭合<br>（2）若“电源开头”闭合后主机仍无供电，检查供电智能控制器和主机之间连接线路<br>（3）若故障仍然不能排除，联系厂家技术人员维修 |
| | 其他不正常现象 | | 联系厂家技术人员维修 |

珠海泰德企业有限公司的 TD-25、TD-36 型温度计与中科光大 ZKGD300 型温度计的工作方式相似，也是模块式的。具体操作可参照本说明执行。

## 第三节　数字式温度计安装

### 一、仪器安装前的检查

（1）包装箱外观检查。

包装箱应无明显破损、开裂，各种包装标志完整，收货单位正确。

（2）仪器序列号检查。

主机包装箱上的仪器序列号应与探头包装箱上的仪器序列号完全一致。

（3）箱内仪器、文档检查。

检查箱内仪器及相关配件、文件（产品合格证、使用说明书等）是否齐全。

### 二、主机安装

以 SZW-1A 为例，把主机放置在仪器台上，在断电的条件下依次进行如下操作。

（1）连接井口套管地线；

（2）连接避雷地线；

（3）连接后面板串口线（串口线与网络通讯的串口相连）；

（4）连接以太网线，网线直接与便携计算机相连或通过交换机与便携计算机相连；

（5）连接交流电源线；

（6）连接传感器电缆；

（7）连接电瓶线（注意：极性，红色线接电瓶正极，黑色线接电瓶负极）；

（8）连接后打开交流电源开关；

（9）检查电源指示灯 15V，13.6V，9V，12V，5V 共 5 个灯；

（10）检查探头信号指示灯；

（11）检查闸门指示灯；

（12）检查状态指示灯；

（13）检查命令灯和数据灯；

（14）检查时间显示，检查所有的仪器工作状态正常后开始进行参数配置。

### 三、主机参数配置

首先根据仪器说明书提供的接口中的 IP 地址，将计算机的 IP 设为自动 IP 或者与接口

IP 相同的号段,然后采用网页(图 5-12)方式登陆网络通讯接口的网页,进行工作参数设置。IP 地址、台站代码等按照前兆台网中心提供的 IP 进行配置，仪器序列号等根据仪器上面的序列号进行配置，ID 号码等按照台网中心的规则结合测项分量编码进行配置，在选择测项分量时容易混淆出错,要严格按照 4311（100m 以内)、4312（100 ~ 500m)、4313（500m 以上）进行选择。配置好后保存重启网络通信接口，按照参数配置时所填的 IP 地址重新登陆网页，配置好后可以在网面上查看仪器工作状态，控制、管理和下载数据。完成上述所有配置，仪器进入正常工作状态，既可进行传感器的安装。

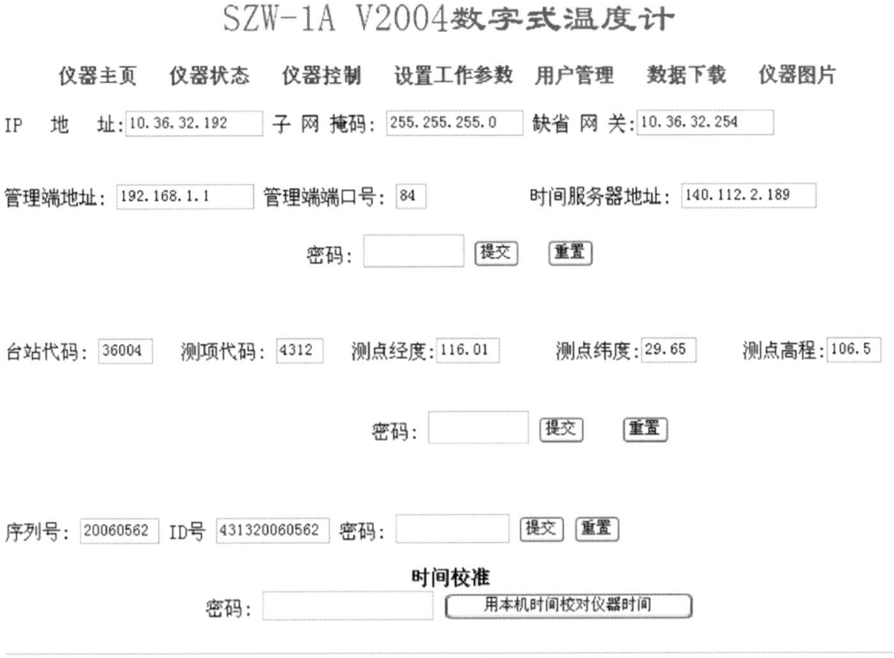

SZW-1A V2004数字式温度计

仪器主页　仪器状态　仪器控制　设置工作参数　用户管理　数据下载　仪器图片

IP 地 址: 10.36.32.192　子 网 掩码: 255.255.255.0　缺省 网 关: 10.36.32.254

管理端地址: 192.168.1.1　管理端端口号: 84　时间服务器地址: 140.112.2.189

密码:　提交　重置

台站代码: 36004　测项代码: 4312　测点经度: 116.01　测点纬度: 29.65　测点高程: 106.5

密码:　提交　重置

序列号: 20060562　ID号 431320060562　密码:　提交　重置

时间校准

密码:　用本机时间校对仪器时间

图 5-12　网络通讯接口网页（参数配置）

## 四、井孔中水温传感器的安装

井水温度的观测最重要的就是通过放置在井孔中的温度传感器来测量井水的温度，而温度传感器的投放位置对是否能获取到灵敏的地下信息是非常重要的，那么温度传感器究竟放置在什么位置比较合理呢，一般有三种观点，一种是越深越好，一种是传感器放置在含水层内最好，还有一种认为远离含水层为好。为了验证究竟哪一种观点更加合理，我们进行了不同井孔的温度梯度实验，从而为正确地安装温度传感器提供依据。

### 1. 井水温度观测传感器最基本深度实验

地下水的温度和地温有密切关系。一般来说，地下水的温度比较恒定，愈是深层地下水，水温愈是恒定。地震地下水温度的观测中，传感器放置的深度多少为宜呢？根据地表热场大面积测量资料分析，地壳中地热的分布状态大致可分为变温带、恒温带、增温带三层。变温带分布在地表以下十几米至数十米，其热能主要来自于太阳的辐射，其温度具有明显的日变、年变和多年变化。恒温带分布在变温带以下一定深度范围内，是地球内部热能和外部热能的动态平衡带，此带厚度很深，通常为 20 ～ 30m，温度接近地表多年的平均温度。增温带又称内热带，分布于恒温带以下，其热能主要受地球内部热源控制，温度随深度的增加而升高。然而，地温场的变化还受到各种因素的影响，分布是复杂多变的。为了使我们的温度测量能观测到地球内部的热信息，显然温度传感器应当放在恒温带以下为宜。根据在新疆多井温度深度剖面测量结果，恒温层的深度主要分布在 30 ～ 90m（图 5-13），不同的观测井其深度也有一定的差别，如新 04 井位于断裂带上，为热异常区，故其恒温带较其他井浅一些，在 30 ～ 50m；新 08 井为冷水，在 40 ～ 60m；轮西 2 井为石油探井，井深 6000 多米，静水位在 136m，恒温带在 65 ～ 85m，位于液面以上，由此也可表明，如果在无水的钻孔观测地温一般应在 85m 以下。为了保证探头在恒温带以下，有效地防止太阳辐射热的影响，要求温度探头最好放在 100m 以下为佳，这也是井水温度观测方法标准为何要求观测传感器放置深度至少要大于 100m 的依据。随着人类对地下水的开采活动增强，开采深度已经超过 100m 甚至达到 300m 以下，因此标准要求，大于 100m 是必要条件之一，另一个必要条件是避开人类开采活动的干扰，当人类开采层在 200m 时，那么井水温度的观测层就要大于 200m 才能同时满足这两个必要条件，以此类推，随着开采深度的增加观测层深度也要增加，这主要是针对冷水井且井深大于 100m 的井所言，如果本身井孔深度小于 100m 或者是热水井，而且含水层的深度又小于 100m 时，还要针对具体井孔具体对待。

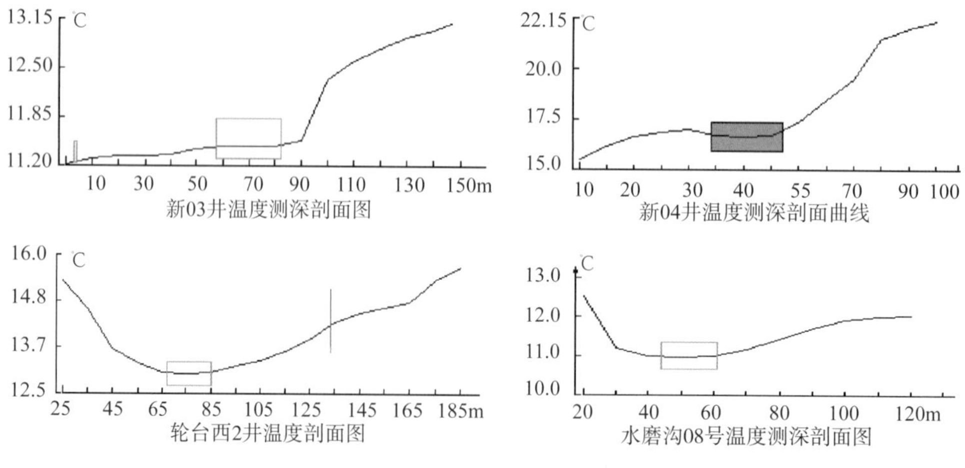


图 5-13　不同观测井的温度测深剖面图（方框为恒温带）

2. 井水温度观测传感器位置与含水层观测关系实验

目前的井水温度观测中，传感器投放位置与含水层的关系主要有两种，一种是远离含水层放置在温度变化最小的位置，如果通过温度梯度实验找不到温度波动量小的位置，可以将传感器放置于井底 30cm 的细砂下面（见“十五”数字化改造项目 SZW-1A 温度计使用说明书），从而获得稳定的观测数据；另一种是把传感器尽可能地放置在观测含水层内及附近，从而可以更快捷、即时地获取地下水含水层温度变化的信息，对地震的分析预报可能更加有效。在全国流体台网井水温度观测中选择第二种的比较多，新疆在进行温度梯度与含水层关系的实验前，温度传感器一般都是放置在观测含水层位置。针对以上两种观点和方法，在新疆不同的井进行了温度传感器与观测含水层之间关系的实验。首先在新32热水井进行了传感器在不同位置的详细实验。

新32热水井位于博乐市以东兵团农五师89团12连，即44°53′N，82°23′E，海拔350m左右。在构造上处于博尔塔拉隐伏断裂附近。此断裂是一条区域性大断裂，西起哈萨克斯坦的捷克利附近，东至支比湖，沿博尔塔拉河呈EW方向延伸，全长约280km，断裂有多组断层组成，倾向N，倾角60°～70°，为阿拉套华力西褶皱带和赛里木地块的构造分界线。热水井区位于阿拉套山山前的第四系坡洪积层之中。该井原为地热勘探井，现井深约150m，水位埋深约34m，第四系厚度为38m左右且用砂浆和38cm套管封死，下部为古生代晚期肉红色粗粒花岗岩。根据温度梯度实验，该井在50m的位置温度最高（图5-14），表明50m处是热水出水断层，因此在该处进行实验是非常合适的。该井从2008年5月10日开始开展水温和水位观测。

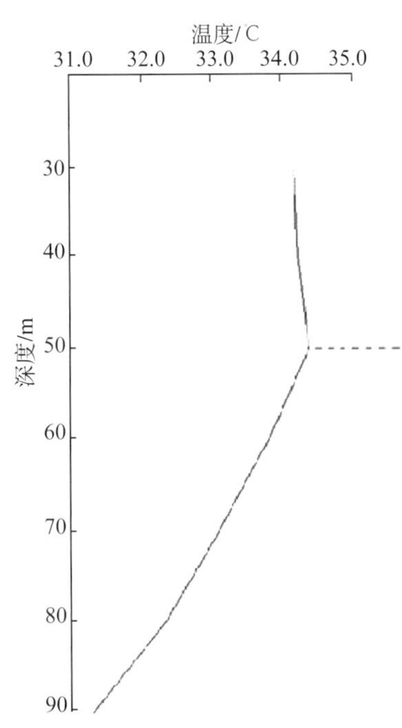

图 5-14 新32井温度梯度曲线

自2009年6月30日开始，本项目在该井进行含水层不同部位温度观测实验，表5-4为实验温度计传感器不同时间段内所放置的深度。当时实验设计是从含水层下部—含水层—含水层上部三个部位进行观测，首先将传感器放置在60m，结果得到了非常意外的效果，不仅观测到了与水位同步的潮汐变化，还观测到了一种低频波（图5-15），短则几十分钟长达近2个多小时。当时不清楚这种波是什么波，由于该温度传感器是频率传感器，还怀疑是温度传感器本身所致。随着温度传感器提升到热水层和热水层以上，这种波消失，而且也观测不到与水位相一致的潮汐变化了（图5-16，图5-17）。当温度传感器放置到

65m 时，虽然还能看到一些日变化形态，但远不如在 60m 的位置好（图 5-18）。

表5-4　实验传感器不同观测深度

| 观测时间段 | 传感器放置深度/m |
|---|---|
| 20090630—20090708 | 60 |
| 20090709—20090712 | 50 |
| 20090712—20090715 | 40 |
| 20090717—20090722 | 45 |
| 20090722—20090727 | 55 |
| 20090727—20090801 | 65 |
| 20090801—20090901 | 50 |
| 20090901—20091129 | 60 |

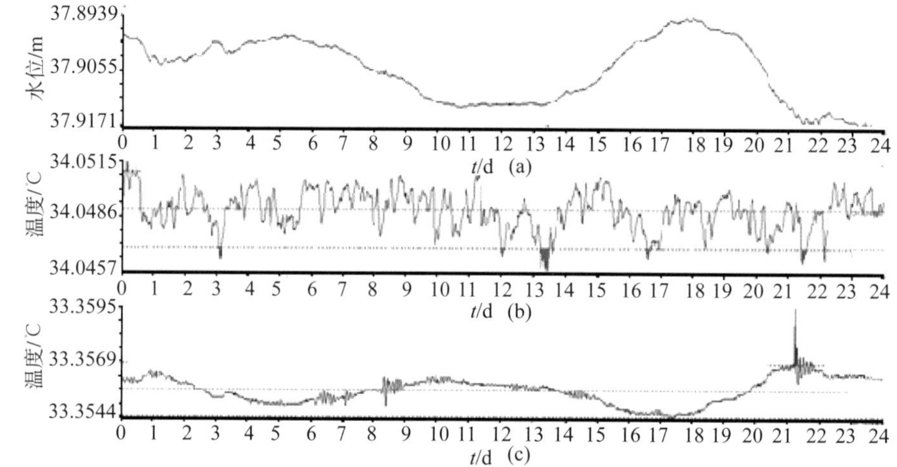


图 5-15　实验传感器在 60m 处与同井水温、水位的分钟值曲线（7 月 7 日）

（a）水位；（b）观测水温（探头50m）；（c）实验水温（探头60m）

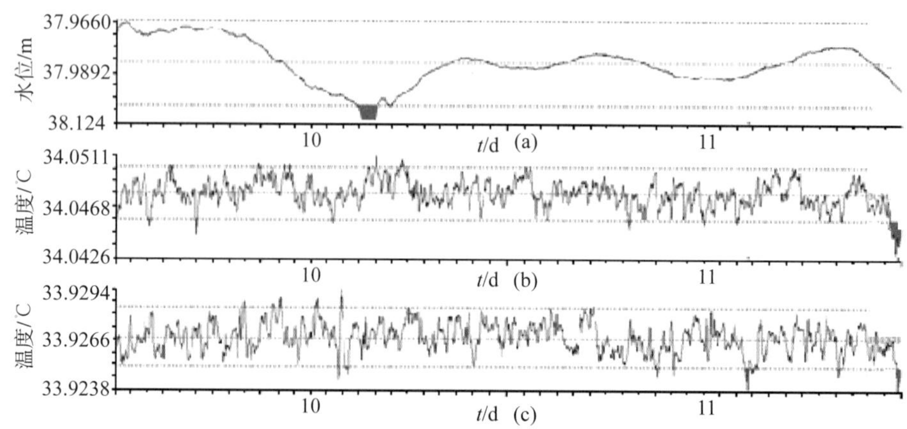


图 5-16　2009 年 7 月 10 ~ 11 日实验传感器与观测传感器均在 50m 处的水位、水温观测曲线

（a）水位；（b）观测水温（探头50m）；（c）实验水温（探头50m）

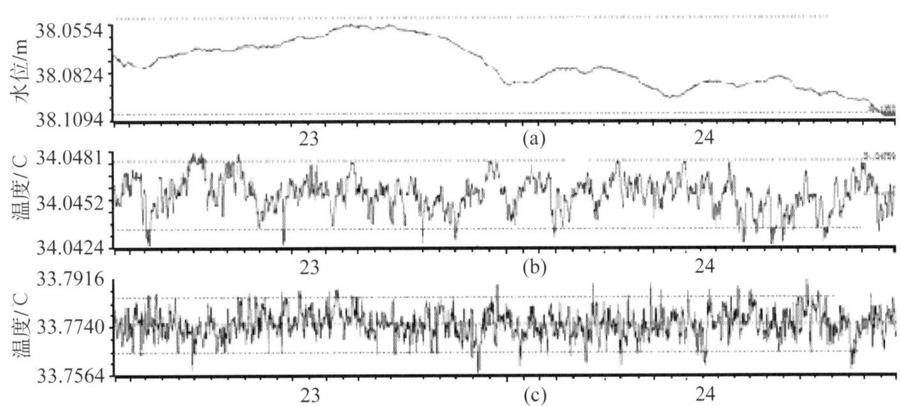


图 5-17　2009 年 7 月观测传感器在 50m、实验传感器在 40m 处的水位、水温观测曲线

（a）观测水位；（b）观测水温（探头50m）；（c）实验水温（探头40m）

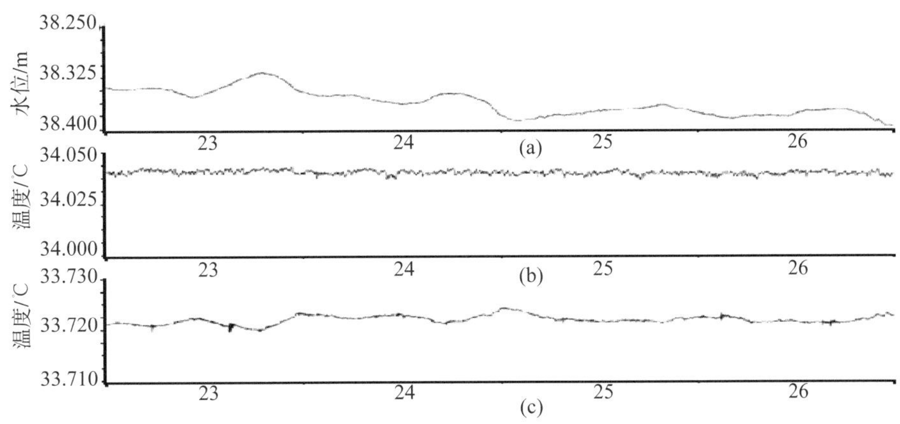


图 5-18　2009 年 7 月观测传感器在 50m、实验传感器在 65m 处的水位、水温观测曲线

（a）观测水位；（b）观测水温（探头50m）；（c）实验水温（探头65m）

通过反复实验，在 60m 的位置观测到与水位同步的潮汐变化，认为这是比较好的观测位置。因此建议该井所属的博州地震局及新疆地震局监测预报中心将原来观测的水温传感器也调整至 60m 的深度，从 2009 年 9 月 1 日起将原来的水温传感器放置在 60m 的位置与实验温度传感器并行观测。结果原来的传感器同样也观测到了潮汐变化，且两温度计都观测到了低频波，说明 60m 处是一个灵敏的部位，不仅能观测到潮汐变化，还观测到了一个未知波（该未知波与本实验无关，有待收集相关资料进行分析研究），如图 5-19 所示。

从 9 月 1 日起将原来观测的传感器调整至 60m 处与实验温度计并行观测至 11 月 29 日的结果可看出，两个温度都呈现下降的趋势，而且与水位同步下降（图 5-20），表明该井的温度下降并非是观测系统的“零漂”所致，而是由于水位下降所致。经过长达半年多反复实验，不仅对传感器投放位置提供了方法和依据，还落实了该井温度趋势下降的原因，实验取得了非常好的效果。

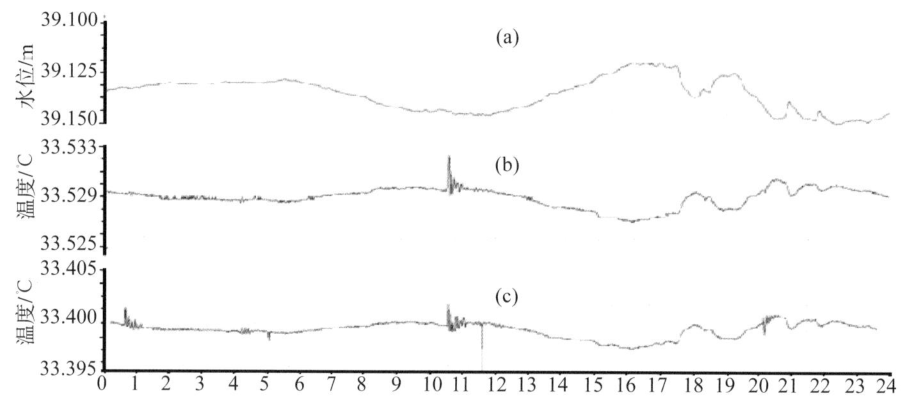


图 5-19　传感器全部放置在 60m 处与水位观测曲线（9 月 14 日）

（a）观测水位；（b）观测水温（探头60m）；（c）实验水温（探头60m）

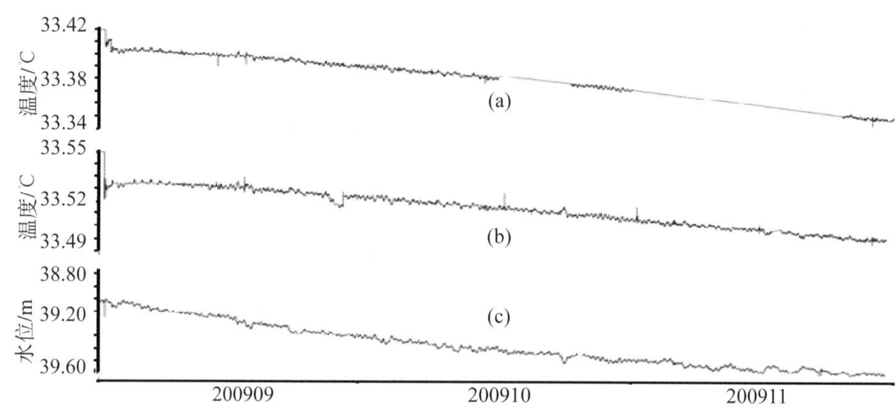


图 5-20　2009 年 9 ~ 11 月传感器全部放置在 60m 处的水位观测曲线

（a）实验水温（探头60m）；（b）观测水温（探头60m）；（c）观测水位

新 32 井温度梯度实验意外发现温度能够记录到非常好的固体潮现象，这促使我们选择更多的井进行温度梯度实验。首先选择与 32 井条件非常接近的新 04 井和 30 井进行了实验，发现两个井都有类似记录到固体潮的现象，只是效果有所差异，新 04 井深度没有穿过含水层（可能处于含水层之中），效果差一些，新 04 井和 30 井固体潮曲线分别见图 5-21 和图 5-22 所示，实验结果见表 5-5。之后又在新 33 井自流热水井进行了实验，没有发现记录到固体潮现象，但并非表明自流井及其他井孔记录不到固体潮现象，而是由于新疆井孔数量有限没有进行大量的实验，有统计表明，“我国现有井泉水温动态中，能够记录到水温固体潮汐的井多为自流井，在静水位观测井中很少见到水温固体潮”（车用太等，《水文地质工程地质》，1996 第 4 期）。通过几口井的实验表明在含水层比较好的井孔中一般都能记录到水温的固体潮现象。进行实验的 4 个井的水文地球化学及水文地质特征见表 5-5。

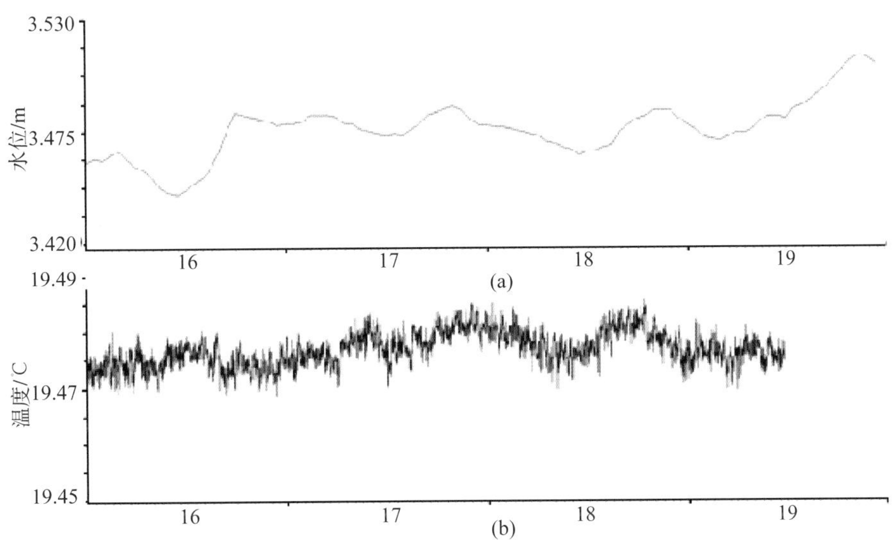


图 5-21　2009 年 1 月新 04 井实验传感器 100m 深度的水位和水温观测曲线

（a）水位；（b）实验温度

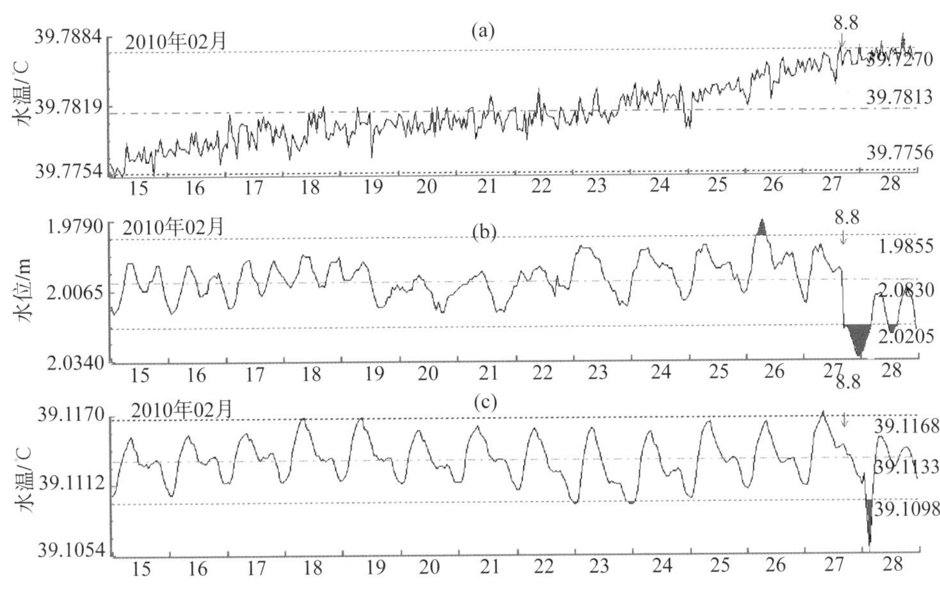


图 5-22　2010 年 1 月 17 ～ 22 日新 30 井水位与水温观测曲线

（a）观测水温（探头150m）；（b）观测水位；（c）实验水温（探头180m）

**表5-5　实验井水文地质特征及实验结果**

| | 1 | 2 | 3 | 4 |
|---|---|---|---|---|
| 水点编号 | 32井 | 4 号井 | 30号井 | 33号井 |
| 水点地址 | 博乐 | 乌鲁木齐疗养院 | 温泉县 | 乌苏下双河 |
| 构造部位 | 博尔塔拉隐伏断裂 | 妖魔山断裂 | 博尔塔拉断裂 | 艾东隆起 |

续表

| | 1 | 2 | 3 | 4 |
|---|---|---|---|---|
| 含水层岩性时代 | 砾石，肉色花岗岩 | 硅质砂岩，油页岩P | 硅质粉砂岩，细砂岩C | 凝灰质砂岩C |
| 井深/m | 110 | 145.48 | 220 | 5010 |
| 观测井段/m | 50～60 | 12.6～145 | 0～180 | 4308～4573 |
| 地下成因类型 | 断裂渗透水 | 断裂渗透水 | 断裂渗透水 | 古封存沉积水 |
| 水位/m | 35 | 5.5 | 0.1 | |
| 流量/（L/min） | | | | 63.1 |
| 水温/℃ | 34 | 18.0 | 39.0 | 39.0 |
| 矿化度/（g/L） | | 1.66 | 0.86 | 9.9 |
| pH | | 8.3 | 8.35 | 6.66 |
| 主要化学成分（库尔洛夫式） | | $\frac{HCO^{3}_{34}SO^{4}_{31.8}Cl_{23}}{(Na+K)_{92.3}}$ | $\frac{SO^{4}_{54}Cl_{20}}{(Na+K)_{71.8}}$ | $\frac{Cl_{61}HCO^{3}_{36.5}}{(Na+K)_{97.7}}$ |
| 观测参数 | *H,T* | *H,T* | *H,Q,T*,Rn | *H*，*T*，*Q* |
| 井孔类型 | 非自流井 | 非自流井 | 非自流井 | 自流井 |
| 井孔结构 | 上部套管<br>下部裸孔 | 上部套管<br>下部裸孔 | 上部套管<br>下部裸孔 | 全套管<br>含水层射孔 |
| 含水层情况 | 冷热多层 | 冷热多层 | 冷热多层 | 热水 |
| 热水层位置/m | 50 | ＞85 | 150 | ＞1000 |
| 固体潮最佳位置/m | 60 | 100 | 180 | 无 |
| 距含水层/m | 10 | 0 | 30 | |

从图 5-22 中的观测水温、水位和实验水温的观测曲线可以看出，新 30 井水温工作仪器所观测的 150m 处的水温整点值曲线日动态不稳定，波动较大，没有日变形态（固体潮汐变化）；但是新 30 井水温实验仪器所观测的 180m 处的水温整点值曲线日动态稳定，有日变形态（潮变），与同井水位观测的整点值曲线日变动态有一定的同步性。2010 年 2 月 27 日智利 8.8 级地震发生时，新 30 井水温实验仪器所观测的 180m 处的水温和水位同震效应很明显，震后水温出现大幅度下降，并打破了日变（潮变）形态，而位于 150m 处的温度非常不明显。此实验结果表明，在 180m 处不仅能记录到固体潮汐的效应，对应变的反应也较 150m 含水层的效果更好。

通过实验取得了如下结果：

（1）温度可以记录到固体潮汐。

（2）温度传感器的位置因井孔类型不同而不同，根据温度梯度测试结果确定。

在上述实验结果的基础上对新建的红雁池新 11 井进行了详细的温度梯度实验，该井是一冷水井，井深 532.3m，382.25m 以上为泥岩，以下全为石灰岩。0 ～ 378m 为 108mm 的套管，以下为裸孔。安装仪器时静水位为 47m，该井从 100m 开始每隔 10m 做一次大于 3 天的连续温度梯度实验，总共做到 510m（图 5-23），对每次的数据进行分析，发现在 500m 时有一定的周期变化，尽管不是较好的潮汐周期（图 5-24），但是优于其他部位，然后再反复寻找、确定观测点位置。

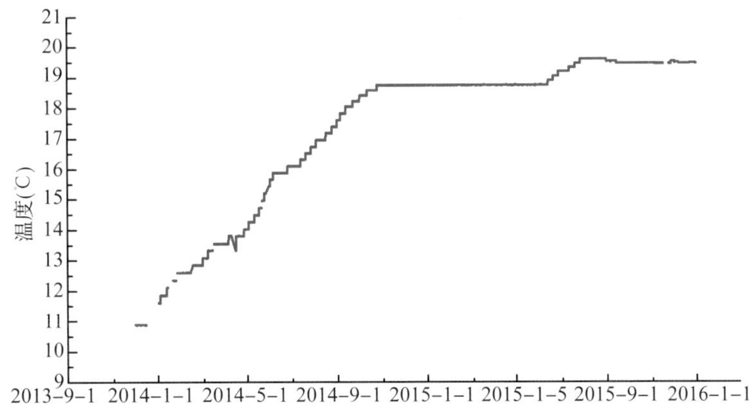


图 5-23 2013 年 12 月 ~ 2015 年 12 月红雁池新 11 井温度梯度实验曲线（100 ~ 510m）

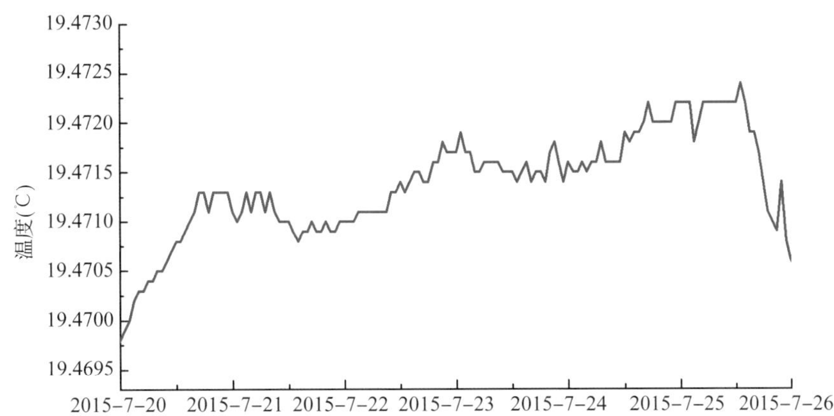


图 5-24 有一定周期变化的 500m 处的梯度曲线

通过以上温度梯度实验，说明大部分井水温度是可以观测到潮汐效应的，井水温度观测方法标准中也增加了寻找温度传感器潮汐位置梯度实验的内容。

### 3. 传感器的安装

温度计安装中最关键的是温度传感器的安装。传感器在井孔或泉水中的安放部位，对于是否能更有效地获取地下水温度的前兆异常信息和避开干扰是非常关键的环节。根据前面的实验结果结合《观测规范和仪器说明书》制定了传感器的安装方法，在安装传感器时要严格按照以下步骤进行。

（1）安装前的准备。

要对观测井、观测泉进行检查。检查内容包括现场测量观测井深度，检查传感器放置深度以上有无卡物以及井水面上有无漂浮物等。

检查方法是先用绳子拴一重物试探到拟放传感器的深度看无异物。打开仪器下探头，观察测值变化过程有无异常。往井孔中下放传感器时动作要缓慢，严防将探头卡在井中间，严防井口套管划破电缆。

探头下到预定部位深度后，在井口处固定电缆。常用的固定方法是将在井口处的探头电缆捆绕在直径大于6cm的光滑圆木棍（或其他材料的圆管）上，至少绕3圈，将电缆两头并在一起，用高压绝缘胶布缠绕约10cm长，并用尼龙扣扎紧，将圆木棍搭在井口上，如图5-25所示。绝对禁止将探头电缆卡在井壁上固定，这样极易卡坏电缆。

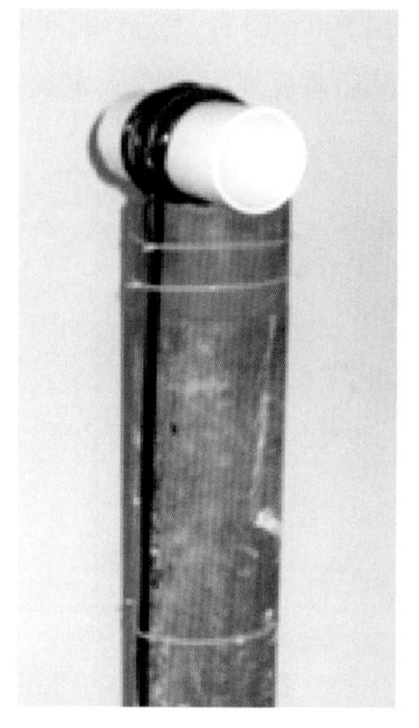

图5-25　传感器在井口固定

（2）温度梯度测试。

传感器的投放位置最好选择在温度波动小（日温度波动<0.001℃，甚至只有0.0001～0.0002℃），能得到信噪比高的温度前兆信息的位置上；如果有潮汐显示时，最好放置在有固体潮汐效应的部位，位置的确定必须要测试温度梯度。

不同深度的观测井选择不同的温度梯度测试方式。

井深小于200m时，要从井口以下水面开始，每10m设1个测点，井底不足10m时单独设1个测点；每个点观测60min。

井深大于200m小于1000m时，从井口以下水面开始，每20m设1个测点，井底不足10m时单独设1个测点；每个点观测60min，直到井底。

井深大于1000m时，从井口以下水面开始，每50m设1个测点，每个点观测60min，直到传感器电缆的最大长度。

拟放置温度传感器位置及其附近的水温测量还可按每5m一个测点的要求更精细地测试。

根据各测点稳定的井水温测量数据，绘制井水温随深度变化的水温梯度曲线，如图5-26所示。

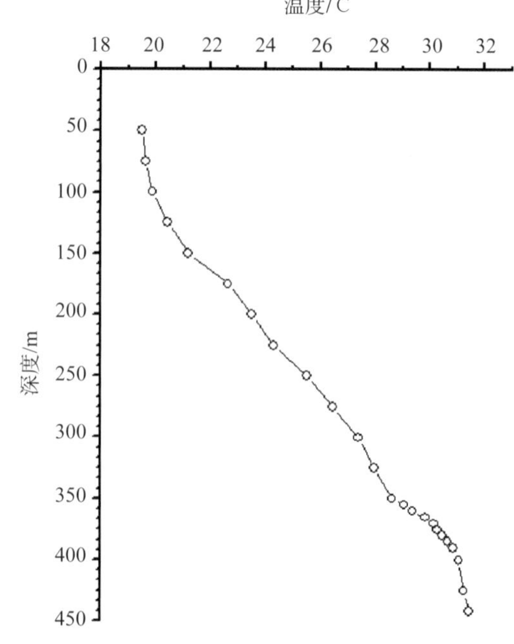


图5-26　观测井水温梯度曲线示意图
（据《DB/T 49—2014》）

（3）传感器放置区段的初选。

对于观测层深度小于传感器电缆长度的观测井，根据观测井的柱状图和水温梯度曲线，确定地下水主要含水层位或热交换显著区段，作为传感器的放置区段。

对于观测层深度大于传感器电缆长度的井，根据水温梯度测试结果，选择背景噪声低的区段作为传感器的放置区段。

（4）背景噪声分析。

对于一般的水温观测井中传感器的安放位置，可通过背景噪声分析选择。

对传感器拟放置区段的温度梯度的分钟值数据进行分析，选择背景噪声最小的区段作为传感器拟放置区段，一般可以通过观测曲线的波动大小进行快速选择，波动越小越稳定的区段背景噪声越低；也可以根据分钟值均方差的大小确定，计算方法如下。

①计算差分值（$\Delta X_i$），计算公式如下：

$$\Delta X_i = X_{i+1} - X_i$$

式中，$X_i$ 为观测井、（泉）水温分钟值；$i$=1,2,3，…，$n$ 为观测井（泉）水温分钟值的序号。

②计算均方差（$\sigma$），计算公式如下：

$$\sigma = \sqrt{\frac{\left(\sum_{i=1}^{n-1} \left|\Delta X_i\right|\right)}{n-1}}$$

式中，$\Delta X_i$ 为差分值，$n$ 为参与计算的分钟值的数目。

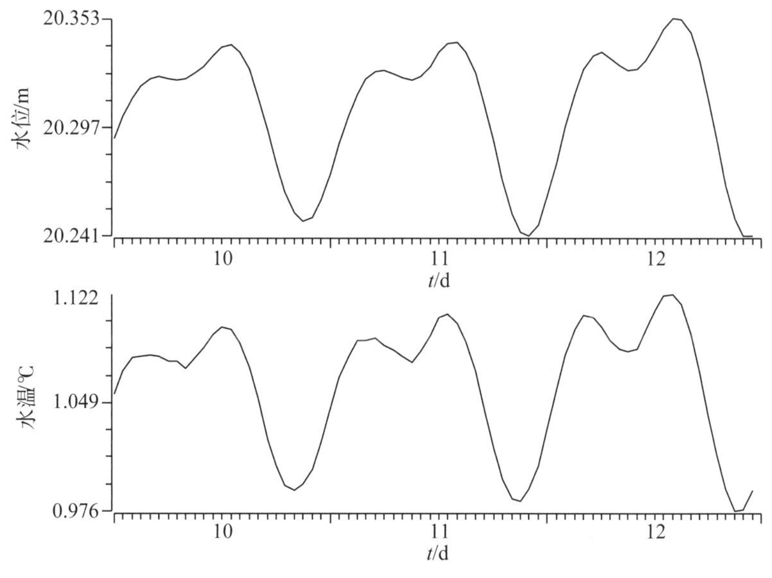


图 5-27　观测井水温潮汐曲线示意图

一般结果下，取 $2\sigma$ 为背景噪声。选择背景噪声最小的点作为传感器的拟放置位置。

（5）潮汐效应显著点的选择。

在拟放置传感器区段内（对于观测层深度小于传感器电缆长度的观测井，即在观测含水层附近）自下而上进行最佳潮汐效应点精细（小于 5m 的间隔，根据实际情况有时甚至要精细到 1m）梯度测试，每一个测点宜连续观测 2 ~ 3d，通过对这些测点曲线的分析（图 5-27），判断是否有潮汐效应，如果有，找出潮汐效应显著处作为传感器投放位置；如果没有，刚选择背景噪声最低的点作为传感器投放位置。

潮汐效应及其最显著的位置，可通过水温固体潮与同井水位固体潮或理论固体潮曲线的对比分析来判定。

## 五、泉水温度传感器的安装

泉水温度观测是通过测量泉水温度动态变化以获取前兆信息，泉水温度易受气温影响，为了尽量避开气温的影响，在观测泉水温度时可以采取两种方式。一种是在泉水的上游通道钻一个观测孔专门进行水温的观测。观测孔管口要高于泉水出口，严防泉水从井管中流出。另一种是在泉水出露处通过“泉改井”方式建一个井进行观测，井的深度宜大于 2m（图 5-28）。在只有一个主泉眼时，可直接在泉眼处进行“泉改井”后进行观测。对由多个泉眼组成的观测泉进行观测时，如果有条件可同时对几个泉眼进行观测，以获取泉水温度变化的更多信息。条件不具备时，尽量选择流量大、温度高的主泉眼进行观测。

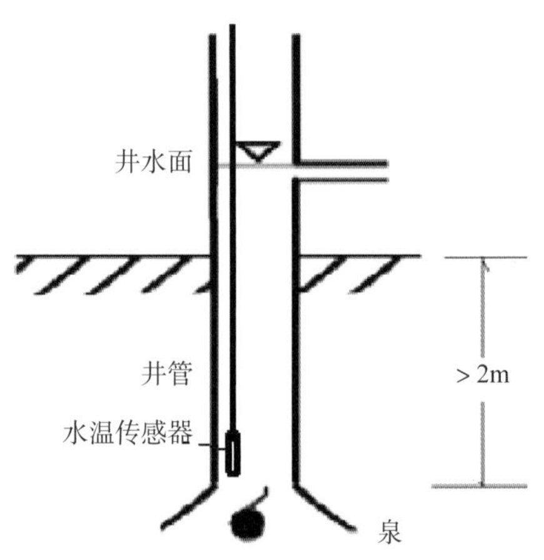


图 5-28　泉改井”示意图

## 六、对比观测

由于井水温观测的数字式温度计传感器的分辨率可达到 0.0001℃，进行的是水温动态的高精度观测，因此观测实践中会碰到水温动态出现异常后无法判定是仪器工作不正常还是未来会有地震活动。此时常用对比观测来解决问题。

对比观测方式主要有两种：一种是同一井孔中的不同观测深度安装多个传感器进行垂向对比观测（图 5-29a）；另一种是同一井孔中的相同观测深度捆绑式安装 2 个传感器观测（图 5-29b），通过水平对比观测，如果两套设备记录到一致的动态曲线，可以排除异常是由仪器故障引起的，确认记录的异常信息是可靠的。

近年来开始在一些井中开展一井多探头的垂向对比观测。这一观测不仅有利于异常性质的判定，而且有利于水温异常机理的探索，还可把井水温观测提升为地热（大地热流）观测。

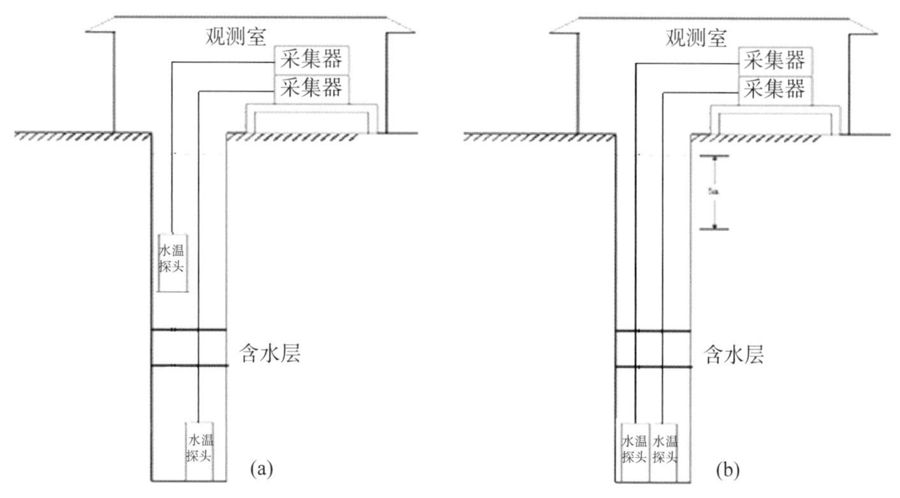


图 5-29　水温的两种对比观测示意图

（a）垂向对比观测；（b）水平向对比观测

# 第四节　井（泉）水温观测结果的处理与分析

## 一、观测日志的填写

有人值守的数字化观测台站，必须每天填写观测日志。观测日志的内容，主要是仪器运行状况及其有关的运行环境、发现的故障及其处理情况、产出的数据情况及其他与台站运行有关的内容。

仪器运行状况及其有关的运行环境，指交流电源电压、直流电源电压、浮充电源电压及动水位观测井的泄流量测定时间与测得的量。仪器故障时，填写发现时间、故障表现及其处理情况（如报告上级、电话咨询有关专家、送厂家检修、更换备用仪器）、检测待修等。

产出的数据情况，主要指数据完整率或连续率，对发现的数据不正常情况作出说明，如维修仪器、校测、科学实验等人为干扰。

凡是同台站运行与水温仪工作有关的情况，都要一一作出说明。

观测日志填写格式要符合相关管理部门如中国地震局地下流体学科台网管理组的相关规定。

无人值守的台站，原则上也应有观测日志。这个日志一般由区域前兆台网管理部门或地震台有关人员填写。

## 二、观测数据处理

观测数据的处理，一般由区域前兆台网中心和地震台站的有关人员进行。处理的内容包括预处理、均值计算、产出月报等。

### 1. 观测数据预处理

数据预处理包括对无效数据与异常数据的处理。

无效数据一般指产出的数值为“0”或负值，有时出现超量程（99℃）的数据与不在合理取值范围的数据等。

异常数据指观测技术系统故障及其他原因（如仪器标定等）影响造成的违背正常变化规律的数据。这些异常数据实质上也是无效数据，一般视为“缺数”。

有时出现的原因不明的单点突跳（脉冲）或阶变等，明显不符合正常变化规律的数据，一般也看作是无效数据。

上述的各类无效数据，均要填写在“观测日志”中的数据情况中。

在台网中心的数据库中要有两套数据，一是包含上述无效数据在内的所有原始观测数据，二是把上述无效数据作为缺数预处理之后的有效数据，一般对外提供服务的数据，应是第二类数据。

### 2. 均值计算

原始的观测数据，数字化温度计观测产出的主要是分钟值数据。在个别井台，为了某些研究的目的，还有秒钟采样获取的秒钟值数据。

根据地震分析预报与科学研究的需求，应计算出各类均值。这些均值包括时均值、日均值、旬均值、月均值、年均值等。这些均值的计算原则是根据前一个层次的数据系列求算某一个层次的均值（表 5-6），不可跨层次计算均值，如由分钟值直接计算日均值等。

表5-6　各类均值计算的规定

| 各类均值 | 时均值 | 日均值 | 旬均值 | 月均值 | 年均值 |
|---|---|---|---|---|---|
| 计算用数据 | 分钟值 | 时均值 | 日均值 | 旬均值 | 月均值 |

### 3. 数据报表

数据报表有日报表、月报表与年报表。

每天上午按照各个学科规定的处理内容、规范等要求进行专业数据处理并形成观测数据日报表。

每月 5 日前，依据学科要求编制上个月的观测数据月报表（表 5-7），并报送到区域地震前兆台网中心或学科中心。

表 5-7 新疆新04井2015 年04月水温月报表

乌鲁木齐流体综合台新04井水温2015-04月报表（之一）

新疆地震局乌鲁木齐流体综合台（65007） 2015年04月

| 时 \ 日 | 1 | 2 | 3 | 4 | 5 | 6 | 7 | 8 | 9 | 10 | 11 | 12 | 13 | 14 | 15 |
|---|---|---|---|---|---|---|---|---|---|---|---|---|---|---|---|
| 0 | 19.7075 | 19.7078 | 19.7079 | 19.7082 | 19.7085 | 19.7087 | 19.7088 | 19.7090 | 19.7092 | 19.7095 | 19.7097 | 19.7098 | 19.7101 | 19.7102 | 19.7106 |
| 1 | 19.7076 | 19.7078 | 19.7079 | 19.7081 | 19.7085 | 19.7087 | 19.7088 | 19.7090 | 19.7092 | 19.7095 | 19.7097 | 19.7099 | 19.7100 | 19.7103 | 19.7104 |
| 2 | 19.7076 | 19.7077 | 19.7080 | 19.7082 | 19.7085 | 19.7087 | 19.7088 | 19.7090 | 19.7092 | 19.7095 | 19.7097 | 19.7099 | 19.7101 | 19.7103 | 19.7105 |
| 3 | 19.7076 | 19.7078 | 19.7079 | 19.7082 | 19.7085 | 19.7086 | 19.7088 | 19.7090 | 19.7092 | 19.7095 | 19.7097 | 19.7099 | 19.7101 | 19.7103 | 19.7106 |
| 4 | 19.7075 | 19.7078 | 19.7079 | 19.7082 | 19.7085 | 19.7086 | 19.7089 | 19.7091 | 19.7093 | 19.7095 | 19.7097 | 19.7099 | 19.7101 | 19.7103 | 19.7105 |
| 5 | 19.7076 | 19.7077 | 19.7079 | 19.7082 | 19.7085 | 19.7087 | 19.7088 | 19.7090 | 19.7093 | 19.7095 | 19.7097 | 19.7099 | 19.7101 | 19.7103 | 19.7105 |
| 6 | 19.7076 | 19.7078 | 19.7080 | 19.7082 | 19.7085 | 19.7086 | 19.7089 | 19.7090 | 19.7092 | 19.7096 | 19.7098 | 19.7099 | 19.7101 | 19.7103 | 19.7105 |
| 7 | 19.7076 | 19.7078 | 19.7080 | 19.7082 | 19.7085 | 19.7087 | 19.7089 | 19.7091 | 19.7092 | 19.7095 | 19.7098 | 19.7099 | 19.7102 | 19.7103 | 19.7105 |
| 8 | 19.7076 | 19.7078 | 19.7080 | 19.7082 | 19.7085 | 19.7087 | 19.7089 | 19.7091 | 19.7093 | 19.7095 | 19.7098 | 19.7100 | 19.7101 | 19.7103 | 19.7105 |
| 9 | 19.7077 | 19.7078 | 19.7080 | 19.7082 | 19.7085 | 19.7087 | 19.7089 | 19.7091 | 19.7092 | 19.7096 | 19.7097 | 19.7099 | 19.7102 | 19.7103 | 19.7105 |
| 10 | 19.7077 | 19.7078 | 19.7080 | 19.7082 | 19.7085 | 19.7087 | 19.7089 | 19.7091 | 19.7092 | 19.7096 | 19.7098 | 19.7099 | 19.7101 | 19.7103 | 19.7105 |
| 11 | 19.7077 | 19.7078 | 19.7081 | 19.7082 | 19.7085 | 19.7087 | 19.7089 | 19.7091 | 19.7092 | 19.7096 | 19.7098 | 19.7099 | 19.7101 | 19.7103 | 19.7105 |
| 12 | 19.7077 | 19.7078 | 19.7081 | 19.7083 | 19.7085 | 19.7087 | 19.7089 | 19.7091 | 19.7093 | 19.7096 | 19.7097 | 19.7100 | 19.7101 | 19.7103 | 19.7107 |
| 13 | 19.7076 | 19.7079 | 19.7080 | 19.7082 | 19.7085 | 19.7087 | 19.7089 | 19.7091 | 19.7093 | 19.7096 | 19.7097 | 19.7100 | 19.7102 | 19.7103 | 19.7105 |
| 14 | 19.7077 | 19.7079 | 19.7080 | 19.7083 | 19.7086 | 19.7087 | 19.7089 | 19.7091 | 19.7093 | 19.7096 | 19.7098 | 19.7100 | 19.7102 | 19.7103 | 19.7105 |
| 15 | 19.7077 | 19.7078 | 19.7081 | 19.7083 | 19.7086 | 19.7088 | 19.7090 | 19.7091 | 19.7095 | 19.7097 | 19.7098 | 19.7100 | 19.7102 | 19.7104 | 19.7107 |
| 16 | 19.7077 | 19.7079 | 19.7080 | 19.7083 | 19.7086 | 19.7088 | 19.7089 | 19.7091 | 19.7095 | 19.7096 | 19.7098 | 19.7100 | 19.7102 | 19.7104 | 19.7107 |
| 17 | 19.7077 | 19.7079 | 19.7080 | 19.7083 | 19.7086 | 19.7088 | 19.7089 | 19.7091 | 19.7093 | 19.7096 | 19.7098 | 19.7100 | 19.7102 | 19.7103 | 19.7107 |
| 18 | 19.7077 | 19.7079 | 19.7081 | 19.7083 | 19.7086 | 19.7088 | 19.7090 | 19.7091 | 19.7095 | 19.7096 | 19.7098 | 19.7100 | 19.7102 | 19.7104 | 19.7107 |
| 19 | 19.7077 | 19.7079 | 19.7081 | 19.7083 | 19.7086 | 19.7088 | 19.7090 | 19.7092 | 19.7095 | 19.7096 | 19.7098 | 19.7100 | 19.7103 | 19.7104 | 19.7107 |
| 20 | 19.7077 | 19.7079 | 19.7081 | 19.7083 | 19.7086 | 19.7088 | 19.7089 | 19.7091 | 19.7095 | 19.7096 | 19.7098 | 19.7101 | 19.7103 | 19.7104 | 19.7107 |
| 21 | 19.7077 | 19.7079 | 19.7081 | 19.7083 | 19.7086 | 19.7087 | 19.7090 | 19.7092 | 19.7095 | 19.7097 | 19.7099 | 19.7100 | 19.7103 | 19.7104 | 19.7107 |
| 22 | 19.7077 | 19.7079 | 19.7081 | 19.7085 | 19.7086 | 19.7088 | 19.7090 | 19.7092 | 19.7093 | 19.7097 | 19.7098 | 19.7100 | 19.7102 | 19.7104 | 19.7107 |
| 23 | 19.7077 | 19.7079 | 19.7081 | 19.7083 | 19.7086 | 19.7088 | 19.7090 | 19.7092 | 19.7095 | 19.7097 | 19.7099 | 19.7100 | 19.7102 | 19.7104 | 19.7107 |
| 日均值 | 19.7077 | 19.7078 | 19.7080 | 19.7083 | 19.7085 | 19.7087 | 19.7089 | 19.7091 | 19.7093 | 19.7096 | 19.7098 | 19.7100 | 19.7102 | 19.7103 | 19.7106 |
| 月均值 | 19.7107 | | | | | | | | | | | | | | |

整点值、日均值曲线图

观测人：汪成国 校对人：黄建明 负责人：许秋龙 制作日期：2015/5/4 第7页

乌鲁木齐流体综合台新04井水温2015-04月报表（之二）

数据单位：℃ 2015年04月

| 小时 \ 日期 | 16 | 17 | 18 | 19 | 20 | 21 | 22 | 23 | 24 | 25 | 26 | 27 | 28 | 29 | 30 | 31 |
|---|---|---|---|---|---|---|---|---|---|---|---|---|---|---|---|---|
| 0 | 19.7108 | 19.7109 | 19.7112 | 19.7114 | 19.7115 | 19.7118 | 19.7120 | 19.7121 | 19.7123 | 19.7126 | 19.7128 | 19.7129 | 19.7131 | 19.7133 | 19.7135 | |
| 1 | 19.7107 | 19.7109 | 19.7111 | 19.7114 | 19.7115 | 19.7118 | 19.7120 | 19.7121 | 19.7123 | 19.7125 | 19.7127 | 19.7129 | 19.7132 | 19.7133 | 19.7135 | |
| 2 | 19.7107 | 19.7109 | 19.7111 | 19.7114 | 19.7115 | 19.7118 | 19.7120 | 19.7121 | 19.7123 | 19.7125 | 19.7128 | 19.7130 | 19.7132 | 19.7133 | 19.7136 | |
| 3 | 19.7108 | 19.7110 | 19.7111 | 19.7113 | 19.7115 | 19.7118 | 19.7120 | 19.7122 | 19.7124 | 19.7125 | 19.7128 | 19.7129 | 19.7131 | 19.7134 | 19.7136 | |
| 4 | 19.7107 | 19.7109 | 19.7111 | 19.7113 | 19.7115 | 19.7118 | 19.7120 | 19.7122 | 19.7123 | 19.7125 | 19.7128 | 19.7129 | 19.7131 | 19.7134 | 19.7136 | |
| 5 | 19.7108 | 19.7110 | 19.7111 | 19.7113 | 19.7117 | 19.7119 | 19.7120 | 19.7122 | 19.7124 | 19.7125 | 19.7128 | 19.7130 | 19.7132 | 19.7134 | 19.7136 | |
| 6 | 19.7108 | 19.7110 | 19.7112 | 19.7114 | 19.7115 | 19.7118 | 19.7121 | 19.7122 | 19.7124 | 19.7125 | 19.7128 | 19.7130 | 19.7132 | 19.7134 | 19.7135 | |
| 7 | 19.7107 | 19.7110 | 19.7112 | 19.7114 | 19.7117 | 19.7119 | 19.7120 | 19.7122 | 19.7123 | 19.7125 | 19.7128 | 19.7130 | 19.7132 | 19.7134 | 19.7135 | |
| 8 | 19.7108 | 19.7110 | 19.7112 | 19.7114 | 19.7117 | 19.7118 | 19.7120 | 19.7122 | 19.7124 | 19.7127 | 19.7128 | 19.7130 | 19.7132 | 19.7134 | 19.7136 | |
| 9 | 19.7109 | 19.7110 | 19.7112 | 19.7114 | 19.7115 | 19.7118 | 19.7120 | 19.7122 | 19.7124 | 19.7127 | 19.7128 | 19.7130 | 19.7132 | 19.7134 | 19.7136 | |
| 10 | 19.7108 | 19.7110 | 19.7112 | 19.7114 | 19.7117 | 19.7119 | 19.7120 | 19.7122 | 19.7124 | 19.7125 | 19.7129 | 19.7130 | 19.7132 | 19.7134 | 19.7135 | |
| 11 | 19.7108 | 19.7110 | 19.7112 | 19.7114 | 19.7117 | 19.7119 | 19.7120 | 19.7122 | 19.7124 | 19.7125 | 19.7128 | 19.7130 | 19.7132 | 19.7134 | 19.7136 | |
| 12 | 19.7109 | 19.7110 | 19.7112 | 19.7115 | 19.7117 | 19.7118 | 19.7121 | 19.7122 | 19.7124 | 19.7127 | 19.7129 | 19.7131 | 19.7132 | 19.7134 | 19.7136 | |
| 13 | 19.7109 | 19.7111 | 19.7112 | 19.7114 | 19.7118 | 19.7119 | 19.7121 | 19.7122 | 19.7125 | 19.7127 | 19.7128 | 19.7130 | 19.7132 | 19.7134 | 19.7136 | |
| 14 | 19.7108 | 19.7110 | 19.7112 | 19.7114 | 19.7117 | 19.7119 | 19.7120 | 19.7123 | 19.7124 | 19.7127 | 19.7128 | 19.7130 | 19.7132 | 19.7134 | 19.7136 | |
| 15 | 19.7108 | 19.7110 | 19.7112 | 19.7115 | 19.7117 | 19.7118 | 19.7120 | 19.7123 | 19.7124 | 19.7127 | 19.7128 | 19.7131 | 19.7132 | 19.7134 | 19.7136 | |
| 16 | 19.7109 | 19.7110 | 19.7113 | 19.7114 | 19.7117 | 19.7119 | 19.7121 | 19.7123 | 19.7125 | 19.7127 | 19.7129 | 19.7131 | 19.7132 | 19.7134 | 19.7136 | |
| 17 | 19.7109 | 19.7111 | 19.7112 | 19.7114 | 19.7117 | 19.7119 | 19.7121 | 19.7122 | 19.7124 | 19.7127 | 19.7129 | 19.7131 | 19.7133 | 19.7134 | 19.7136 | |
| 18 | 19.7109 | 19.7110 | 19.7113 | 19.7114 | 19.7118 | 19.7119 | 19.7121 | 19.7122 | 19.7125 | 19.7127 | 19.7129 | 19.7131 | 19.7133 | 19.7134 | 19.7136 | |
| 19 | 19.7108 | 19.7111 | 19.7113 | 19.7114 | 19.7117 | 19.7120 | 19.7121 | 19.7122 | 19.7124 | 19.7127 | 19.7129 | 19.7131 | 19.7133 | 19.7135 | 19.7136 | |
| 20 | 19.7109 | 19.7110 | 19.7113 | 19.7115 | 19.7117 | 19.7119 | 19.7121 | 19.7123 | 19.7124 | 19.7127 | 19.7129 | 19.7131 | 19.7133 | 19.7135 | 19.7136 | |
| 21 | 19.7109 | 19.7111 | 19.7113 | 19.7115 | 19.7118 | 19.7119 | 19.7121 | 19.7123 | 19.7124 | 19.7127 | 19.7130 | 19.7131 | 19.7133 | 19.7135 | 19.7136 | |
| 22 | 19.7110 | 19.7111 | 19.7113 | 19.7115 | 19.7118 | 19.7119 | 19.7121 | 19.7123 | 19.7124 | 19.7127 | 19.7130 | 19.7132 | 19.7133 | 19.7135 | 19.7136 | |
| 23 | 19.7109 | 19.7111 | 19.7114 | 19.7115 | 19.7118 | 19.7120 | 19.7122 | 19.7123 | 19.7125 | 19.7128 | 19.7129 | 19.7131 | 19.7133 | 19.7135 | 19.7136 | |
| 日均值 | 19.7108 | 19.7110 | 19.7112 | 19.7114 | 19.7117 | 19.7119 | 19.7121 | 19.7122 | 19.7124 | 19.7126 | 19.7128 | 19.7130 | 19.7132 | 19.7134 | 19.7136 | |

观 测 工 作 说 明

本月整点值数据完整率：100.00%，缺数：0个。
本月水温数据变化平稳，无明显异常显示。

填表说明：观测工作说明中填写直接影响观测数据的因素，如仪器故障、改动观测系统、停电、出现新的干扰源、标定、操作差错等。 第8页

每年 1 月 31 日前，完成上一年度台站观测年报的编写，报送到区域地震前兆台网中心。

# 第六章 井（泉）水流量观测技术

## 第一节 井（泉）水流量观测概述

### 一、井（泉）水流量观测概况

震例总结与现场观测试验都证明，井（泉）流量观测可能是映震灵敏的地下流体观测项目之一。国内外学者已经注意到动水位（有泄流条件下的井水位观测）及井（泉）流量的震前异常比例很高（万迪堃等，1987；车用太等，1988，1991）。日本学者 N.Kiozumi 与 K.Mogi 等（1989）分别在同一口自流井开展流量、水温、离子、电导率等多项对比观测后发现，流量对地球固体潮的响应优于其他各项；车用太等（1988）对深井水压致裂过程进行了研究，在相距 321m 远处的一口自流井的井口压力、流量与水温动态响应进行对比观测后发现，流量对含油层变形破裂过程反映最显著，因此在地震地下流体前兆观测中地下水的流量是一个非常重要的观测项目。

根据最新调查结果，在我国地下流体井水位观测台网中，有 352 口井为静水位观测井，124 口井为动水位观测井，仅 8 口流量观测井。由此可见，除 8 口流量观测井外，还有 124 口动水位井适合进行流量观测，达到井孔总数的 37.5%，此外还有许多观测温度的温泉也可以开展流量观测。然而，由于种种原因，大多数观测井（泉）或尚未开展流量观测，或仅作为其他观测项目（如动水位、水氡等）的辅助观测，而且采用容积式人工水堰的方式进行观测，其精度低，难以准确反映地下水流量与地震前兆信息变化的对应关系。有极少数观测点采用涡轮流量计进行流量观测，由于涡轮流量计对水质条件要求较高，在观测过程中经常造成管路堵塞等现象，导致流量观测至少在地震行业还没有形成独立的观测系统和应有的观测规模。

随着科学技术的进步，新型的、先进的数字化流量计不断推出，有多种类型的流量计能够满足地震行业进行流量数字化高精度观测的要求，为开展流量观测提供了技术保障，因此井（泉）水流量的观测具备了发展成为地下流体前兆观测的重要项目之一。

## 二、引起井（泉）水流量变化的作用与因素

引起井（泉）水流量变化的作用和影响井（泉）水流量动态的因素，主要可分为两大类：一类是含水层中地下水水量的变化，另一类是含水层中地下水孔隙压力的变化。

引起含水层中水量变化的机理，主要是含水层中地下水得到补给或被排泄。引起含水层中水量变化的因素很多，常见的有大气降水与融雪水、地表水等的渗入补给，使含水层中水量增多（承压含水层中则是水被压缩，弹性储量增多），引起井（泉）水流量增大；另有井（泉）水自流或泉水外流排泄，人类打井抽水，使含水层中水量减少，引起井（泉）水流量减小。这种作用，主要是气象、环境和人为干扰所致，与地震活动无关。

引起含水层中孔隙压力变化的机理，主要是含水层受力状态的变化与变形破坏。当含水层受到压力作用时，含水层中岩土骨架发生压缩变形，空隙率变小，孔隙水压力增大，导致井（泉）水流量增大。当含水层受到张力作用时，含水层岩土骨架发生拉张变形，空隙率增大，孔隙水压力变小，引起井（泉）水流量减小。一般认为，含水层受到剪切作用时，含水层岩土的空隙率不发生变化，孔隙水压力也不变化，自然井（泉）水流量也不会发生升降变化。然而，当剪应力作用使含水层岩土骨架发生破裂时，其空隙率增大，孔隙水压力变小，井（泉）水流量减小。引起含水层受力状态变化的因素较多：天文因素主要是日、月引力作用；地球内动力因素有地震活动与构造运动、火山活动等，地球外动力因素有地表水体载荷变化、滑坡与泥石流活动等；气象因素有大气压力变化、风速风力作用等；人类作用因素有修筑各种地表构筑物，如高楼大厦、铁路公路、大型水库等对地表面的加载，等等。很显然，地震活动是引起井（泉）水流量变化的重要因素，因此可以把流量观测作为地震前兆观测的重要测项之一。

## 三、井（泉）水流量观测的基本原理

受到地下水补给或地下水被排泄时，观测含水层储水量发生变化，储水量增多时会引起井水或泉水流量增大，而储水量减少时会引起井水或泉水流量减小。

观测含水层受到外力作用而发生变形或破坏时，由于其储水空间容积发生变化，从而引起地下水压力（孔隙压力）的变化。含水层受压应力作用时孔隙压力升高，受到张应力作用或遭到破裂时孔隙压力下降；含水层孔隙压力升高时，引起井水或泉水流量增大，含水层孔隙压力降低时，引起井水或泉水流量减小。

一般认为，流量的变化与孕震过程中的力学过程有关，按照地下水动力学的基本规律，含水层中的地下水流量（$Q$）可以表示如下：

$$Q = KI\omega$$

式中，$K$ 为含水层渗透系数；$I$ 为水力梯度；$\omega$ 为过水断面的面积。当含水层受到力的作用而发生破坏时，由于孔隙大小与形状等的改变，一方面导致孔隙压力变化而引起地下水系统中 $I$ 值改变，另一方面孔隙率变化引起 $K$ 值发生相应的变化，其结果是从两个方面影响流量大小。因此，地震的孕育过程涉及到含水层时，与其相连的井（泉）水流量会灵敏地反映出这种过程。

井（泉）水流量观测就是在一定的地震－水文地质条件下，选建合适的观测井或观测泉，利用一定的观测装置与观测方法，按照规定的观测技术要求，对井（泉）水流量随时间变化的过程进行观测，从中获取可能与地震活动有关的信息。井（泉）水流量观测的基本原理如图 6-1 所示。

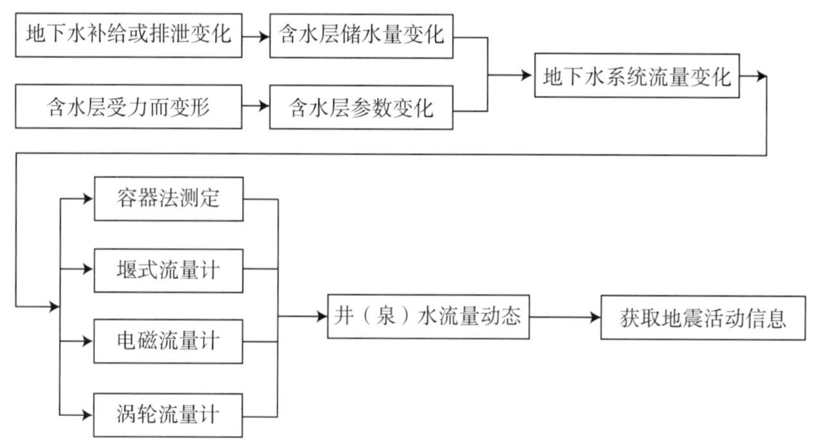


图 6-1　井（泉）水流量观测基本原理示意图

## 四、井（泉）水流量观测装置

### 1. 流量观测井口装置与流量计连接方式

观测井主井管与流量计连接方式见图 6-2。井水中含有气体、油脂、泥沙等时需要安装副井管，副井管与流量计连接方式见图 6-3。

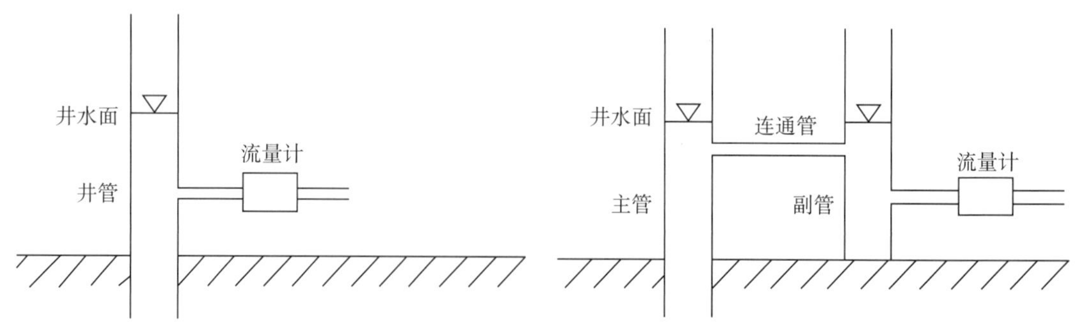


图 6-2　主井管式井口装置示意图　　图 6-3　副井管式井口装置示意图

**2. 流量观测泉口装置与流量计连接方式**

具有承压性的上升泉，应在泉眼 1 ～ 2m 的深处安装喇叭形集水井管（泉改井），井管与流量计连接方式见图 6-4。泉水流出具有一定的落差时，井管与流量计连接方式见图 6-5。

泉水流出没有落差，应建一集水槽，管道或明渠与流量计连接方式见图 6-6。

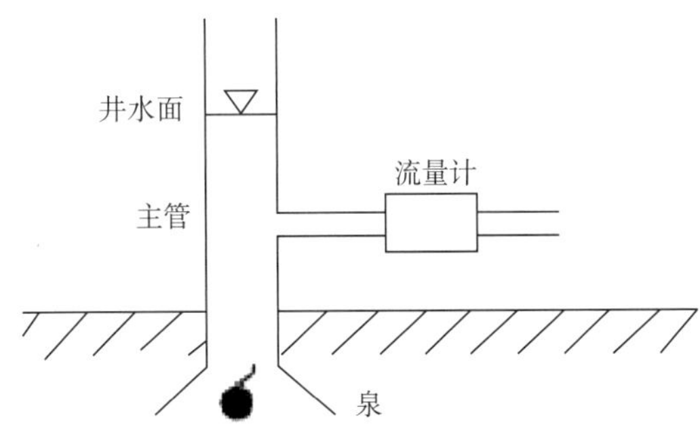


图 6-4　承压性上升泉的泉口装置与流量计连接方式示意图

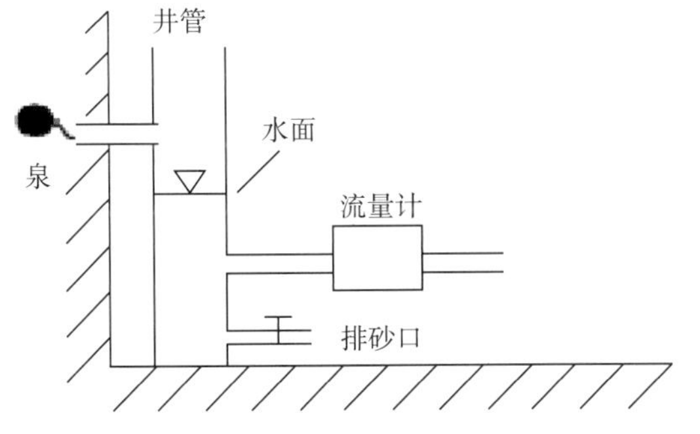


图 6-5　泉水有落差的泉口装置与流量计连接方式示意图

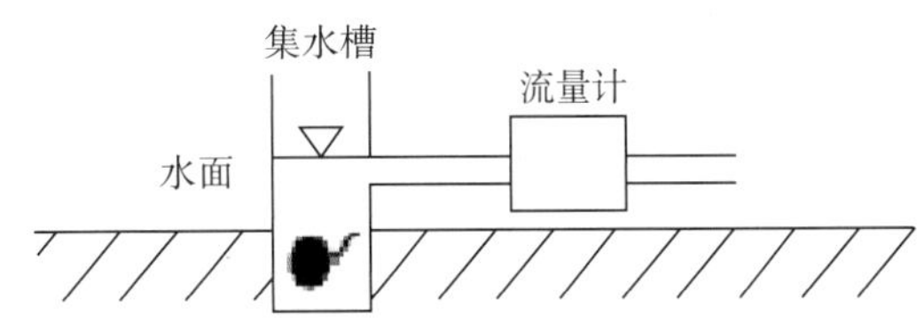


图 6-6　泉水没有落差的泉口装置与流量计连接方式示意图

# 第二节　井（泉）水流量观测仪器及其使用

## 一、井（泉）水流量观测仪器概述

流量的测定方法有多种，且各具特色，互有差别，依据观测精度和自动化程度可以归纳为三大类：人工点测的容器法（容器测量主要包括容积法和称重法两种）、堰测法（主要有三角堰、矩形堰、梯形堰）和连续自动测量的仪器仪表法。现在由于测量水堰水头方法也采用仪器测量，所以堰测法亦归入仪器仪表法。用仪器测量流量的技术和方法较多，目前流量计已经超过百种，测量原理、应用范围各不相同。随着工业生产和科学技术的发展，流量测量对象越来越多，精度要求越来越高，新的测量方法和测量仪表不断涌现出来。这虽然扩大了人们的选择范围，但面对上百种有不同特点和要求，使用方法也不尽相同的流量计，如何选择适用于地震地下流体观测的流量计也成为了问题。

流量计有体积流量计和质量流量计之分。测试体积流量的流量计称为体积流量计，测量质量流量的流量计称为质量流量计。流量计所测得的流量又有累积流量和瞬时流量之分，累积流量是在一定时间内流出流体的总量（体积或质量），瞬时流量是某一时刻流体通过某横截面的流量。

关于流量计，截至目前国内外还没有统一的分类方法。一般按照用途分为指示型、记录型、积算型、远传型等；也可以按照测量流体动态特征分为微流量测量型、小流量测量型、脉动流测量型、双向流测量型等；还可以按实施测量管路类型分为封闭管道式和明渠式两大类。常用的分类方法有两种：一是按照测量原理，二是按照流量计的结构原理来分类。按照测量原理可以把流量计分为7类；用得最广泛的还是按照结构原理的分类，依此流量计又可细分为11类（图6-7）。

按测量原理结构分类
- 差压式
  - 节流式
  - 均速管式
  - 弯管式
    - 标准孔板、标准嘴、长径嘴、文丘里管
    - 文丘里嘴、楔形流量计、层流流量计、双重孔板
    - 锥形入口孔板、道尔孔板、偏心孔板、环形孔板
    - 圆缺孔板、内置孔板、线性孔板、双向孔板、墙头孔板、道尔管、低压损管、毕托文丘里管
- 容积式
  - 腰轮式、随圆齿轮式、刮板式、活塞式、膜式、湿式
  - 双转子（螺杆）、圆盘式
- 浮子式：玻璃管式、金属管式流量计
- 叶轮式
  - 涡轮式流量计
  - 分流旋翼式流量计
  - 水表类流量计：旋翼式、螺翼式、复合式、高压水表、热水表
- 电磁式：普通型、潜水型、非满管型、一体型
- 流体振动式
  - 旋进流量计
  - 射进流量计
  - 涡街流量计：应变式、应力式、电容式、光电式、热敏式、超声式、振动体式
- 超声式
  - 多普勒法
  - 传播速度差法：夹装式、短管式、单路反射式、多路反射式
  - 射速位移法
- 质量式
  - 直接质量式：体积流量+密度、动能+体积流量、动能+密度
  - 间接质量式：科量奥里式、差压式、热式、双涡轮式、陀螺式
- 插入式：插入涡轮式、插入涡街式、插入电磁式、插入热式、毕托管式
- 明渠式：流量堰式、流量槽式
- 其他式
  - 激光流量计
  - 靶式流量计
  - 冲量流量计
  - 标记式流量记
    - 电离式、化学标记法、热标记法
    - 光学标记法、放射性标记法
    - 混合稀释法、核磁共振法
    - 相关流量计（电容式、超声式、光学式、热式、磁感应式、核辐射式）

图 6-7　流量计结构与测量原理分类

面对数百种的流量仪表，针对不同的使用场合，如果没有一个清晰的步序，贸然地做出选择，很难选出最合适的仪表。在测量精度不高的场合选用高精度而昂贵的测量仪表，测量对象和测量范围不合适都是选用流量计时常见的错误。选用不当有时候还可能造成流量仪表损毁，如用螺杆流量计去测含固体杂质的液体，常会磨损螺杆或使其卡死。正确地选用流量仪表，首先要明确使用目的，然后从仪表性能和被测流体性质两方面来考察，再考虑安装要求、环境，最后从经济性的角度选出一种或几种适合的流量计。最后从初选出的流量计中，选出性能最好、安装要求最低、环境适应性最强的仪表。

由于地震行业的观测井（泉）水一般都来自深部，矿化度较高，Eh 值多为负值，容易造成管路堵塞现象，20 世纪 80 年代曾采用过涡轮式流量计，由于经常造成管道堵塞或叶轮上不断积累沉淀物等问题，致使该方法无法广泛推广，也使流量观测没有发展成为一个独立观测项目。显然在管道内有阻流装置的阻流式流量计不适合地震地下水井泉的流量观测，而超声波、电磁式等非阻流式流量计，可以避免管路堵塞等现象，与涡轮流量计相比可能比较适合水质较差的井（泉）水流量观测。

## 二、流量计选择实验

通过调研结果并结合地震系统流量观测实践的资料分析，初步认为地震行业选择采用高精的压力传感器的水堰测法、电磁流量计和超声波流量计比较适合，那么其观测精度是否能够满足地震等系统的进口泉水流量观测呢，我们进行了如下实验。

### 1. 三角堰法

三角堰法一般适用于大流量，且不具备安装其他流量计的泉水流量观测，三角堰法测量流量时可根据不同的流量选择不同的角度，但由于通过分析其他角度的计算方法比较复杂不利于台站观测人员掌握，三角堰法中直角三角堰的计算方法最简单容易掌握，利于推广，而且便于在数据采集器中设置参数，因此首先选择了直角三角堰法进行实验。根据三角堰的流量适用范围，选择了新 33 井开展实验。新 33 井的流量一般稳定在 300 ～ 400L/min，非常适合开展此项实验。

据新 33 井的水流量设计堰口水头高度为 50cm，这样水流量最大量程约 15000 L/min，在确定水头高度的条件下，可以确定堰箱的高度和宽度。堰箱规格 100 mm × 90 mm × 50 cm，三角堰进水管与井管相连接管径 $\phi$ 110 mm，出水管径长 $\phi$ 150 mm，出水管径比进水管管径大是为了确保水路没有积水。为了水流平稳，一般的水路要采用多孔整流板进行整流，稳流隔板的高度要高于堰口和井水管口的高度，才能达到稳流的目的（图 6-8，图 6-9）。该井水温高达 39℃左右，且含有一定的油气，有较强的腐蚀作用，因此管路选用耐高温、耐腐蚀的 PPR 材料，三角采用厚度为 10 mm 的 PVC 材料。

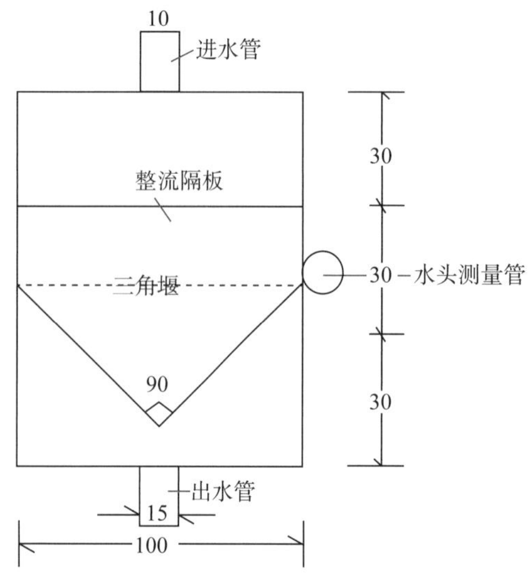


图 6-8　新 33 井三角堰平面图

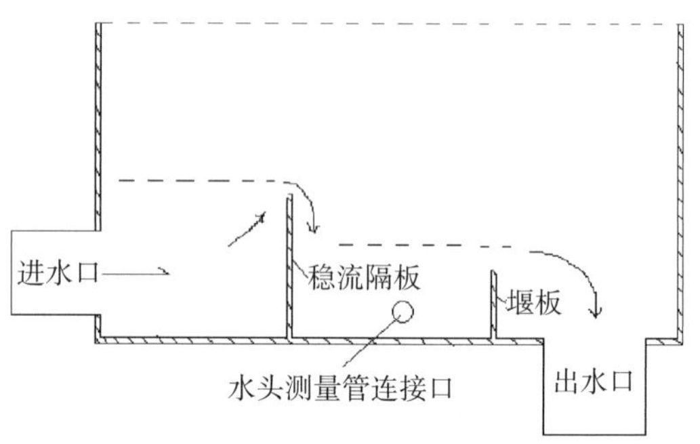


图 6-9　新 33 井三角堰侧剖面图

为了精确测量水头高度，在三角堰测量池的侧面安装了一个 150cm 的测量管，将压力传感器投入水面下 100cm，如图 6-10 所示。由于该井水温达 39℃左右，在出水口经常有人用土围池洗澡，当集水时就会影响出水口的泄流，所以为了确保不受人为活动干扰，将三角堰安装在 100cm 高的平台上。测量管选用 150cm 高度，是因为压力传感器本身的长度在 30 ~ 50cm，而且实验时选用的压力传感器的量程为 0 ~ 2m，那么其最佳适用范围应该在 1m 左右，因此把传感器放置在测量管水面下 1m 左右的位置可以达到最佳观测效果。本实验如果能选择 0 ~ 5cm 量程的传感器是最合适的，因为水堰水头的高度变化非常小，但是当时没有找到所以选择了 0 ~ 2m 的。

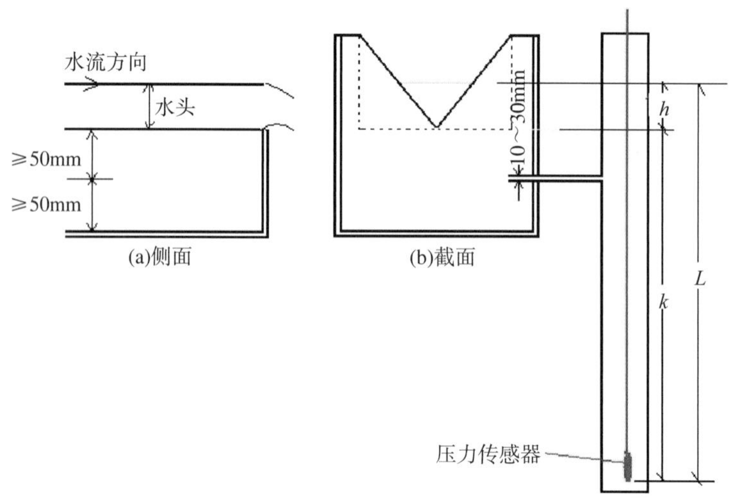


图 6-10　利用压力传感器观测水头示意图

（1）计算方法。

根据直角三角堰流量经验计算公式

$$Q = Ch^{\frac{5}{2}}$$

式中，$h$ 为水头高度，$c$ 为随 $h$ 而变化的系数，其值可查表得到（5 ～ 10cm 时 $c$=0.014），本实验选 $c$=0.014。

实验采用人工测量三角堰和压力传感器观测三角堰的水头高度进行对比，使用中国地震局地壳应力研究所研究的 DSC-1A 前兆数据采集器，分钟采样通过 GPRS 传输到数据中心。压力传感器量程为 0 ～ 2m，精度 0.5%FS，输出 4 ～ 20mA，人工测量尺子精度为 1mm，每日测量一次。实验从 2009 年 1 月 10 日开始到 2009 年 8 月 31 日结束，获取了大量的数据。图 6-11 为压力传感器与人工测量流量的曲线。从观测曲线可以看出，人工测量的长时间基本不变，而压力传感器测量的有较好的动态，分析认为仪器观测采样率高，精度高，而人工测量尽管尺子的刻度可以达到 1mm，但由于人为误差，不可能像仪器那样精确地反映出实际的流量动态。

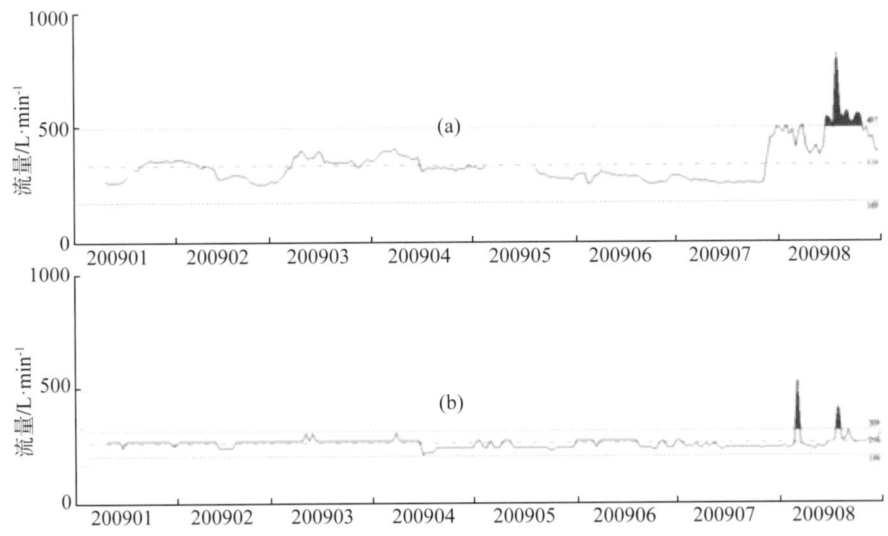


图 6-11　20090110 ～ 20090831 新 33 井压力传感器和人工测量水头所得流量曲线

（a）压力传感器测量流量曲线；（b）人工测量流量曲线

为了进一步分析人工和仪器观测的流量哪个更能反映出该点水流量的真实动态，该观测点日常观测了 250m 和 700m 两个不同深度的水温，将通过压力传感器测量水堰水头高度计算流量与温度观测的动态进行对比，从图 6-11 的曲线上可以看出人工测量长达数天的流量都是一样的，特别是在 2009 年 8 月底该井发生了流量大幅度增加的一个过程，人工观测只测得了两个高值突跳，而压力传感器观测到了较完整的动态过程，为了确定压力传感器观测的水流量动态是否记录到了真实的动态，与 250m 和 700m 两个温度观测曲线对比（图 6-12）可以看出，温度升高流量增大，而且三条曲线的动态完全一致，因此表明用压力传感器观测三角堰的水头高度，不仅精度高而且可以记录到流量的变化动态。

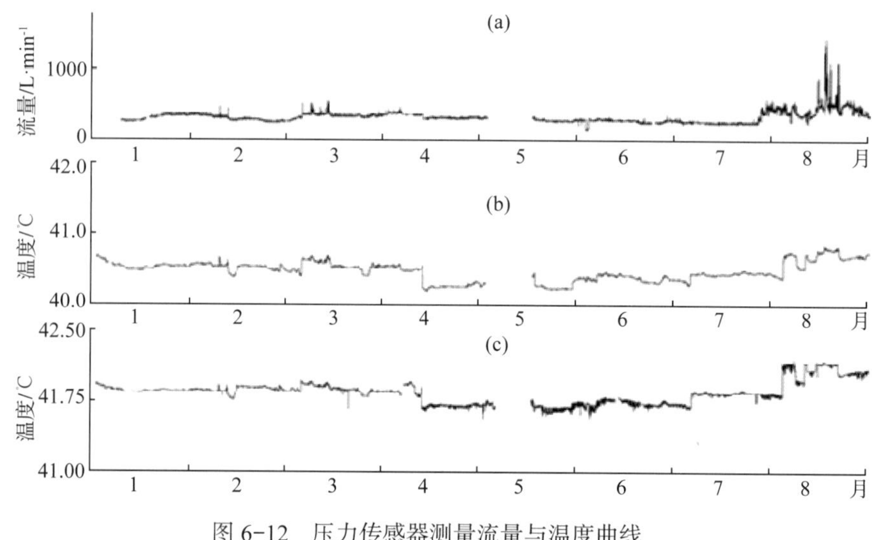


图 6-12 压力传感器测量流量与温度曲线

（a）压力传感器测量的流量曲线；（b）250m深度温度曲线；（c）700m深度温度曲线

（2）观测数据的精度分析。

以上曲线只能表明压力传感器测量水头的水堰法可以记录到较好的水流量动态，那么其精度度到底如何呢？从数据库文件中选取了 8 天、5 天、3 天及 1 天的水头高度和换算后的流量进行偏差和相对偏差计算，结果见表 6–1。

**表6–1 偏差计算结果**

| 数据长度 | 计算项目 | 水头高度 | 流量 |
|---|---|---|---|
| 8天（数据个数11520） | 平均值 | 0.100 | 265.280 |
| | 标准偏差 | 1.675179E–03 | 11.31699 |
| | 相对标准偏差 | 1.676% | 4.266% |
| 5天（数据个数7200） | 平均值 | 0.099 | 259.814 |
| | 标准偏差 | 7.12155E–04 | 4.670269 |
| | 相对标准偏差 | 0.719%" | 1.798% |
| 3天（数据个数4320） | 平均值 | 0.099 | 260.526 |
| | 标准偏差 | 7.863335E–04 | 5.161756 |
| | 相对标准偏差 | 0.793% | 1.981% |
| 1天（数据个数1440） | 平均值 | 0.100 | 265.932 |
| | 标准偏差 | 4.19435E–04 | 2.789398 |
| | 相对标准偏差 | 0.419% | 1.049% |

从计算结果可以看出，如果只从水头高度看，其 8 天的数据长度多达 11520 个分钟值，其相对标准偏差也只有 1.676%，进一步表明其精确度是比较高的。即使换算成流量，也

小于 5%，因此用压力传感器测量三角堰水头高度的方法观测水流量是可行的，其精度也是可以满足观测要求的。

### 2. 矩形堰法

通过在三角堰用压力传感器测量水头观测流量的实验结果表明，水堰法测量流量非常方便，受其他影响因素少，操作简单。水堰法一般适用较大流量而且精度有限，但是面对小流量的泉水又不满足安装电磁等流量计的泉怎么办呢？为此我们根据矩形堰的原理进行了窄缝堰（矩形堰口非常窄所以称窄缝堰）流量观测实验。新 43 泉流量小，只有 0.03L/s，曾经采用涡轮式流量计观测流量，但由于经常被堵塞，所以在该泉开展了窄缝水堰法测量其水头高度实验，至今运行两年多，获取了非常好的资料，希望通过在新 43 泉进行窄缝堰流量观测实验，获取利用窄缝堰测量井水流量的观测原理、方法以及井口观测装置的制作安装方法、仪器设备技术要求、仪器稳定性、可靠性、方法的存在问题等。

该泉原来开展有水温和动水位观测，但是动水位由于限流阀经常被堵，所以设计用无阻流管路的水堰法测量水头高度，原理与动水位相似，而且可以换算成流量，其测量结果不再受限流阀的影响。由于该泉还要进行氡气观测，所以按照图 6–13 进行管路设计，将温度传感器埋在泉眼下，从引水管引出传感器电缆，这样温度的观测就不受其他观测项目的影响，泉水直接从泉眼引入观测室进入水堰，水堰与地面有 1m 的落差，水从水堰排出后安装了一套脱气装置。

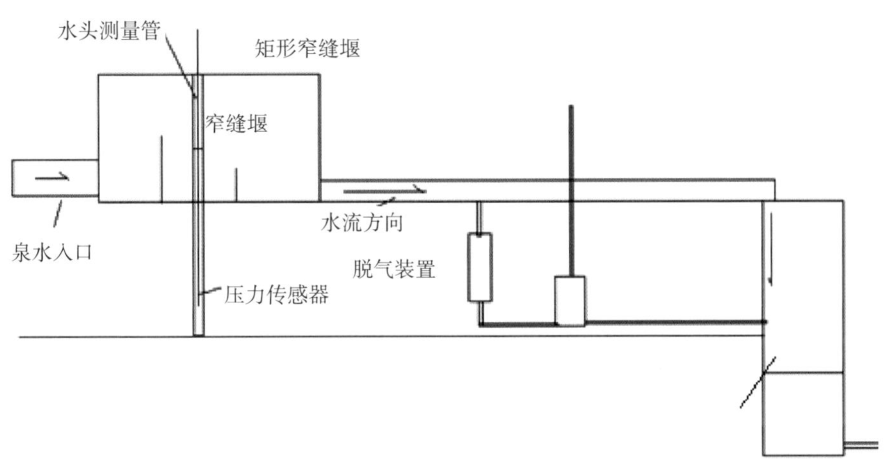


图 6–13　泉口管路设计示意图

在进行实验的过程中，为了提高水堰在观测中的灵敏度和精确度，根据矩形堰的原理，将矩形堰口的宽度根据实际的小流量制作成 0.5cm 的一个窄缝（图 6–14），用水位仪的压力传感器测量水堰的水头高度，即传感器测量的水柱高度减去堰底到传感器底端的高度，由图 6–14 可知水头高度 $h=L-K$ 。

在该泉采用了符合十五数字化网络协议的最新的前兆仪器 LN-3A 水位仪，同时辅助观测的还有 SZW2004 温度计，仪器都是分钟值采样，数据采用扩频微波传输。

从 2007 年 11 月 29 日至今已经获取了 100 多万个分钟值数据，从观测数据的结果可以看出其精度在 0.001 位，即精确到毫米级，而且非常稳定。从两年的资料可以看出流量（水头高度）与水温的动态变化相关性非常好（图 6-15），说明窄缝水堰方法（实际上是小矩形堰）是完全可以观测到水流量的实际动态的，该方法是可行的。由于在该点的观测按十五标准入库，而十五标准中没有流量测项，所以只能以水头高度入库。

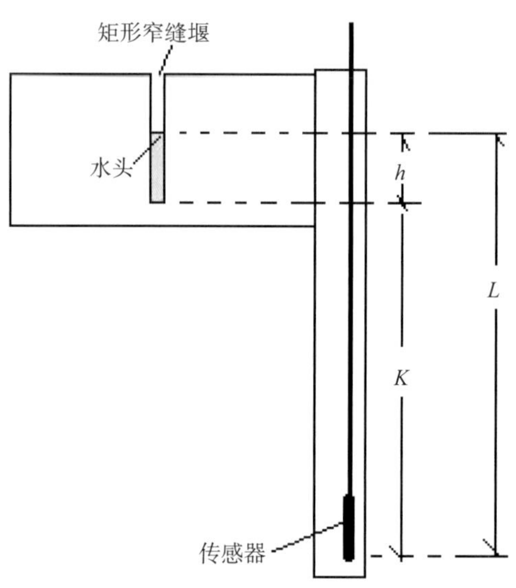


图 6-14　窄缝堰测量水头的示意图

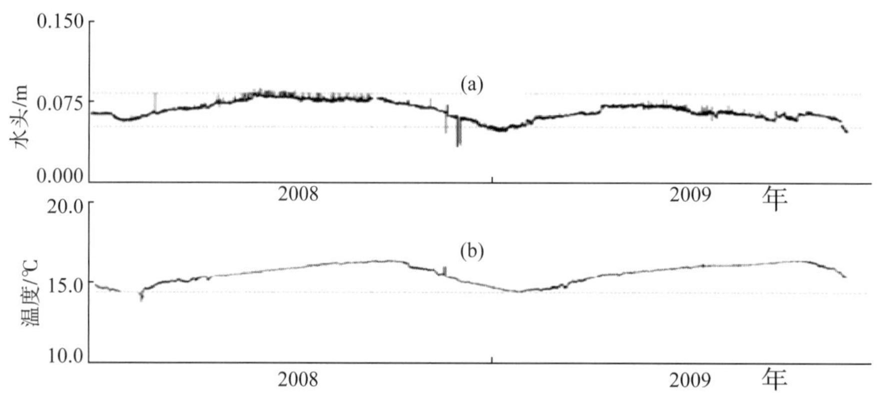


图 6-15　新 43 泉水头高度与水温的日均值观测曲线

（a）水头高度观测曲线；（b）水温观测曲线

### 3. 电磁流量计与超声波流量计对比实验

电磁流量计与超声波流量计都是无阻式流量计，是通过调研认为适合在地震观测的井泉中开展水流量观测的两种仪器，那么哪个更适合呢，进行了如下对比实验。

（1）实验仪器的选择。

超声波流量计选择了外缚式传感器，准确度优于 TDS-100F 型流量计。外缚式传感器不会受水质影响，也不会改变水流，这种无阻式流量计适合地震行业高矿化度等水质的观测。

电磁流量计选择了北京格乐普高新技术有限公司生产的 LDB 电磁流量计，传感器内径25mm。这两个仪器都有4～20mA的模拟量输出，选择中国地震局地壳应力研究所生产的DSC-1A型数据采集器进行采集，并根据其输出的电流（电压）与仪器读数，及标定结果计算出转换系数，最后可直接得到流量值。仪器型号如表6-2所示。

**表6-2　实验所用仪器设备**

| 设备名称 | 生产商 | 测量范围 | 测量精度 | 供电 | 输出 |
|---|---|---|---|---|---|
| DSC-1A数采 | 中国地震局地壳应力研究所 | 14个通道 | ±0.01% | AC220V<br>DC12V | |
| EMF8301（25）电磁流量计 | 北京格乐普高新技术有限公司 | 管径25mm | 精度0.1% | 24V | 4～20mA |
| TDS-100F固定式超声波流量计 | 珠海市艾博达自动控制设备有限公司 | 管道内径15～6000mm，最大流速32m/s | 准确度1.0%，精度0.1% | AC220V<br>DC8～36V | 4～20mA<br>0～20mA |

（2）实验装置。

在实验室做一个高2m的模拟井管，用水泵产生水源，形成循环水路，从井管出来先经过超声波流量计然后到电磁流量计，如图6-16所示。

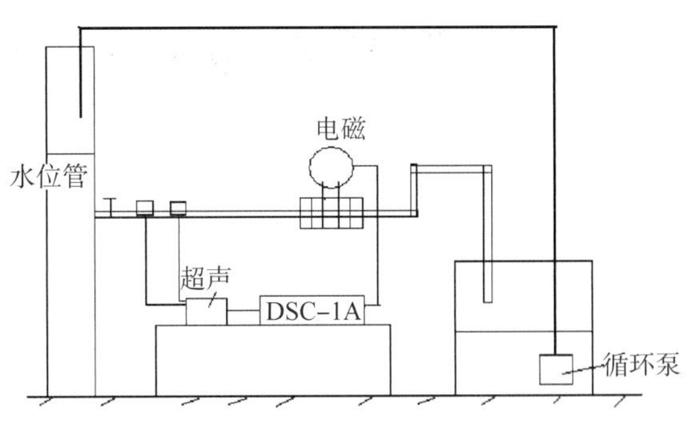

图6-16　超声波流量计与电磁流量装置示意图

(3) 转换系数$K$值的确定。

首先用人工的容量法在出水口测量水流量，根据流量设定超声波和电磁流量计的校正系数，使仪器读数与实际流量一致，然后测量其输出的模拟电压量。数采采集的是电压量，需要有一个转换系数$K$，流量$Q$=电压量×$K$值，这样数采输出的就是流量值了。

在实验过程中发现，振荡仪器的电机工作时对超声波流量计影响较大，仪器计数变化较大，而电磁流量计不受影响。然而在实验开始后的11月17～20日，连续4天的晚上3时到早上9时有一个连续的电磁波干扰，见图6-17所示，干扰原因不明，之后再没有出现。当没有干扰后，发现电磁流量计的波动幅度非常小，难道是电磁流量计比超声波流量计反应迟钝吗？为了验证两种流量计的灵敏度和精确度，在实验中采取了水位振荡、改变流量等人工干预的方法。在2009年12月21日和2010年1月2日人工进行水位大幅度振荡变化，在电磁流量计上反应非常灵敏，而在超声波上却基本看不出反应，如图6-18所示。为了进一步分析观测资料，将其坐标设置为4.38～4.39(0.01)，与其同样尺度的超声波则是2.0～6.0(4.0)，见图6-19所示，可以看到两种仪器都记录到了非常一致的日变化，电磁的精度则要比超声的高得多。由此可见电磁流量计的灵敏度、精度和稳定性明显优于超声波流量计。

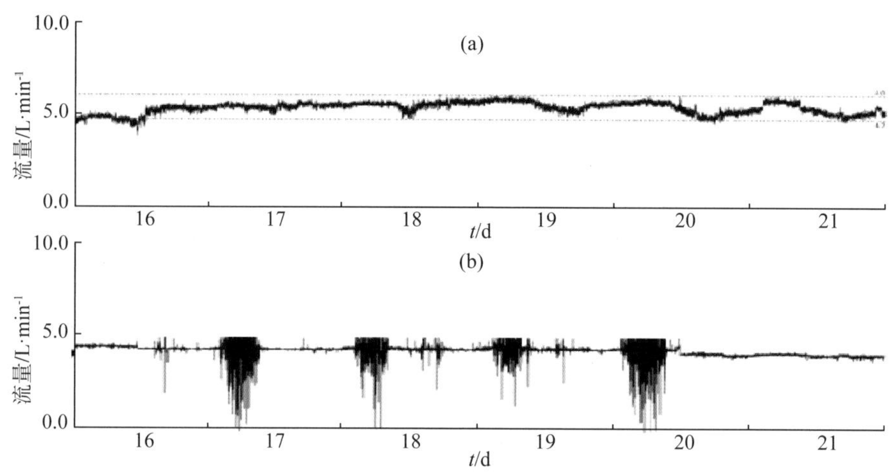


图 6-17　2009.11.16 ~ 11.21 超声波、电磁流量计分钟值曲线

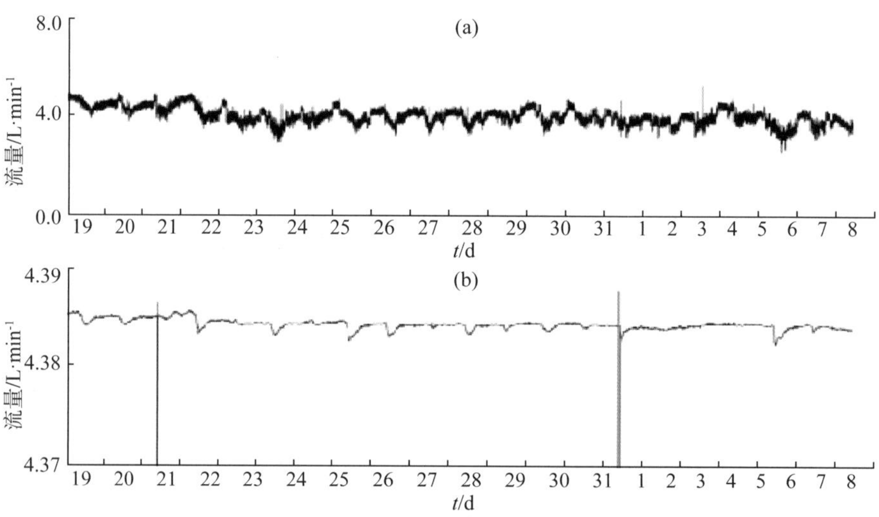


图 6-18　2009.11.21 ~ 12.18 超声、电磁流量计分钟值曲线

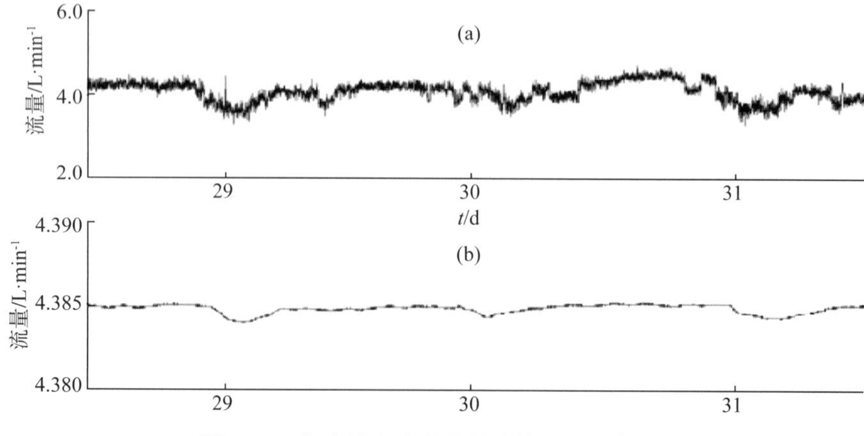


图 6-19　超声波和电磁流量计的日变化曲线

实验选取了没有干扰时段的数据对两种仪器进行精确度对比分析，从 2009 年 12 月 19 日开始计算偏差，共 29544 个分钟值数据，用这一时间段的全部数据进行偏差计算，结果如表 6-3 所示。从计算结果可以看出电磁流量计的近 3 万组数据的偏差只有 0.048，而相对偏差也只有 1.1%，相对超声波流量计的 7.986%，显然要好得多。

表6-4 超声波和电磁流量计偏差计算结果

| | 超声波流量计 | 电磁流量计 |
|---|---|---|
| 数据个数 | 29545 | 29545 |
| 平均值 | 4.107 | 4.383 |
| 标准偏差 | 0.3279 | 4.831142E-02 |
| 相对标准偏差 | 7.986% | 1.102% |

两种仪器均可进行小流量的观测，在本实验室的环境条件下，电磁流量计的稳定性和精确度要远远优于超声波流量计，而且电磁流量计安装简单方便。在实验期间有一个不明电磁干扰，因此在选用电磁流量计时要调查观测点是否有强电磁干扰。

超声波流量计的传感器是外缚式，所以可以适用的管道和管径范围较广，但对观测环境要求较高，必须经过现场测试后方可购买仪器。

随着高精度压力传感器的研发成功，可以把原来人工测量水堰水头高度方式测量水流量的方法改进为压力传感器测量水头高度的水堰流量计，实现自动化连续观测；结合地震地下流体观测网中的井（泉）水的性质、观测环境、现有的观测条件等特点，通过以上实验证明选用电磁流量计是比较合适的。观测方法标准定把水堰流量计、电磁式流量计和标定流量常用的容积法作为目前我国井（泉）水流量观测的主要方法和仪器。考虑到目前还有一些台站仍在使用涡轮流量计，标准中对该流量计也进行了适当说明。

## 三、容积法

### 1. 容积法测量原理

容积法是用容器（量筒等）测量一定的时间内由井或泉流出水的体积，用体积除以时间求算水流量值。容积法是一种流量的直接测量法，这种方法只需要测量水的容积和时间，是流量测量中最简单、最精确可靠的一种方法。这种方法主要用于井水和泉水流量的人工观测，一般每天观测一次，不能自动连续观测；同时由于容器受大小和精度等限制该方法不适合大流量的观测。尽管如此，由于其直接测量流量的特点，常用于其他流量计的检查标定。

### 2. 容器要求

容器应具有 500mm 的高度，横截面上下一致，容积的分辨率应不大于 0.01L，充满水后容器不应发生变形。

### 3. 容积法测量要求

向容器内注水开始和结束的操作动作应迅速。注水持续时间宜在 30s 以上，注入容器的水含有较多气泡时，应在气泡消失后再行测定水的容积。每次观测应用相同方法重复测量 5 次，去掉最大值和最小值后，取 3 次中间测值的均值作为观测值。

流量计计算公式如下：

$$Q_v = V/t$$

式中，$Q_v$ 为体积流量，常用单位是 $m^3/h$（或 L/min，L/s）；$V$ 为注入容器中水的体积，单位为 $m^3$ 或 L，mL；$t$ 为注水所用时间，单位为 h，min，s。

## 四、量水堰法

### 1. 量水堰观测原理

观测井或观测泉出水口安装量水堰，用水位计测量水堰切口（堰口）上的水头高度，根据观测井中的水头高度计算出流量。如图 6-20 所示，这种观测装置由堰、观测井及其间的连通管组成，当井（泉）的水量变化时，堰池内水位相应变化，这种水位的变化可通过与堰池相连的观测井中的水位仪实现连续自动观测。量水堰切口有三角形、梯形、矩形等形状，分别称为三角堰、梯形堰与矩形堰，根据现场管道及水质情况灵活选用。各种量水堰的参数和测流范围见表 6-5 所示。

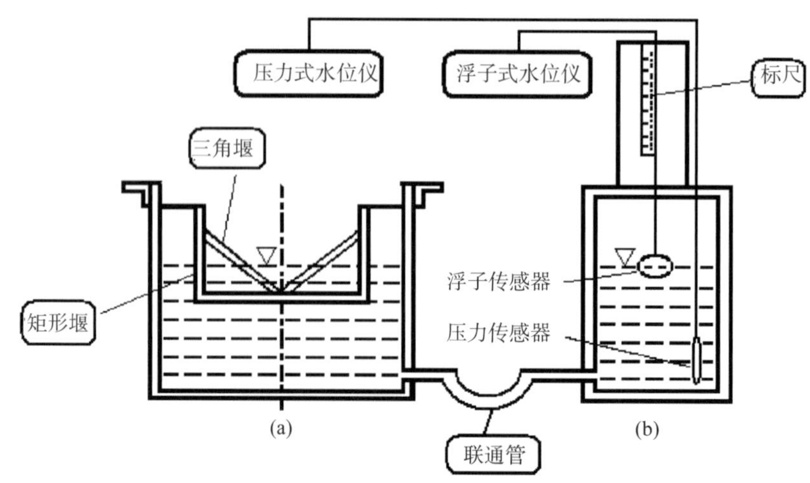


图 6-20　量水堰法测量示意图

（a）堰池；（b）观测井

**表6-5　水堰的参数和适用范围**

| 量水设备 | 主要几何尺寸/m | | 测流范围/（L/s） | 应用说明 |
|---|---|---|---|---|
| 三角形堰 | 当$P$=$T$，$\theta \geqslant H$ | | | 适用于小流量井（泉）水测量 |
| | 切口角 $\theta$=20° | | 0.2～44 | |
| | 切口角 $\theta$=45° | | 0.4～106 | |
| | 切口角 $\theta$=60° | | 0.5～150 | |
| | 切口角 $\theta$=90° | | 0.8～258 | |
| | 切口角 $\theta$=120° | | 1.5～450 | |
| 梯形堰 | $0.25 \leqslant B \leqslant 1.50$<br>$T$=$B$/3<br>$P \geqslant$B/3，$h$=$B$/3+5<br>$B$=$B$+$h$/2 | | 0.2～1009 | 适用于有一定含沙量的井（泉）水测量，流量范围为100～1000L/s时精度较高，平均误差约为±2% |
| 矩形堰 | 宽（$b$） | 高（$p$） | | 水头条件好的渠道 |
| | 0.15 | 0.2 | 0.8～100 | |
| | 1.0 | 0.5 | 5.4～2700 | |
| | 10.0 | 1.0 | 50～77000 | |

注：$P$为堰顶与堰底的高度、$T$为堰口与两侧板的距离，$H$为水头高度，$B$为堰宽，$\theta$为切口角度，$Q$为流量。

量水堰槽一般由导流部分、整流装置和整流部分组成（图 6-21），堰槽长度见表 6-6。

**表6-6　量水堰槽长度**

| 类别 | $L_1$ | $L_s$ | $L_2$ |
|---|---|---|---|
| 直角三角形堰 | ＞20$H_{max}$ | 约2$H_{max}$ | ＞（$B$+ $H_{max}$） |
| 矩形堰 | ＞10b | | ＞（$B$+2$H_{max}$） |
| 梯形堰 | ＞10B | | ＞（$B$+3$H_{max}$） |

整流装置一般是在量水堰槽内设置 4 ～ 5 道整流板，常用整流板是带孔的栅板，栅孔尺寸如图 6-22 所示。

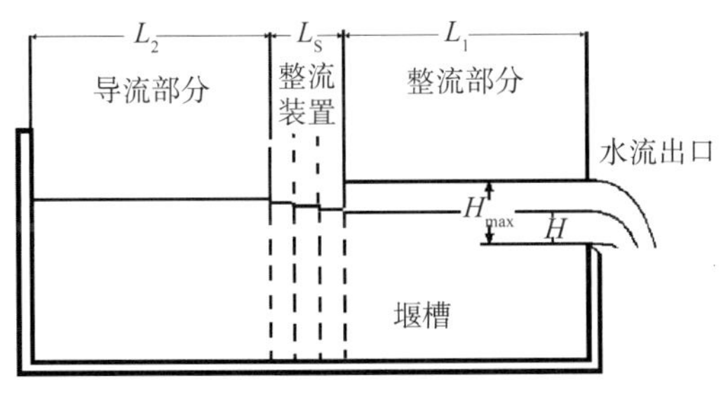


图 6-21　量水堰槽结构示意图

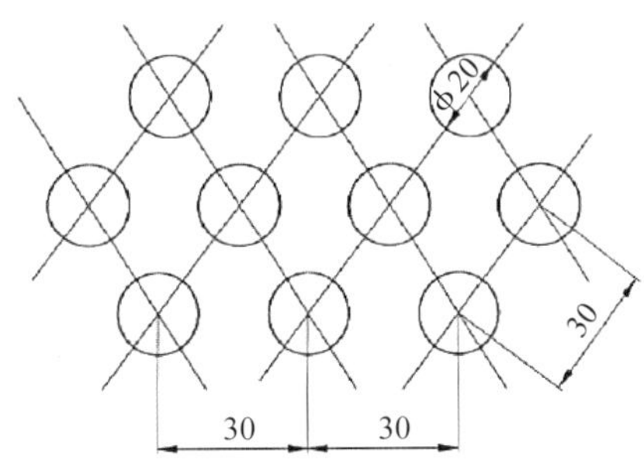


图 6-22　整流板上的栅孔及其尺寸

### 2. 量水堰的技术要求

堰板应与侧板和水流方向垂直，堰上水头应大于 0.03m。堰口应制成锐缘，锐缘水平厚度为 0.001 ～ 0.002m，堰顶下游斜面和堰顶的夹角宜不小于 45°（图 6–23）。堰板可用钢板、PVC 等耐腐蚀性材料，应保持垂直竖立。

水流通过堰板形成的水舌，应完全跳离堰顶射出。水舌上、下表面应与大气接触、通气良好，下游最高水位（$H$）应低于堰顶 0.1m。

水头测量断面应设置在距堰顶上游 3 ～ 5 倍最大水头处。

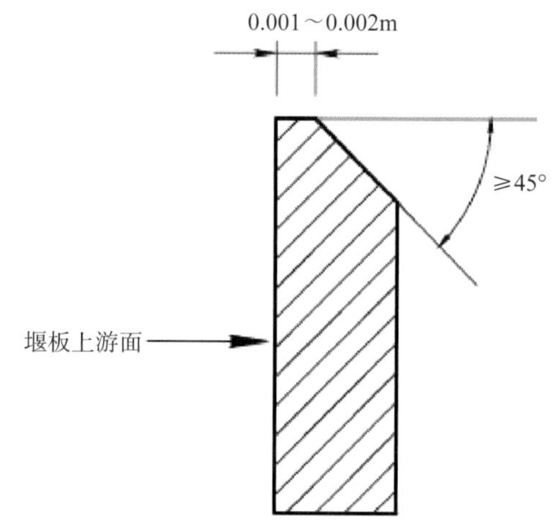

图 6–23　堰口锐缘加工图

### 3. 量水堰水位的测量

量水堰的水位测量装置如图 6-24 所示。在堰槽侧壁处设一小孔，使得测量装置与水路相通，测量装置为管径 50 ～ 100mm 的井管。

小孔距堰口的距离以 $4H_{max}$ ～ $5H_{max}$ 为宜，距堰口的下边缘、至水堰槽底面的距离不小于 50mm，小孔的内径为 10 ～ 30 mm，且与水路的侧壁垂直。

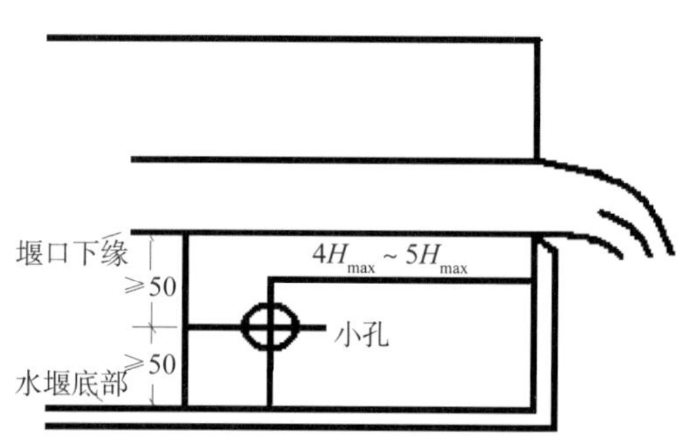

图 6–24　水位测量装置中观测井的入水口（小孔）位置示意图

水位测量用的仪器为浮子式水位计或压力式水位计等（图 6–3），用压力式水位仪观测水位时称为堰式流量计。堰式流量计观测井中，由于量水堰上的水位变化幅度非常小，与测量一般井水位的压力传感器要求有所不同，要选用小量程、高精度、高稳定性的传感器。常见的小量程传感器的主要技术指标见表 6–7。

表6–7　堰式流量计传感器主要技术指标

| 项目 | 指标 |
|---|---|
| 水位量程 | 0～200 mm |
| 传感器精度 | ±0.01%F.S |
| 稳 定 性 | ±0.01%F.S/a |
| 水位跟踪速度 | 不小于1m/s |
| 采样率 | 不小于1次/分 |
| 输出 | 0～2V\|4～20mA、RS232C、RJ45 |
| 电源电压 | DC12V±2V  AC 220V±20V<br>交直流自动切换；直流自动充电 |

根据量水堰的测量原理结构和制作难易程度，结合地震行业井（泉）水流量的实际大小，选择直角三角堰和矩形堰两种。这两种堰制作简单，水位高度与流量换算方法简便，易于使用和推广。

（1）直角三角堰。

断面为直角三角形切口，角顶向下。堰口与两侧板的距离 $T$ 及角顶与渠底的高度 $P$，不应小于最大堰上水头 $H_{max}$，结构尺寸见图 6-25。

直角三角堰流量（$Q$）与水位高度（$H$）计算公式如下：

$$Q = 1343H^{2.47}$$

式中，$Q$ 为流量，单位为 L/s；$H$ 为水堰水头高度，单位为 m。

（2）矩形堰。

矩形堰分为无侧收缩和有侧收缩两类，如图 6-26 所示。

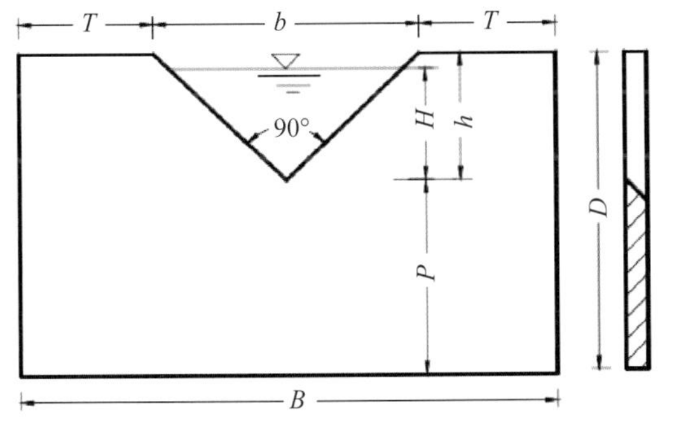


图 6-25　直角三角堰结构图

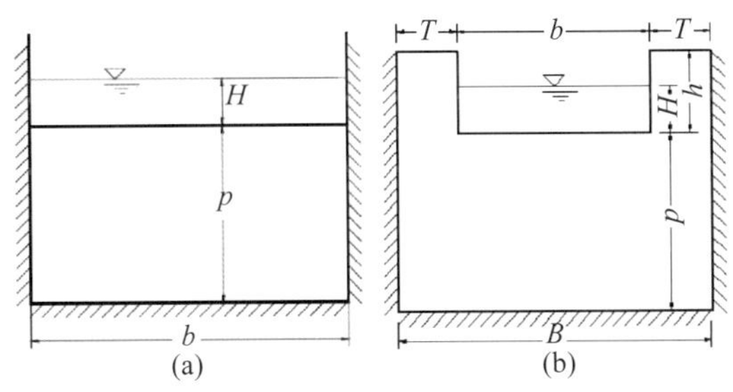


图 6-26　矩形堰结构图

(a)无侧收缩堰；(b)有侧收缩堰

矩形堰流量与水头高度计算公式如下：

$$Q = 1000mb\sqrt{2g}H^{1.5}$$

式中，$Q$ 为流量，单位为 L/s；$H$ 为水堰水头高度，单位为 m；$m$ 为流量系数，无侧收缩矩形堰和有侧收缩矩形堰中其大小不同。无侧收缩的流量系数公式为：

$$m = 0.407 + 0.0533H / p$$

有侧收缩的流量系数公式：

$$m = \left[0.405 + \frac{0.0027}{H} - 0.03\frac{B-b}{B}\right]\left[1 + 0.55\left(\frac{H}{H+p}\right)^2\left(\frac{b}{B}\right)^2\right]$$

其中，$b$ 为渠宽，单位为 m；$B$ 为堰宽，单位为 m；无侧收缩堰中，$B=b$。

## 五、电磁流量计法

### 1. 电磁流量计的测量原理

电磁流量计是基于法拉第电磁感应定律，通过水在电磁场中作切割磁力线运动时产生的感应电动势测量井水或泉水流量。流量计的测量管是一内衬绝缘材料的非导磁合金短管。两只电极沿管径方向穿通管壁固定在测量管上。其电极头与衬里内表面基本齐平。励磁线圈由双向方波脉冲励磁时，将在与测量管轴线垂直的方向上产生一磁通量密度为 $B$ 的工作磁场。此时，如果具有一定电导率的流体流经测量管，将切割磁力线感应出电动势 $E$。电动势 $E$ 正比于磁通量密度 $B$、测量管内径 $D$ 与平均流速 $v$ 的乘积。电动势 $E$(流量信号)由电极检出并通过电缆送至转换器。转换器将流量信号放大处理后，可显示流体流量，并能输出脉冲，模拟电流等信号（图 6-27）。

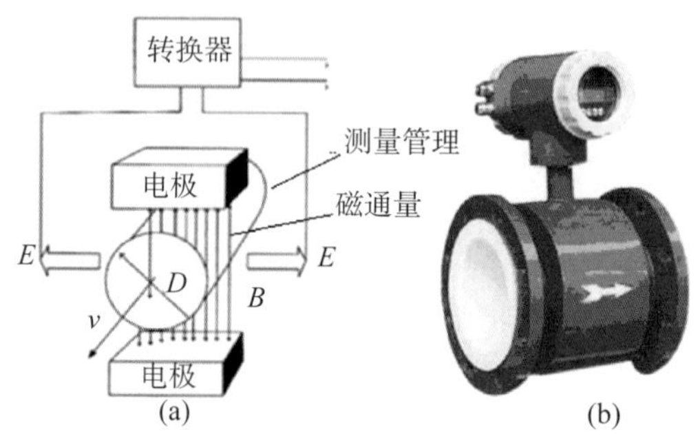


图 6-27　电磁流量计工作原理和外观图

流量与感应电动势的关系为：

$$E = fBDv$$

式中，$E$ 为感应电动势；$f$ 为比例常数（与磁场分布及轴向长度有关的系数）；$B$ 为磁感应强度；$D$ 为测量管内径；$v$ 为测量管截面内的平均流速。

在圆形管道中，体积流量（$Q_v$）与流速（$V$）、管径（$D$）、感应电动势（$E$）的关系如下：

$$Q_v = \frac{\pi D^2}{4} v$$

$$E = \frac{4fB}{\pi D} Q_v = KQ_v$$

式中，$f$、$B$、$D$、$\pi$ 均为常数，即 $K = \frac{4fB}{\pi D}$，因此流速感应的电动势 $E$ 与体积 $Q_v$ 成线性关系，只要测量出电极间的感应电动势 $E$ 就可确定流量 $Q_v$。

### 2. 电磁流量计的技术参数

（1）电磁流量计的参数要求。

①公称通径系列 DN(mm)。

②管道式四氟衬里：10，15，20，25，32，40，50，65，80，100，125，150，200，250，300，350，400，450，500，600。

③管道式橡胶衬里：40，50，65，80，100，125，150，200，250，300，350，400，500，600，800，1000，1200，…，2200。

④流动方向：正、反，净流量。

⑤量程比：150 : 1。

⑥重复性误差：测量值的 ±0.1%。

⑦精度等级：管道式，0.5 级，1.0 级。

⑧被测介质温度：普通橡胶衬里，−20 ～ 60℃；高温橡胶衬里，−20 ～ 90℃；聚四氟乙烯衬里，−30 ～ 120℃；高温型四氟衬里，−30 ～ 180℃。

⑨额定工作压力：管道式，DN6 ～ DN80 为 ≤ 1.6MPa；DN100 ～ DN250 为 ≤ 1.0MPa；DN300 ～ DN1200 为 ≤ 0.6MPa。

⑩流量测量范围：对应流速范围是 0.1 ～ 15m/s。

⑪电导率范围：被测流体电导率 ≥ 5μs/cm（一体式），大多数以水为成分的介质，其导电率在 200 ～ 800μs/cm 范围内，均可选用电磁流量计来测量其流量。

⑫电流输出：负载电阻 0 ～ 10mA 时，0 ～ 1.5kΩ；4 ～ 120mA 时，0 ～ 1750 kΩ。

⑬数字频率输出：可在 1 ～ 5000Hz 内设定，带光电隔离的晶体管集电极开路双向输出。外接电源 ≤ 35V 导通时集电极最大电流为 250mA。

⑭供电电源：85 ～ 265V，45 ～ 63Hz。

⑮直管段长度：管道式，上游 ≥ 5DN，下游 ≥ 2DN。

⑯连接方式：流量计与配管之间均采用法兰连接，法兰连接尺寸应符合 GB11988 的规定。

⑰防爆标志：EXdIIBT4。

⑱环境温度：～ 25 ～ 60℃。

⑲相对温度：5% ～ 95%。

⑳消耗总功率：小于 20W。

（2）电磁式流量计的使用条件。

①流量计应避开强电磁场干扰。

②管道内的水中应没有气泡和磁性颗粒。

③管路内水流应稳定。

④适用于流量不小于 0.01L/s 的井（泉）水流量测量。

实测水流流速应在 0.1 ～ 12m/s 的范围内。电磁流量计的管径是固定的，不同流量需要不同的管径。在选用流量时，一定要先弄清楚观测井（泉）的水流量范围，然后根据水流量选择相应管径的流量计。选择方法可参考表 6–8。

**表6–8　电磁流量计流量（Q）与管道内径关系表**

| 内径/mm | $Q_{min}$/（L/s） | $Q_{max}$/（L/s） | 内径/mm | $Q_{min}$/（L/s） | $Q_{max}$/（L/s） |
|---|---|---|---|---|---|
| 10 | 0.0079 | 1.178 | 80 | 0.5 | 75.28 |
| 15 | 0.0177 | 2.65 | 100 | 0.633 | 117.8 |
| 20 | 0.0333 | 4.711 | 125 | 1.225 | 183.9 |
| 25 | 0.0489 | 7.361 | 150 | 1.767 | 265 |
| 32 | 0.0806 | 12.06 | 200 | 3.139 | 469.4 |

续表

| 内径/mm | $Q_{min}$/（L/s） | $Q_{max}$/（L/s） | 内径/mm | $Q_{min}$/（L/s） | $Q_{max}$/（L/s） |
|---|---|---|---|---|---|
| 40 | 0.1256 | 18.85 | 250 | 4.889 | 736.1 |
| 50 | 0.1944 | 29.44 | 300 | 7.056 | 1058 |
| 65 | 1.3306 | 49.7 | 350 | 9.611 | 1442 |

电磁流量计的测量通道是段光滑直管，不会阻塞，适用于测量含固体颗粒的液固二相流体；所测体积流量不受流体密度、粘度、温度、压力和电导率变化的明显影响，测流量范围大，口径范围宽，能够适用于腐蚀性流体，因此非常适合于地震观测的井（泉）水流量的观测。这种流量计不适合用于含气体量大的井（泉）水流量观测。

### 3. 电磁流量计传感器安装

传感器安装位置尽量避开温度高、机械振动大、磁场干扰强、腐蚀性能强的环境。

传感器与显示仪表之间的连接传输电缆应用一条完整的屏蔽线，且不得与大功率的传输电缆安装在一起。

管道内一定要保证满水管。

管道内的水中应没有气泡和磁性颗粒。

管路内水流应稳定。

为了检修时不至影响管路中水流的正常输送，应在传感器两端的直管段外安装旁通管道。

最重要的是电磁流量传感器上游直管长度至少要有其管径（$D$）的 10 倍（$10D$），下游直管长度至少要有 5 倍的管径（$5D$），如图 6-28 所示。图中除满足上、下游直管长度外，在观测实验中发现，出水管口要略高于进水管口，且在直管前面加一个高于出水口的排气管效果更好，因为水中不可避免含有一定量的气体，在前面加一个排气管后可保证水进入传感器前把水中气体排出，这种措施可以解决水中含有少量气体的井（泉）水的流量观测。

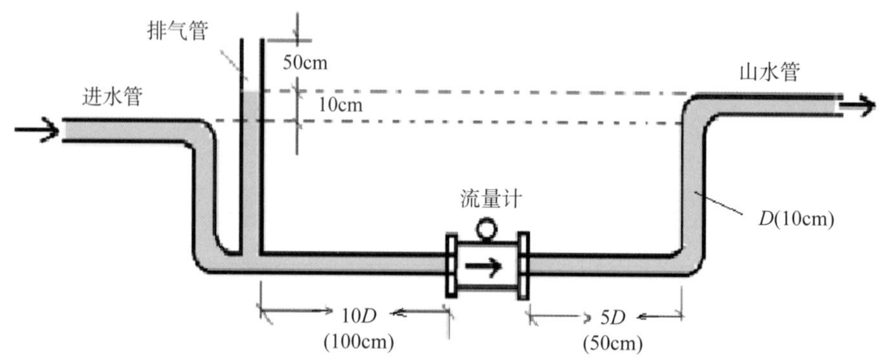


图 6-28　电磁流量计传感器安装的管径要求图

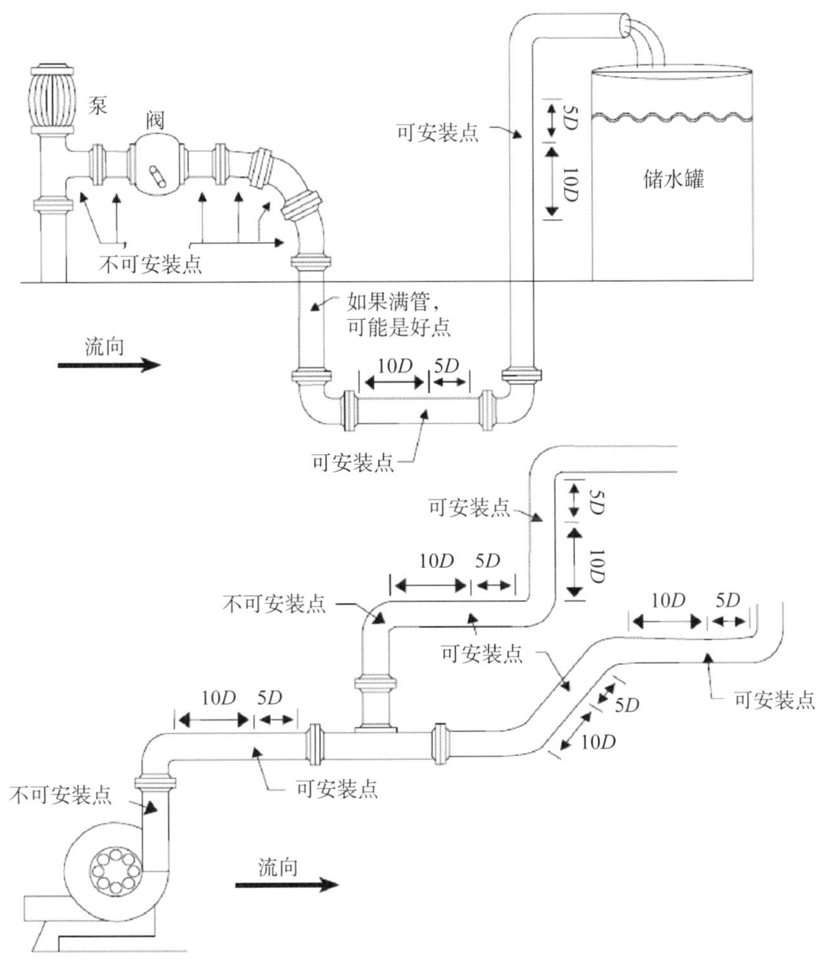


图 6-29　可安装电磁流量计传感器示意图

在实际观测中可能遇到各种各样的管路，根据电磁流量计的特点，只要满足管内水充满管路，没有气体即达到要求。传感器既可在竖直管道上安装，也可以在水平或倾斜管道上安装，图 6-29 给出了适于安装传感器的各种部位，但要求二电极的中心连线一定要处于水平状态。如图 6-30 所示。

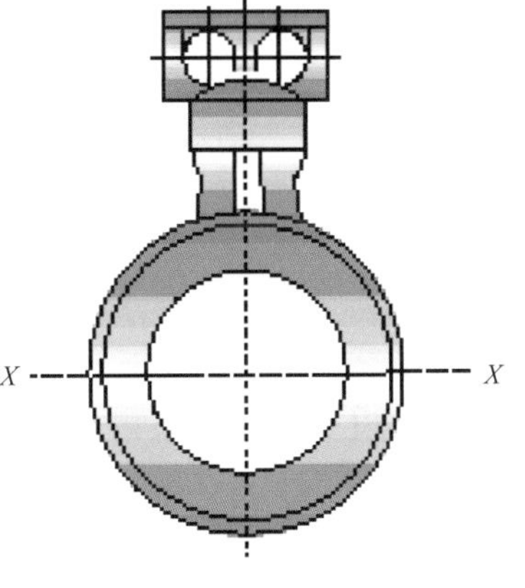


图 6-30　传感器水平状态

### 4. 电磁流量计常见故障及其排除方法

电磁流量计在运行中常见的故障有两类：一是仪表本身故障，即仪表结构件或元器件损坏；二是由外部原因引起的故障，如安装不妥、流量畸变、管内沉积和结垢等。

（1）无流量信号输出。

这类故障在使用过程中较为常见，原因一般有：①仪表供电不正常；②电缆连接不正常；③液体流动状况不符合安装要求；④传感器零部件损坏或测量内壁有附着层；⑤转换器元器件损坏。

这类故障的判别与排除方法如下：

①确认已接入电源，检查电源线路板输出各路电压是否正常，或尝试置换整个电源线路板，判别其好坏。

②检查电缆是否完好，连接是否正确。

③检查液体流动方向和管内液体是否充满。对于能正反向测量的电磁流量计，若方向不一致虽可测量，但设定的显示流量正反方向不符，必须改正。若拆传感器工作量大，也可改变传感器上的箭头方向和重新设定显示仪表符号。管道未充满液体主要是传感器安装位置不妥引起的，应在安装时采取措施，避免造成管道内液体不满管。

④检查变送器内壁电极是否覆盖有液体结疤层，对于容易结疤的测量液体，要定期进行清理。

⑤若判断是转换器元器件损坏引起的故障，更换损坏的元器件即可。

（2）输出值波动。

造成此类故障大多是由测量介质或外界环境的影响造成的，在排除外界干扰后故障可自行消除。为保证测量的准确性，此类故障也不可忽视。在有些观测环境中，由于测量管道或液体的震动大，会造成流量计的电路板松动，也可引起输出值的波动。

这类故障解决方案如下：

①确认是否为管路工艺操作原因，若流体自身确实发生脉动，此时流量计仅如实反映流动状况，脉动结束后故障可自行消除。

②外界杂散电流等产生电磁干扰时，检查仪表运行环境是否有大型电器或电焊机等在工作，检查仪表接地和运行环境是否良好。

③管道未充满液体或液体中含有气泡时，皆是管路工艺原因引起的。此时改进管路，待液体满管或气泡平复后，输出值可恢复正常。

④变送器电路板为插件结构，由于现场测量管道或液体震动大，有可能造成流量计的电源板松动，若已松动，则把流量计拆卸，重新固定好电路板。

（3）流量测量值与实际值不符。

这类故障产生的原因如下：

①变送器电路板是否完好；②当液体流速过低时，被测液体中含有微小气泡，气泡上升在管道上方逐渐聚集，使液体流通面积发生变化，气体多时还会产生干扰信号，影响测量准确度；③信号电缆出现连接不好现象或使用过程中电缆的绝缘性能下降引起测量不准确；④转换器的参数设定值不准确。

这类故障的判定与解决方案如下：

①检查变送器电路板是否完好。检查是否接线盒进水或被测液体腐蚀，导致电器性能下降或损坏，此时应更换电路板；

②保证管道内被测液体的流速在最低流量界限值之上，以使变送器能够正常工作。

③检查信号电缆连接和电缆的绝缘性能是否完好，若出现信号电缆松动现象，将其重新连接即可；若检查出电缆的绝缘性不符合绝缘要求，则需更换新的电缆。

④重新设定转换器设定值，并校验转换器的零点、满度值。

（4）输出信号超满度量程。

引起此类故障的原因大致有：

①信号电缆接线出现错误或电缆连接断开；②转换器的参数设定不正确；③转换器与传感器型号不配套。

这类故障的判定与解决方案如下：

①检查信号回路连接正常与否，若信号回路断开，输出信号将超满度值，此时需重新正确连接信号电缆。

②需检查电缆的绝缘性能是否完好，若已经不符合要求，则需更换新的电缆。

③详细检查转换器的各参数设定和零点、满度是否符合要求。

④检查转换器与传感器的型号是否配套，若不匹配需要与厂方联系调换。

（5）零点不稳。

这类故障的原因如下：

①管道未充满液体或液体中含有气泡；②主观上认为管道液体无流动而实际上存在微小流动；③如液体电导率均匀性不好、电极污染等；④信号回路绝缘下降。

这类故障的判定与解决方案如下：

①管道未充满液体或液体中含有气泡皆为管路安装工艺原因，进行改造后，输出值可恢复正常。

②管道内有微量流动，这不是电磁流量计故障。

③若杂质沉积测量管内壁或在测量管内壁结垢，或电极被污染，均有可能出现零点变动，此时必须清洗；若零点变动不大，也可尝试重新调零。

④由于受环境条件的影响，灰尘、油污等可能进入表壳体内，此时需要检查电极部位绝缘是否下降或破坏，若不符合绝缘要求，则必须进行清理。

## 六、涡轮流量计观测法

### 1. 涡轮流量计的结构与测量原理

涡轮流量计由涡轮、轴承、前置放大器、显示仪表组成。涡轮流量计的原理示意图如

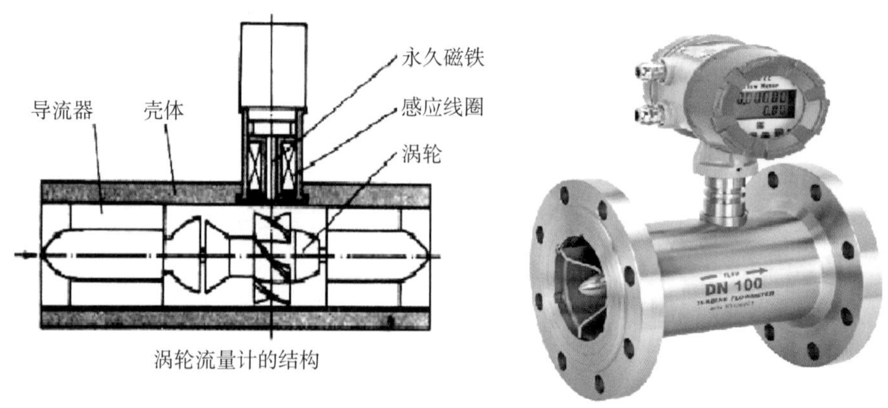


图 6-31　涡轮流量计结构及实物图

图 6-31，在管道中心安放一个涡轮，两端由轴承支撑，当流体通过管道时冲击涡轮叶片，对涡轮产生驱动力矩，使涡轮克服摩擦力矩和流体阻力矩而产生旋转，在一定的流量范围内，对一定的流体介质粘度，涡轮的旋转角速度与流体流速成正比。由此，流体流速可通过涡轮的旋转角速度得到，从而可以计算得到通过管道的流体流量。涡轮的转速通过装在机壳外的传感线圈来检测，当涡轮叶片切割由壳体内永久磁钢产生的磁力线时，就会引起传感线圈中的磁通量变化，传感线圈将检测到的磁通周期变化信号送入前置放大器，对信号进行放大、整形，产生与流速成正比的脉冲信号，送入单位换算与流量积算电路得到并显示累积流量值；同时亦将脉冲信号送入频率电流转换电路，将脉冲信号转换成模拟电流量，进而指示瞬时流量值。

涡轮变送器的工作原理是当流体沿着管道的轴线方向流动，并冲击涡轮叶片时，便有与流量 $Q$、流速 $v$ 和流体密度 $\rho$ 乘积成比例的力作用在叶片上，推动涡轮旋转。在涡轮旋转的同时，叶片周期性地切割电磁铁产生的磁力线改变线圈的磁通量。根据电磁感应原理，在线圈内将感应出脉动的电势信号，此脉动信号的频率与被测流体的流量成正比，即：

在一定的流量范围内，脉冲频率 $f$ 与流经传感器流体的瞬时流量（$Q$）成正比，其关系如下：

$$Q=\frac{f}{\xi}$$

式中，$Q$ 为流体的体积总量；$f$ 为电脉冲频率；$\xi$ 为流量系数，即仪器的仪表常数，$\xi$ 是涡轮流量计传感器的重要特性参数，不同的仪表有不同的 $\xi$，并随仪表长期使用的磨损情况而变化；其含义是单位体积流量通过流量传感器时，流量传感器输出的脉冲数。

### 2. 涡轮式流量计的技术参数

涡轮式流量计的技术参数如下：

①仪表口径及连接方式：4，6，10，15，20，25，32，40 采用螺纹连接；25，32，40，50，65，80，100，125，150，200 采用法兰连接。

②精度等级：±0.5%$R$。

③量程比：1∶10，1∶15，1∶20。

④仪表材质：304 不锈钢、316（L）不锈钢等。

⑤被测介质温度：−20 ～ 120℃；

⑥环境条件温度：− 10 ～ 55℃，相对湿度 5% ～ 90%，大气压力 86 ～ 106 kPa。

⑦输出信号：4 ～ 20mADC 电流信号（XY-LWGY-C 型）。

⑧信号传输线：2×0.3（二线制）。

⑨传输距离：≤ 1000m。

⑩信号线接口：内螺纹 M20×1.5（XY-LWGY-C 型）。

⑪防爆等级：ExdIIBT6。

⑫防护等级：IP65。

涡轮式流量计的测量与管径内径有关。二者的关系，如表 6-9 所列。

表6-9　涡轮式流量计的管径与测流范围关系

| 仪表口径/mm | 正常流量范围/（$m^3$/h） | 扩展流量范围/（$m^3$/h） | 常规耐受压力/MPa |
|---|---|---|---|
| DN 4 | 0.04～0.25 | 0.04～0.4 | 6.3 |
| DN 6 | 0.1～0.6 | 0.06～0.6 | 6.3 |
| DN 10 | 0.2～1.2 | 0.15～1.5 | 6.3 |
| DN 15 | 0.6～6 | 0.4～8 | 6.3、2.5（法兰） |
| DN 20 | 0.8～8 | 0.45～9 | 6.3、2.5（法兰） |
| DN 25 | 1～10 | 0.5～10 | 6.3、2.5（法兰） |
| DN 32 | 1.5～15 | 0.8～15 | 6.3、2.5（法兰） |
| DN 40 | 2～20 | 1～20 | 6.3、2.5（法兰） |
| DN 50 | 4～40 | 2～40 | 2.5 |
| DN 65 | 7～70 | 4～70 | 2.5 |
| DN 80 | 10～100 | 5～100 | 2.5 |
| DN 100 | 20～200 | 10～200 | 2.5 |
| DN 125 | 25～250 | 13～250 | 1.6 |
| DN 150 | 30～300 | 15～300 | 1.6 |
| DN 200 | 80～800 | 40～800 | 1.6 |

涡轮流量计的优点是输出信号为脉冲，易于数字化，精度高，且抗干扰能力好，测量范围宽。缺点是长期稳定性差，特别是在矿化度较高的井（泉）水中稳定性问题更为突出，因此在地震地下流体观测网中未得到广泛推广应用。

### 3. 涡轮式流量计的使用要求

仪表安装采用法兰连接、螺纹连接及夹装式。

安装时液体流动方向应与传感器外壳上指示流向的箭头方向一致，且上游直管段应 ≥ 10$D$，下游直管段应 ≥ 5$D$（$D$ 为被测管道实测内径）。

传感器应远离外界磁场，如不能避免，应采取必要的措施。

为了检修时不至影响液体的正常输送，应在传感器两端的直管段外安装旁通管道。

传感器露天安装时，请做好放大器插头的防水处理。

应根据放大器的电源选择传感器与显示仪表的接线方式，详见有关使用说明书。

### 4. 涡轮式流量计的安装要求

水平安装的传感器要求管道不应有目测可觉察的倾斜（一般在 5° 以内），垂直安装的传感器管道垂直度偏差亦应小于 5°。

需连续运行不能停流的场所，应装旁通管和可靠的截止阀，测量时要确保旁通管无泄漏。

若流体含杂质，则应在传感器上游侧装过滤器，对于不能停流的，应并联安装两套过滤器轮流清除杂质，或选用自动清洗型过滤器。若被测液体含有气体，则应在传感器上游侧装消气器。过滤器和消气器的排污口和消气口要引至安全的场所。

若传感器安装位置处于管线的低点，为防止流体中杂质沉淀滞留，应在其后的管线装排放阀，定期排放沉淀杂质。

流量调节阀应装在传感器下游，上游侧的截止阀测量时应全开，且这些阀门都不得产生振动和向外泄漏。对于可能产生逆向流的流程应加止回阀以防止流体反向流动。

传感器应与管道同心，密封垫圈不得凸入管路，液体传感器不应装在水平管线的最高点，以免管线内聚集的气体（如停流时混入空气）停留在传感器处，不易排出而影响测量。

传感器前后管道应支撑牢靠，不产生振动，对易凝结流体要对传感器及其前后管道采取保温措施。

### 5. 涡轮式流量计的维护及故障诊断

涡轮流量计常见故障主要集中出现在机械装置和电子部件两个方面。

（1）机械装置常见故障。

①漏气、漏液：在使用过程中，如流量有较大偏差，应检查涡轮流量计安装的密封性。

②注油问题：定期注入润滑油或清洗液可以起到保护机芯的作用，但不当的操作会导致流量计机芯内油液过多，与流体中的杂质混合后停留在机芯内，造成计量读数不准确；此时应对流量计机芯进行清洗，并重新标定。

③整流器堵塞：当流量和压力明显降低时，前整流器有可能被杂质堵塞，需清理整流器。

④叶轮损坏：读数偏差的又一个原因可能是叶轮的损坏，经过长期使用后，叶轮会出现折断，流体流过叶轮时流量不均匀，此时必须更换叶轮。

⑤ 轴承损坏：当涡轮流量计使用一段时间后，最容易损坏的机械部件是流量计轴承，必须定期清洗或更换机芯轴承。

⑥磁感应元件损坏：磁感应元件损坏后，流量计不能真实地把流体通过的量值反映到读数上，此时应更换。

⑦温度、压力传感器失效：通过涡轮流量计的是瞬时工况流量，须经过温压修正后得到标况流量。温度、压力传感器失效使计量数据不准确，应及时更换。

（2）电子装置常见故障。

①流量计接入有误：流量计应可靠的接地，使用规定电源，以防烧毁内部元件。

②接通电源后无信号：首先应检查电源与输出线连接是否正确，再提高介质流量，满足流量计的起始流量大小，最后检查流量计脉冲输出方式是否选用正确。

③瞬时流量显示为零：此时应检查前置放大器是否正常。

④瞬时流量不稳定：可能的原因是接地不良或流量计叶轮转速不稳定。

⑤无信号：应检查流量计下限截止频率。

⑥液晶屏无显示：检查电池电量或更换受损的液晶显示屏，也有可能是接线错误导致主电路板烧毁而无显示，此时应更换线路板。

（3）显示仪表的常见故障。

①显示仪表不工作（如果显示仪完好）的故障原因有：

（a）接线不正确；（b）放大器损坏；（c）传感器叶轮卡死；（d）实际流量低于仪表计量范围等。

排除方法如下：（a）改正接线；（b）更换损坏部分；（c）清理杂物及管道；（d）调整实际流量；

②显示仪表工作不稳、计量不准确的故障原因如下：

（a）实际流量高于或超出仪表的计量范围；（b）仪表内有气体；（c）有较强的外磁场干扰放大器；（d）传感器轴承磨损。

排除方法如下：（a）调整实际流量；（b）消除气体；（c）采取屏蔽措施；（d）更换轴承。

## 七、流量计的标定

流量计一般采用容积法进行标定。

标定时重复测量次数应不少于 7 次。对测得的流量值去掉最大值和最小值，取 5 个测量值的均值作为标定值 $Q_{标}$，同时读取仪器的 5 个观测值并计算其均值 $Q_{仪}$。标定记录见表 6-10。

标定系数 $K$ 计算公式为：

$$K=\frac{Q_{标}}{Q_{仪}}$$

偏差 $\sigma$ 计算公式为：

$$\sigma=\frac{K_{新}-K_{原}}{K_{原}}\times100\%$$

式中，$K_{新}$为本次标定求得的标定系数，$K_{原}$为前次标定求得的标定系数。

标定结果，当标定系数偏差 $\sigma>5\%$ 时，应使用 $K_{新}$值；若 $\leqslant 5\%$ 时，可继续使用 $K_{原}$。

表6-10 流量计标定记录表

| 站（井）名称 | （所） 台 站（井） | | | 观测员姓名 | |
|---|---|---|---|---|---|
| 标定日期 | 年 月 日 | | | 仪器型号 | |
| 流量计标定（容积法） | | | | | |
| 标定次数 | 1 | 2 | 3 | 4 | 5 |
| 注入容器中水的体积$V$/L | | | | | |
| 注水所用时间$t$/s | | | | | |
| 容积法流量$Q=V/t$/(L/s) | | | | | |
| 容积法求得流量均值$Q_{标}$/(L/s) | | | | | |
| 仪器观测值$Q$/(L/s) | | | | | |
| 仪器观测值均值$Q_{仪}$/(L/s) | | | | | |
| 标定系数 $K=\frac{Q_{标}}{Q_{仪}}$ | | 偏差 $\sigma=\frac{K_{新}-K_{原}}{K_{原}}\times100\%$ | | | |
| 标定人签名 | | 复核人签名 | | | |

# 第三节 井（泉）水流量观测结果的处理

## 一、观测日志的填写

有人值守的数字化观测台站，必须每天填写观测日志。观测日志的内容，主要是填写仪器运行状况及其有关的运行环境，发现的故障及其处理情况，产出的数据情况及其他与台站运行有关的内容。

仪器运行状况及其有关的运行环境，指交流电源电压、直流电源电压、浮充电源电压及动水位观测井的泄流量测定时间与测定的量。仪器故障时，填写发现时间、故障表现及其处理情况，如报告上级、电话咨询有关专家、送厂家检修、更换备用仪器，检测待修等。

产出的数据情况，主要指数据完整率或连续率，引起数据不正常的原因（如维修仪器、校测、科学实验等）。

凡是同台站运行与流量计工作有关的情况，都要一一作出说明。

观测日志填写格式，要符合相关管理部门如中国地震局地下流体学科台网管理组的相关规定。

无人值守的台站，原则上也应有观测日志。这个日志一般由区域前兆台网管理部门或中心地震台有关人员填写。

在填写观测日志时，对仪器故障、更换仪器、标定、重启、调零、时钟错误、工作参数错误、成片坏数、停电、雷击、人为干扰、观测系统变化、观测环境变化、自然现象（风、雨、雪、洪水等）、地震活动以及其他引起观测数据出现大幅突跳、阶变等异常变化的事件，对照相应的观测日志条逐条目进行填写。

## 二、观测数据处理

观测数据的处理，一般由区域前兆台网中心的有关人员进行。处理的内容包括预处理、均值计算、产出月报等。

### 1. 观测数据预处理

数据预处理包括对无效数据与异常数据的处理。

无效数据一般指产出的数值为“0”或负值，有时出现超量程的数据与不在合理取值范围的数据等。

异常数据指观测技术系统故障、仪器标定等造成流量动态违背正常变化规律的数据。这些异常数据实质上也是无效数，一般视为“缺数”。

有时出现的原因不明的单点突跳（脉冲）或阶变等，明显不符合正常变化规律的数据，一般也看作是无效数。

上述的各类无效数，均要填写在“观测日志”中的数据情况中。

按照各学科要求，对仪器故障、调零、雷击、人为干扰、更换仪器、时钟错误、工作参数错误、成片坏数等事件影响的错误或故障数据应进行预处理并填写观测日志。

在台网中心的数据库中要有两类数据，一类是包含上述无效数在内的所有原始数据，另一类是把上述无效数据作为缺数预处理之后的有效数据。一般对外提供服务的数据，应是第二类数据。

### 2. 均值计算

原始的观测数据，一般是分钟值数据。在个别井台，为了某些研究的目的，还有秒钟采样获取的秒钟值数据。

根据地震分析预报与科学研究的需求，应计算各类均值。这些均值包括时均值、日均值、旬均值、月均值、年均值等。这些均值的计算原则是根据前一个层次的数据系列求算某一个层次的均值（表 6–11），不可跨层次计算均值，如由分钟值直接计算日均值等。

**表6–11　各类均值计算的规定**

| 各类均值 | 时均值 | 日均值 | 旬均值 | 月均值 | 年均值 |
|---|---|---|---|---|---|
| 计算用数据 | 分钟值 | 时均值 | 日均值 | 旬均值 | 月均值 |

### 3. 数据报表

每天上午按照各个学科规定的处理内容、规范要求进行专业数据处理并形成专业数据产品。

每月 5 日前，编制上个月的观测数据月报表，报送到区域地震前兆台网中心或学科中心。

每月 8 日前，完成上月台站观测月报的编写，报送至区域地震前兆台网中心。

每年 1 月 31 日前，完成上一年度台站观测年报的编写，报送到区域地震前兆台网中心。

# 第七章 地下水物理观测数据集成与管理

## 第一节 观测数据集成与管理平台

20 世纪 90 年代以后，随着计算机技术在我国的大力推广和迅速普及，地震观测技术也逐步向数字化方向发展。“九五”期间，我国的地震观测台网进行了大规模的数字化改造，地震及地震前兆观测全面实现了数字化。观测方式也全部实现自动化，提高了观测精度和采样率，多数地下流体物理量的观测实现了分钟采样，个别观测还实现了秒采样。观测设备（仪器）具备了数据通信能力，数据通讯方式基于 RS-232 串行通信技术标准进行，通讯方式支持本地串行电缆直连和远程电话拨号。地震台站的观测数据能够通过电话拨号的方式及时采集和收取。同时，分省建设了区域前兆台网部和区域前兆数据库，实现了观测数据的集中汇集和统一入库管理，初步实现了观测数据的共享服务。

“十五”网络工程项目，建成了覆盖全国的地震信息专用网络平台，实现了地震台（站）、区域中心、国家中心网络互联。“十五”网络工程的建设为我国的地震观测、地震预测、地震科研、数据交换、数据存储、数据共享服务、应急响应、地震救援、灾害评估等搭建

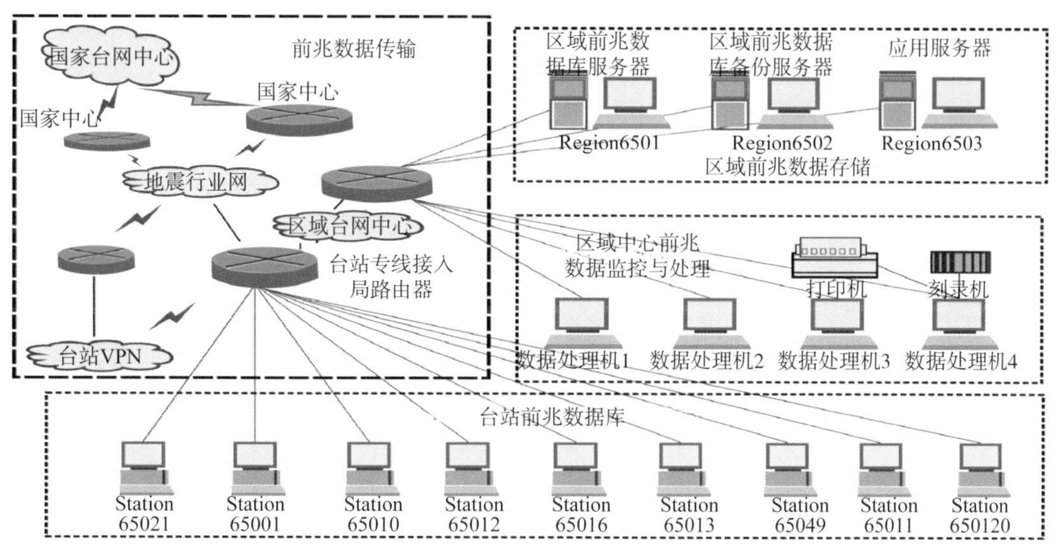


图 7-1 中国地震台网的技术构成

了统一的快速的信息服务平台和技术支撑平台。“十五”地震观测的核心技术是网络化，IP 到仪器，数据通信方式为基于 TCP / IP 协议的网络通信。“十五”网络工程的成功建设，使我国的地震观测技术达到了世界先进水平，台网规模空前增大，形成了国家地震前兆台网中心、学科台网中心、区域前兆台网中心与前兆台站连为一体的数字化网络系统，如图 7-1 所示。

地下水物理观测数据的集成与处理，同其他前兆观测数据的集成与测量一样，是在三级前兆台网中心网络平台进行的。

## 第二节　台站观测数据的汇集

### 一、“九五”模式下的数据汇集

前兆仪器记录到的数据为模拟量、频率量时，可直接由综合数据采集器采集，已经数字化的数据是先由前兆仪器的主机采集后再通过 RS-232 口与综合数采相连的方式采集。水温、水位两种仪器主机本身也具备了数据采集和传输的功能，因此在“九五”数字化改造时，这两种仪器可以由两种方式与综合数采连接，一种是水位以（0 ~ 2V）电压模拟量、水温以频率量与综合数采相连接，另一种是以智能化仪器的方式通过 RS-232 口与综合数采相连接。然后通过有线通信（离台网中心较远的台站）或现场总线（距离小于 100m 的台站）与台网中心连接，如图 7-2 所示。由于该方式已经不再使用，故不再赘述。

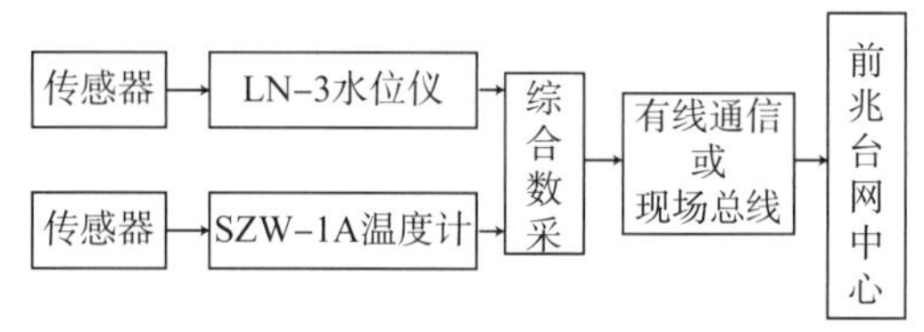


图 7-2 “九五”数据汇集模式

### 二、“十五”模式下的数据汇集

“十五”期间地震前兆观测设备为适应前兆分项的设计要求，全部采用网络技术实现设备的数据传输和通信，实现了 IP 到仪器的设计目标。“十五”通信规程的另一个特色是为每一台前兆设备编制 12 位设备 ID 号，出厂时由厂家给设备分配唯一的 ID 号。同一型号前兆观测设备其前 8 位是相同的，同一厂家生产的前兆设备其中间 4 位是相同的，这样可以方便用户对设备的识别。唯一设备 ID 号在通信规程的命令中都有体现，发送给设备的命令中 ID 号必须同设备内部配置的 ID 号一致，否则设备拒绝响应发送的命令并返回错误信息。设备返回的数据封装包中也包含设备 ID 信息，这样可以确保观测数据和产出该数据的观测设备始终是绑定在一起的，即使观测数据导入到前兆数据库中，通过与其关联的仪器 ID 号，也可以获得该数据的前兆设备运行状态信息、设备运行日志信息等。因此在“十五”数字化改造时，所有的前兆仪器都增加了网络接口和仪器的唯一 ID 序列号。仪器主机本身具备了数据的采集、存储和网络传输功能，前兆台网中心可以通过网络（光纤专线或无线 wifi\3G\4G）直接访问每一台设备。连接方式见图 7-3 所示。

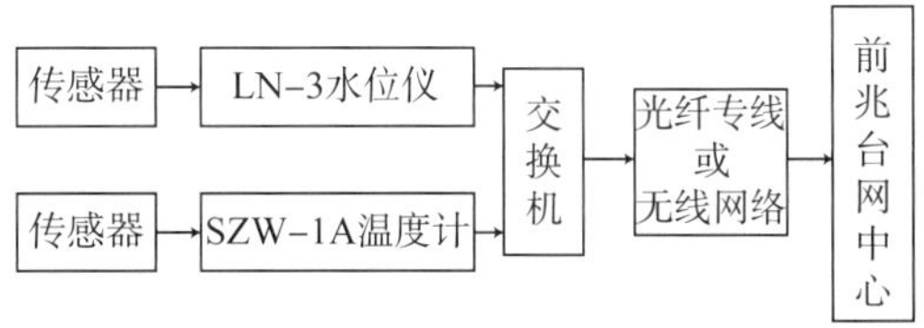


图 7-3　“十五”数据汇集模式

## 三、“九五”转“十五”模式的数据汇集

随着中国地震局“十五”网络化项目改造的完成，“十五”仪器都已接入到中国地震局“十五”前兆网络，且利用“十五”管理系统实现了仪器的网络化控制与数据自动汇集。在实施“九五”项目期间，安装了大批遵从“九五”通信规程的前兆仪器，这些仪器在“九五”台网中已连续、稳定运行多年。“九五”前兆仪器和“十五”前兆仪器的数据汇集、管理、分析处理是分别运行的，从而导致“九五”前兆台网与“十五”前兆台网并存的局面，使得台站监测人员既要收取、处理“九五”台网的数据，又要管理“十五”台网的数据；既要保留远程电话拨号收数功能，又要实现台站的网络化管理；数据处理人员既要处理“九五”格式数据，又要处理“十五”格式数据。结果从数据管理、管理费用、工作量等方面给台站工作带来很多困难。为此中国地震局对“九五”模式进行了“九五”转“十五”的技术改造。“九五”转“十五”改造的核心是增加了一个“通信协议转换器”。

通信协议转换器的主要功能是：①通过 RS-232 串口实现同现场总线的通信，支持“九五”通信协议，实现数据的汇集与交互功能；②通过 RS-232 串口实现与“九五”通信软件 EPCC( 或其他通信控制软件 ) 的通信，并能将通信命令传给设备端；③通过 RJ-45 网口实现网络通信，支持“十五”网络通信协议，并将设备产出数据以“十五”通信协议格式进行传输；④具有基本参数设置和“九五”、“十五”参数对应功能；⑤具有时钟校对功能，包括自身校对和仪器时钟校对；⑥能够不间断运行且长期运行稳定可靠。见图 7-4 所示。

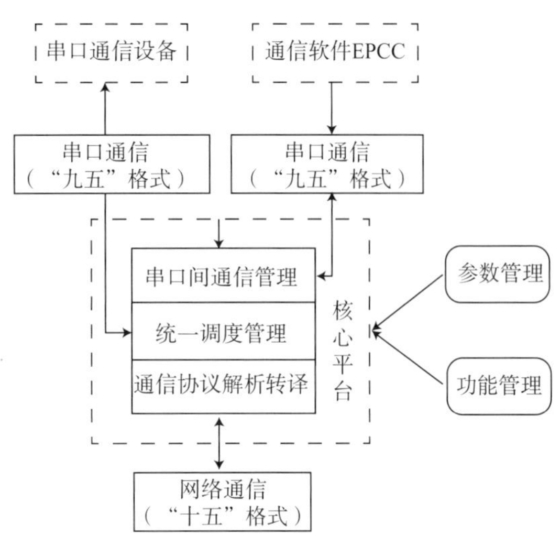


图 7-4　通信协议转换器功能示意图

通过改造，实现了“十五”前兆数据管理系统对台站“九五”前兆仪器产出数据的自动汇集功能，完全能够满足前兆台站日常工作需求，同时实现了“九五”设备和“十五”

系统的接入整合，以及“九五”前兆仪器的网络化传输，改变了“九五”前兆台网和“十五”前兆台网分别运行的现状，改善现有前兆运行系统的运行条件，促进了前兆观测系统的统一化、规范化。

根据“十五”前兆台网 IP 仪器设计要求，在进行前兆仪器“九五”转“十五”时，最简便的方法是每一台前兆仪器配一个“通信协议转换器”，但是在改造过程中，发现“九五”是以综合数采的模式设计，有的台站有许多套智能化前兆仪器，如果每一套仪器配一个“通信协议转换器”，不仅设备浪费，而且 IP 地址资源也不够。因此在改造时，如果台站仪器少于 3 项，一般就每一台仪器配一个“通信协议转换器”，然后通过交换机与台网中心相连（图 7-5a）；如果台站仪器比较多，不仅有单测项的智能化仪器还有综合数采等，则充分利用原来各仪器之间通过光隔总线的方式实现到综合数采的技术，为综合数采配备“通信协议转换器”（图 7-5b），这样台站只需要给仪器设备配备一个 IP 地址即可。在前兆观测项目多，离台网中心远的台站一般都建有信息节点，本区域的前兆测项汇集到节点后再与前兆台网中心互通。前兆测项少的台站通过网络直接与区域前兆台网中心互通。

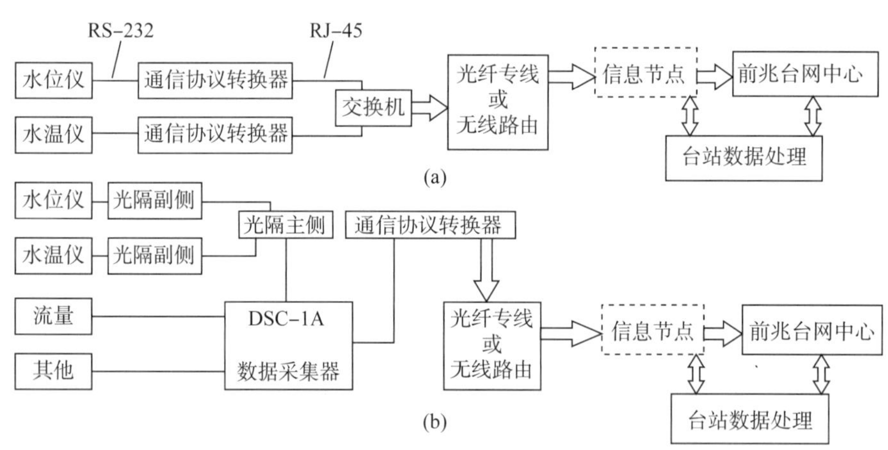


图 7-5 “九五”转“十五”台站数据汇集的两种方式

# 第三节　观测数据的处理

前兆台站的所有数据在台站集成后都汇集存储在信息节点或区域前兆台网中心，前兆台站人员通过从节点或直接从区域前兆台网中心对数据进行处理。

## 一、数据日常处理的内容

每天及时查看台站运行工作状况，包括仪器状态、相关软件状态、数据上报情况、报警信息等，产出监控日报，并上报到区域地震前兆台网中心。

根据观测技术规范要求，定期对观测仪器、观测系统进行标定和维护，并记录日志。日常处理内容见图 7-6 所示。

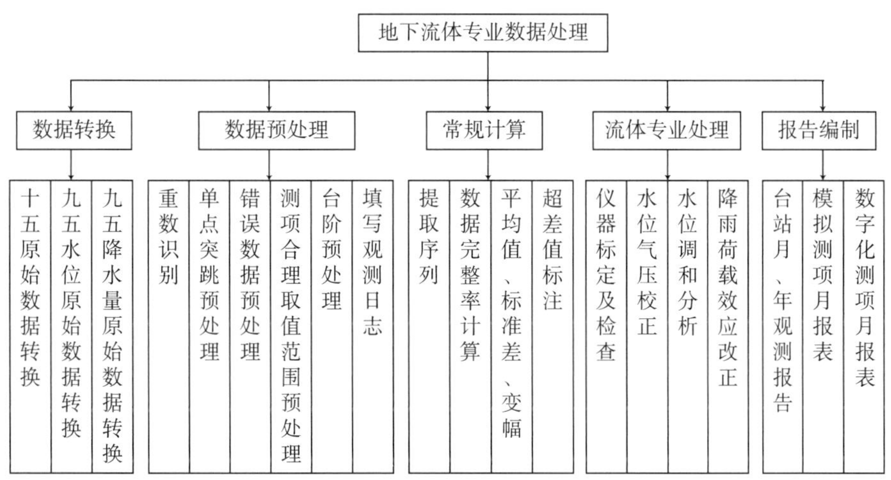


图 7-6　数据日常处理内容

## 二、日常处理的要求

### 1. 数据转换

数据转换就是从原始数据表中读数，写入预处理数据表、产品表，转换分钟值同时提取小时值、日值，转换小时值同时提取日值，转换时有进度指示、缺数个数提示，如图 7-7 所示。

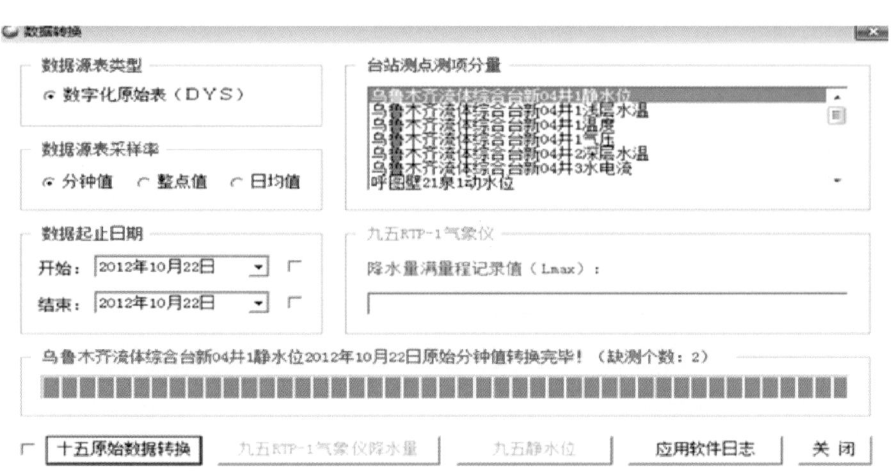


图 7-7　数据日常处理中的数据转换工作示意图

每天，台站要进行数据转换操作，否则无当日预处理分钟值（整点值、日值），直接影响测项的月完整率评分。

当发现数据预处理误操作，需要恢复时，要重新执行数据转换操作，将覆盖已处理过的数据。

在重新进行数据转换后，要手工删除原来预处理观测日志，软件不自动删除观测日志。

数据转换处于死机（锁）状态，转换不成功，请检查数据库服务器 QZDATA、SYSTEM 等表空间是否不足、如果不是，则扩充、重启。

### 2. 数据预处理

按照《地下流体数字化观测数据预处理办法(试行)》进行数据预处理。先查看测项曲线，如果没有问题，不进行任何数据预处理操作，如果有再进行预处理。

预处理内容有单点突跳预处理、错误数据预处理、测项合理取值预处理、台阶预处理等，各类内容的预处理工作见图 7-8。

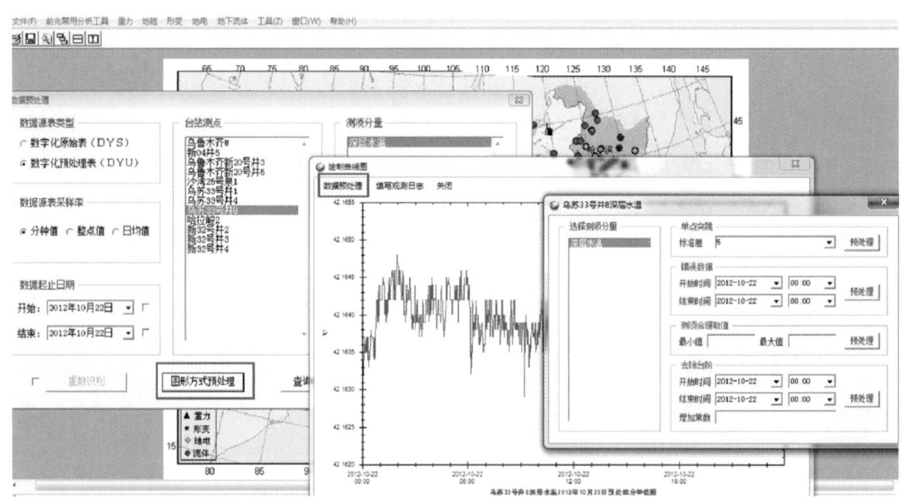


图 7-8　数据预处理工作示意图

（1）单点突跳预处理。

勾选“当前去除单点突跳”并设置标准差阈值，当绘制了某个测项分量一天曲线图时，按住 Ctrl 键，使用十字形鼠标拉伸一个矩形框，将所选时段内超 *n* 倍标准差的数据置为 NULL，或在数据预处理方式选择界面中，设置标准差阈值，将绘图时段内超过 *n* 倍标准差上下限的数据置为 NULL。

（2）错误数据预处理。

勾选“当前去除错误数据”，当绘制了某个测项分量一天曲线图时，按住 Ctrl 键，使用十字形鼠标拉伸一个矩形框，将所选时段内的数据置为 NULL，或在数据预处理方式选择界面中，设置错误数据开始时间点、结束时间点，将起止时间点内的数据置为 NULL。

（3）测项合理取值预处理。

在数据预处理方式选择界面中，设置测项分量合理取值范围，将绘图时段内大于最大值或小于最小值的数据置为 NULL。

（4）台阶预处理。

在数据预处理方式选择界面中，设置台阶开始时间点、结束时间点、增加常数（ ± ），将起止时间点内的数据增加一个常数。

### 3. 填写观测日志

数据预处理情况自动写入台站观测日志表。值班员根据日志类型码查询情况，手工修改日志类型码，并对照日志类型码修改日志描述，修改日志填写人员的姓名等，如图 7-9 所示。

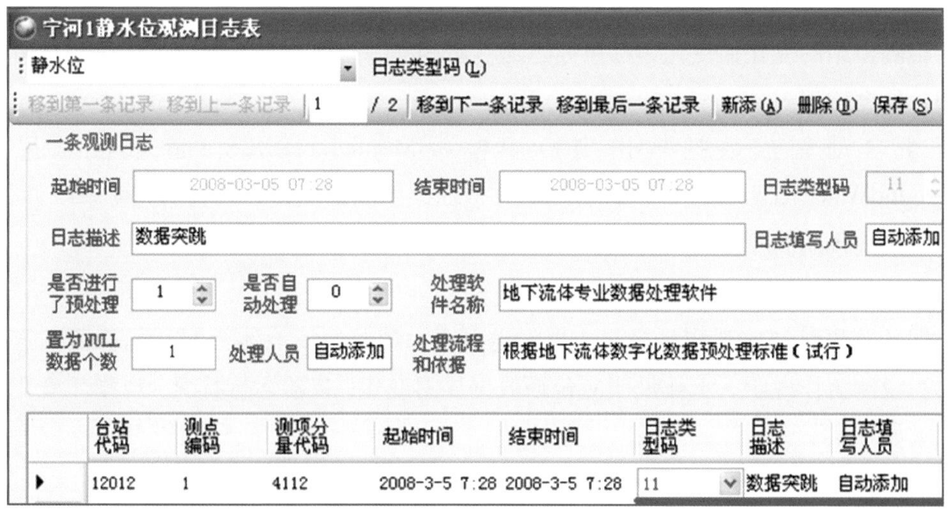


日志类型码

(1) 0 正常；1 停电；2 仪器故障；3 校准；4 调零；5 雷电；6 人为干扰；7 更换仪器；8 观测环境变化；9 时钟错误

(2) 10 工作参数错误；11 数据突跳；13 自然现象（风、雨、雪、洪水等）；15 台阶；16 地震；17 重启；18 正常缺数

(3) 101 传感器故障；102 主机故障；103 数采故障；104 通信单元故障；998 原因不明；999 其他因素

(4) 重力、定点形变专用： 211 载荷干扰；212 振动干扰；213 水文地质环境变迁

(5) 地磁专用： 311 车辆影响；312 工厂运行影响；313 高压直流输电影响；314 地铁轻轨影响

(6) 地磁专用： 315 地电阻率观测影响；316 交直流切换影响；317 基建工程影响

(7) 地电专用： 341 电极充电；342 外线路故障；343 电源故障；344 电源不稳；345 数据超差

(8) 流体专用： 411 井断流；412 探头扰动；413 排水管堵塞；414 气路故障；415 井口改造

图 7-9　观测日志填写工作示意图

在菜单中点击“新添”，自动检索1天之中缺数个数、缺数时段，并添加1条观测日志。

若无缺数，日志类型码默认为0，日志描述默认为正常，日志填写人员默认自动添加；若有缺数，日志类型码默认999，日志描述默认缺数，日志填写人员默认自动添加。

可手工修改日志类型码、日志描述、日志填写人员。

#### 4. 产出月报表

（1）常规计算。

月报表的产出首先要进行常规计算，常规计算只针对数字化预处理数据表。常规计算主要包括：提取小时值、时均值、日变幅、日（均）值、五日（均）值、旬（均）值、月（均）值、年（均）值序列；完整率计算；（任意时段）算术平均值、标准差、变幅；超差值标注。

（2）参数设置。

首先选择台站测点、测项分量，再选择年月，设置工作说明、观测人、校对人、负责人。单位名称随台站的变化而变化，月报标题随台站测点、测项分量、选择年月的变化而变化。

（3）数据输出。

程序自动完成数据输出到Excel模板MonthTable.XLS（静水位采用模板StaticGroundWater.XLS），小时值、日（均）值曲线图的绘制，以及数据完整率统计。

（4）其他说明。

观测工作说明的其余部分人工填写。

根据各测项年评比观测月报与数据报送要求、地震地下流体台网运行管理实施细则，翔实填写观测工作说明。工作说明应包括数据异常变化、仪器运行状况、观测环境变化等。具体要求如下：

①数据异常变化说明：对数据的突变、阶变、缺数等异常变化进行说明。

②观测系统运行状况说明：对仪器故障和维修情况，对可能影响观测资料质量和数据动态变化的观测系统变化情况进行说明。

③观测环境变化说明：对可能影响观测资料质量和数据动态变化的观测环境变化情况进行说明。

（5）填表时要注意的问题。

①观测仪器标定时段数据：在观测仪器标定时间段内产生的数据必须处理成缺数，并记入观测日志。

②重数识别处理：水位、水温等连续6个小时以上数据出现完全相同的现象时要求标注并查找原因，如确认为故障应处理为缺数，将故障及数据处理情况亦记入观测日志中；测项的观测数据连续2天以上（含2天）不同时刻的数据相同，应查找原因，如确认技术系统原因，必须将第二天以后的重复数处理成缺数，数据处理情况记录在观测日志中。

③单点突跳数据：水位、水温物理量观测数据分钟值出现单点突跳，且严重影响正常日动态规律的数据要按缺数处理。

④台阶处理：动态曲线出现明显的台阶、突升或突降，必须查找原因，并在观测日志中说明。台阶一般不需要处理，但对于由于确定的原因造成的台阶，台阶前或后的数据可以通过定量的数据关系改正消除台阶，在条件许可的情况下，对此类台阶可以进行改正。例如，对于水位由于探头的投放深度变更，校测调整参数造成的台阶等均可以改正。

## 第四节　台网中心的运行管理

### 一、区域台网中心的运行管理

区域地震前兆台网中心是区域地震前兆台网运行维护与管理的中心，基本任务与职责是：负责区域地震前兆台网和台网中心技术系统的运行与维护；承担区域台网观测数据的汇集、处理、存储与报送；实时或准实时监控区域台网运行状况和观测数据质量；完成学科台网中心和国家地震前兆台网中心布置的各项工作；组织开展观测技术人员的业务技术培训等；负责完成区域地震前兆台网中心无人值守台站（点）的各项工作内容。

数据的汇集是区域前兆台网中心的一项重要工作，所有前兆台的数据和节点的数据都首先汇集在区域前兆台网中心，进行存储、备份等工作。

每天上午完成本台网前一天观测数据和日志的汇集工作。对前一天观测数据和日志的汇集情况进行检查；如发现有数据汇集失败的台站，应采取手动收取或通知台站收集等措施完成数据的汇集。

检查各台站数据预处理情况，如发现未做预处理或预处理不当的，应及时与台站联系并督促完成或改进。

区域前兆台网中心每天总体数据连续率和完整率（指台网所有纳入运行仪器数据连续率 / 完整率的平均值）不低于 95%。

每天对备份数据库进行检查，确保备份数据库与主数据库一致；对主数据库及备份数据库进行操作系统及增量备份。

### 二、学科台网中心的数据质量管理

各学科技术管理组通过学科台网中心技术平台，负责本学科台网观测数据质量的管理。主要是对学科台网数据质量进行监控与评比，产出专业数据产品，提供专业技术咨询和数据共享服务。学科台网中心的建设单位负责学科台网中心技术系统的运行维护工作。

前兆台网中心主要负责台网的运行维护，对台站设备运行率、完整率及观测日志等进行监控，而学科中心负责台站产出数据的质量监控和评比工作，台站要取得高质量的观测数据与学科的监督指导有着非常重要的关系。监控的措施，主要体现在资料质量的评比。评比的结果不仅是对台站资料质量的评判，也是对台站工作人员的评判，更是对日常监测工作的科学引导。为了让前兆台人员充分了解学科的质量监控措施，有必要对水位和水温的评比办法进行介绍，以利于台站观测人员严格按照规范进行操作。水位和水温的资料评比细则见附件 1 ～ 4。

从评分标准可以看出评比的主要内容是观测数据的完整率，因此台站人员和区域前兆台网中心如何能确保观测数据的完整率是一项非常重要的工作。这就必须在观测条件、观测环境、仪器运维技术等各方面提供有力的保障。这一项工作虽然是由客观条件决定，但是可以通过改造来改善和提高。

另一项评比的主要内容是观测数据的内在质量。水位的内在质量主要是潮汐因子大小，这个值的大小与每口井的本身条件有关，一旦建成，井孔结构设计与施工井是没有办法改变有关条件的，所以要求在观测井的建设过程中要科学规范勘选、钻井。

对于水温内在质量的评价，主要依据其均方差的大小。其大小也与观测井条件有关，但可适当改善的。过去许多井在安装水温传感器时，没有进行详细的温度梯度测试，没有进行低背景噪声和潮汐位置的选择，其实通过传感器放置位置的调整，完全可以提高内在质量。

至于观测日志、数据上报等主要是考核台站人员的责任心，观测日志对分析预报与科学研究是非常重要的文件。

另外，体现资料在震情监测、预测和研究中的评定作用。

因此，通过学科对观测数据资料的质量监控，可以达到如下效果 ：

①督促台站和台网人员不仅要考虑提高数据完整率，还要努力产出内在质量好的观测数据。

②督促台站和台网人员不仅要生产数据，还要努力分析与使用数据开展震情分析、地震预测和科学研究工作。

③为了弄清楚数据出现异常的原因等，为了其他的数据用户更好地使用和分析数据，促使台站和台网人员更加认真地填写观测日志。

# 附录

## 附录1　水位观测资料全国月评比评分标准（2015版）

### 一、观测数据完整率（70分）

1. 数据完整率以整点值为单位进行计算，计算的时间长度为一个月。

2. 完整率为95%时，得60分，完整率每增加1%，加2分，减少1%，扣1分，扣满70分为止。

3. 断流、井喷或未经上级主管批准并报学科管理组备案自行进行井口改造、试验研究、改变观测环境与观测系统造成的数据中断，按缺数处理。

### 二、观测质量（15分）

全月的观测数据动态受观测环境或人为干扰明显，动态稳定性极差，观测数据基本不可用，观测质量扣15分。

#### 1. 月观测曲线动态特征（5分）

（1）整点值曲线的月动态特征有清晰的规律或动态稳定，给1分；有较清晰的规律或动态相对稳定，给0.5分，无规律的或不稳定者不给分。

（2）动态稳定性：以月观测数据整点值为依据，计算其一阶差分值的标准差（$\sigma$）作为衡量标准。当$\sigma < 0.1$时不扣分；每增加0.01时扣0.1分，扣满4分为止（经落实的异常、同震、震后效应数据除外）。

#### 2. 观测数据的内在质量（10分）

（1）观测精度< 0.01得8分，每增大0.01扣0.2分。

（2）潮汐因子≥ 1.00（动水位≥ 0.80），得2分，每降低0.1（动水位0.05）扣0.02分。

### 三、日常检查（15分）

#### 1. 观测日志（5分）

观测日志必须认真翔实填写。对仪器故障、更换仪器、重启、标定、校测、调零、时钟错误、工作参数错误、成片坏数、停电、雷击、井断流、探头扰动、排水管堵塞、井口改造、人为干扰、观测环境变化、自然现象（风、雨、雪、洪水等）、地震以及其他引起观测数据出现大幅突跳、阶变等异常变化的事件，应有相应的观测日志条目，每缺一个条目，扣0.2分，对事件描述不够详细的，酌情扣0.01～0.05分。观测日志填写错误或对事件描述不准确，出现1次扣0.2分。

**2. 数据预处理（10分）**

（1）水柱高度没有转化成水位值扣4分。

（2）按照地下流体数字化观测数据预处理办法，对受仪器故障、标定、校测、调零、雷击、人为干扰、更换仪器、时钟错误、工作参数错误、成片坏数等事件影响的错误或故障数据应进行预处理，每缺一次，扣0.2分。

（3）只要有原始数据，应生成相应的预处理数据，缺1天预处理数据，扣0.2分。

# 附录2 水温观测资料全国月评比评分标准（2015版）

## 一、观测数据完整率（70分）

1. 数据完整率以整点值为单位进行计算，计算的时间长度为一个月。

2. 完整率为95%时，得60分，完整率每增加1%，加2分，减少1%，扣1分，扣满70分为止。

3. 断流、井喷或未经上级主管批准并报学科管理组备案自行进行井口改造、试验研究、改变观测环境与观测系统造成的数据中断，按缺数处理。

## 二、观测质量（15分）

全月的观测数据动态受观测环境或人为干扰明显，动态稳定性极差，观测数据基本不可用，观测质量扣15分。

### 1. 月观测曲线动态特征（5分）

（1）整点值曲线的月动态特征有清晰的规律或动态稳定，给1分；有较清晰的规律或动态相对稳定，给0.5分，无规律的或不稳定者不给分。

（2）动态稳定性：以月观测数据整点值为依据，计算其一阶差分值的标准差（$\sigma$）作为衡量标准。当 $\sigma < 0.01$ 时不扣分；每增加0.001时扣0.1分，扣满4分为止（经落实的异常、同震、震后效应数据除外）。

### 2. 内在质量（10分）

以月整点值曲线图为依据，用一阶差分序列的均方差（$\sigma$）衡量，根据超过3倍 $\sigma$ 的次数评定。若3倍 $\sigma$ 小于0.001℃时，按0.001℃计算，每出现一次超过3倍 $\sigma$ 时，扣0.1分，扣满10分为止。

## 三、日常检查（15分）

### 1. 观测日志（5分）

观测日志必须认真翔实填写。对仪器故障、更换仪器、重启、调零、时钟错误、工作参数错误、成片坏数、停电、雷击、井断流、探头扰动、排水管堵塞、井口改造、人为干扰、观测环境变化、自然现象（风、雨、雪、洪水等）、地震以及其他引起观测数据出现大幅突跳、阶变等异常变化的事件，应有相应的观测日志条目，每缺一个条目，扣0.2分，对事件描述不够详细的，酌情扣0.01～0.05分。观测日志填写错误或对事件描述不准确，出现 1 次扣 0.2 分。

**2. 数据预处理（10 分）**

（1）按照地下流体数字化观测数据预处理办法，对受仪器故障、调零、雷击、人为干扰、更换仪器、时钟错误、工作参数错误、成片坏数等事件影响的错误或故障数据应进行预处理，每缺一次，扣 0.2 分。

（2）只要有原始数据，应生成相应的预处理数据，缺 1 天预处理数据，扣 0.2 分。

# 附录3　水位观测资料全国年评比评分标准（2015版）

## 一、月评比情况（5分）

12个月的评比总分均为优得5分，每出现1个月得良减0.2，每出现1个月得中减0.3，每出现1个月得差减0.4。

## 二、全年观测数据完整率（70分）

12个月的月评比完整率得分的平均值。

## 三、日常维护与档案检查（6分）

（1）仪器的校测与标定（4分）。

漏测1次扣1.0分，具体检查方法与要求见震台函[2007]24号说明；校测不合格，则应送实验室进行标定，没有按规定送实验室进行标定的扣2分（以标定证书为凭）。

（2）工作日志（2分）。

缺少工作日志每天次扣0.4分，工作日志填写不符合要求酌情扣0.1～1分。

## 四、观测质量（20分）

全年的观测数据动态受观测环境或人为干扰明显，动态稳定性极差，观测数据基本不可用，观测质量扣20分。

### 1. 年观测曲线动态特征（5分）

（1）整点值曲线的年动态特征有清晰的规律或动态稳定，给1分；有较清晰的规律或动态相对稳定，给0.5分，无规律的或不稳定者不给分。

（2）以年整点值曲线图为依据，先滤去趋势变化后的标准差（$\sigma$）作为衡量标准。当$\sigma<0.1$时不扣分；每增加0.01时扣0.1分，扣满4分为止（经落实的异常、同震、震后效应数据除外）。

### 2. 观测数据的内在质量（15分）

（1）观测精度＜0.01得13分，每增大0.01扣0.16分。

（2）潮汐因子≥1.00（动水位≥0.80），得2分，每降低0.1（动水位0.05）扣0.02分。

（3）因地震前兆或同震、震后效应、远震效应，造成水位固体潮畸变、观测精度降低不扣分。

## 五、观测月报与资料报送（4 分）

### 1. 月报资料的内容（2 分）

（1）观测月报未按规范要求填写相关内容（省局及台站名称、井（点）名称、井（点）代码、测项名称列表、月报月份及其制作日期、观测人、校对人、主管台长），每缺少或错误一项扣 0.1 分。

（2）月报应包括曲线（整点值及日均值）和观测工作说明。每缺少一项扣 0.2 分。

（3）月报中的观测工作说明应包括数据异常变化、仪器运行状况、观测环境变化等说明信息。

①数据异常变化说明：对数据的突变、阶变、缺数等异常变化进行说明，说明缺少一次扣 0.1 分；说明不够全面、清楚的，每项次扣 0.05 分。

②观测系统运行状况说明：对仪器故障和维修情况，对可能影响观测资料质量和数据动态变化的观测系统变化情况进行说明，未进行说明的，每 1 处扣 0.2 分。

③观测环境变化说明：对可能影响观测资料质量和数据动态变化的观测环境变化情况进行说明，未进行说明的，每 1 处扣 0.2 分。

④月报中的曲线数据与国家前兆台网中心数据库中数据不一致时，发现 1 个扣 0.1 分。

### 2. 资料报送（2 分）

每迟报 1 个月的报送观测资料，扣 0.1 分，每缺报 1 个月的报送资料，扣 0.2 分。

## 六、扣分限定额度

各款项扣分限定在各自的分数额度之内，不再累计连续扣分。

# 附录4　水温观测资料全国年评比评分标准（2015版）

说明：

（1）采用低精度观测仪器观测的浅层水温及浅层地温资料暂不列入本项评比。

（2）未经数字化改造或采用打印取数的观测站（点），均可采用本标准进行观测资料评比。

## 一、月评比情况（5分）

12个月的评比总分均为优得5分，每出现1个月得良减0.2，每出现1个月得中减0.3，每出现1个月得差减0.4。

## 二、全年观测数据完整率（70分）

12个月的月评比完整率得分的平均值。

## 三、日常维护与工作日志（6分）

### 1. 工作日志（4分）

缺工作日志每日扣0.1分，扣完4分为止。

### 2. 日志格式（2分）

填写不规范的每次扣0.1分，扣完2分为止。

## 四、观测质量（20分）

全年的观测数据动态受观测环境或人为干扰明显，动态稳定性极差，观测数据基本不可用，观测质量扣20分。

### 1. 年观测曲线动态稳定性（5分）

（1）整点值曲线的年动态特征有清晰的规律或动态稳定，给1分；有较清晰的规律或动态相对稳定，给0.5分，无规律的或不稳定者不给分。

（2）以年整点值曲线图为依据，先滤去趋势变化后的标准差（$\sigma$）作为衡量标准。当$\sigma < 0.01$℃时不扣分；每增加0.001℃时扣0.1分，扣满4分为止（经落实的异常、同震、震后效应数据除外）。

### 2. 内在质量（15分）

以年整点值曲线图为依据，先滤去趋势变化后均方差，然后根据超过三倍均方差的次数评定。若三倍均方差小于 0.001℃时，按 0.001℃计算。每当有超过三倍均方差的日期，每天扣 0.1 分。

出现超过 3 倍均方差的异常为地震前兆或同震、震后效应、远震效应可不扣分。

地震前兆可参考以下标准：出现三倍均方差的异常之后，在一定时间距离内发生地震时可不扣分。对相关地震的规定是：

①未来 30 天内，震中距 100km 范围内，发生 $M_S$4.0 ~ 4.9 地震。

②未来 60 天内，震中距 300km 范围内，发生 $M_S$5.0 ~ 5.9 地震。

③未来 90 天内，震中距 500km 范围内，发生 $M_S \geqslant 6.0$ 地震。

同震、震后效应、远震效应可参考以下标准：地震发生后 10 天内，出现三倍均方差可不扣分。对相关地震的规定是：

①震中距 100km 范围内，发生 $M_S$4.0 ~ 4.9 地震。

②震中距 300km 范围内，发生 $M_S$5.0 ~ 5.9 地震。

③震中距 500km 范围内，发生 $M_S \geqslant 6.0$ 地震。

④震中距 1000km 范围内，发生 $M_S \geqslant 7.0$ 地震。

⑤全球范围内 $M_S \geqslant 8.0$ 地震。

## 五、观测月报与资料报送（4 分）

### 1. 观测月报（2 分）

（1）观测月报未按规范要求填写相关内容（省局及台站名称、井（点）名称、井（点）代码、测项名称列表、月报月份及其制作日期、观测人、校对人、主管台长），每缺少或错误一项扣 0.1 分。

（2）月报应包括曲线（整点值及日均值）和观测工作说明。每缺少一项扣 0.2 分。

（3）月报中的观测工作说明应包括数据异常变化、仪器运行状况、观测环境变化等说明信息。

①数据异常变化说明：对数据的突变、阶变、缺数等异常变化进行说明，说明缺少一次扣 0.1 分；说明不够全面、清楚的，每项次扣 0.05 分。

②仪器运行状况说明：对仪器故障和维修情况，对可能影响观测资料质量和数据动态变化的观测系统变化情况进行说明，未进行说明的，每 1 处扣 0.2 分。

③观测环境变化说明：对可能影响观测资料质量和数据动态变化的观测环境变化情况进行说明，未进行说明的，每 1 处扣 0.2 分。

④月报中的曲线数据与国家前兆台网中心数据库中数据不一致时，发现 1 个扣 0.1 分。

### 2. 资料报送（2 分）

每迟报 1 个月的报送观测资料，扣 0.1 分，每缺报 1 个月的报送资料，扣 0.2 分。

## 六、扣分限定额度

各款项扣分限定在各自的分数额度之内，不再累计连续扣分。

# 参考文献


艾伦 CR.1984. 红河断裂的第四纪活动研究（一）. 韩源，张步春译 . 地震研究，7（1）：39 ~ 51.

安可士，张锡要，何世春等 .1980. 羊八井地热田地球化学特征 . 水文地质工程地质，(1）：14 ~ 16.

鲍列夫斯基 Л В，巴尔马良 FC，库列科夫 TB. 1989. 水文地质概述 . 见 КозловсийЁА 主编 . 科拉超深钻探，189 ~ 199. 张秋生主译 . 北京：地质出版社 .

蔡祖煌，石慧馨 .1980. 地震流体地质学概论 . 北京：地震出版社 .

车用太，陈建民等 .1995. 地震地下流体观测技术 . 北京：地震出版社 .

车用太，谷元球，鱼金子 . 2002a. 昆仑山口西 $M_S$8.1 级地震前地下流体远兆异常及其意义 . 地震，22（4）：106 ~ 113.

车用太，孔令昌，陈华静等 .2002b. 地下流体数字观测技术 . 北京：地震出版社 .

车用太，李一兵 .1989a. 朝鲜的地震地下水动态观测 . 地震地质译丛，11（3）：61 ~ 63.

车用太，刘五洲，颜萍等 .2004. 三峡井网地下流体动态在水库蓄水前后的变化 . 大地测量与地球动力学，24（2）：14 ~ 22.

车用太，刘五洲，鱼金子 .1998a. 地壳流体与地震活动关系及其在强震预测中的意义 . 地震地质，20（4）：431 ~ 442.

车用太，刘五洲，鱼金子等 .2000a. 板内强震的中地壳硬夹层孕震与流体促震假说 . 地震学报，22（1）：93 ~ 101.

车用太，刘五洲，鱼金子等 .2003a. 井水位对地壳应力 – 应变响应灵敏度的研究 . 地震，23（3）：111 ~ 119.

车用太，刘喜兰，姚宝树等 .2003a. 首都圈地区井水温度的动态类型及其成因分析 . 地震地质，25（3）：403 ~ 420.

车用太，王广才，刘五洲等 .2002c. 关于发展我国地下流体前兆流动观测问题的建议 . 国际地震动态，(11)：1 ~ 6.

车用太，王基华，林元武 .1998b. 张北—尚义地震的地下流体异常及其跟踪预报 . 地震地质，20（2）：99 ~ 104.

车用太，王基华，鱼金子等 .2001. 延怀盆地上地壳热流体特征及其与地震活动的关系 . 地震地质，23（1)：49 ~ 51.

车用太，王吉易，黄辅琼 .1999a. 张北地震地下流体异常变化 . 见：张国民主编 . 一九九八年张北地震，第五章 . 北京：地震出版社 .

车用太，杨会年，尹嘉标等 .1989b. 不同温压条件下饱水砂岩的变形破坏与孔隙压力关系的实验研究 . 中国地震，5（1）：9 ~ 16.

车用太，鱼金子，高维安 .1997a. 唐山地震前兆场形成与演化的坚固体膨胀 – 热物质涌落（DR）模式 . 见：国家地震局地质研究所 . 地震监测预报的新思路与新方法，10 ~ 23. 北京地震出版社 .

车用太，鱼金子，黄振义等 .1994. 唐山地震地下水位前兆场的特征及其形成与演化模式 . 地震，（增刊）：33 ～ 39.
车用太,鱼金子,刘成龙等 .2006. 地震台站建设规范——地下流体台站(DB/T 20—2006),中国地震局发布 .
车用太，鱼金子，刘春国 .1996. 我国地震地下水温度动态观测与研究 . 水文地质工程地质，(4)：34 ～ 37.
车用太，鱼金子，刘五洲 .1997b. 地下流体源兆、场兆、远兆及其在地震预报中的意义 . 地震，17（3）：283 ～ 289.
车用太，鱼金子，刘五洲 .1999b. 地壳放气动态监测与张北—尚义 $M_S$6.2 级地震预报 . 地质评论，45（1）：59 ～ 65.
车用太，鱼金子，刘五洲 .1999c. 张北—尚义地震的地下流体异常场及其成因分析 . 地震学报，21（2）：194 ～ 201.
车用太，鱼金子，刘五洲等 .2002d. 三峡井网的布设与观测井建设 . 地震地质，24（3）：423 ～ 431.
车用太，鱼金子，刘五洲等 .2002e. 三峡井网地下水动态观测技术系统 . 地震地质，24（3）：435 ～ 444.
车用太，鱼金子，马志峰等 .1997c. 矿井及其深井水位的异常响应 . 地震，17（1）：61 ～ 66.
车用太，鱼金子，王广才 .2002f. 关于前兆台阵的概念及地下流体前兆台阵建设方案讨论 . 国际地震动态，（9）：1 ～ 4.
车用太，鱼金子，张大维 .1993. 降雨对深井水位动态的影响 . 地震，（4）：8 ～ 16.
车用太，鱼金子，张淑亮等 .2002g. 山西朔州井水位的“前驱波”记录及其初步分析 . 地震学报，24（2）：210 ～ 216.
车用太，鱼金子 .1991. 试论地下水流量观测的重要性 . 地震，（5）：74 ～ 77.
车用太，鱼金子 .1992. 我国大陆东部地区中强震前水位异常的统计特征 . 地震地质，14（1）：23 ～ 31.
车用太，鱼金子 .1995. 地震地下流体物理化学动态形成的基础理论研究 . 国际地震动态，（12）：7 ～ 12.
车用太，鱼金子等 .1998. 关于天津双桥井“蠕变”水位异常问题的讨论 . 地震，18（3）：313 ～ 318.
车用太，朱清钟 .1986. 汤坑水压致裂试验的井孔水位动态观测与研究 . 地震，（6）：9 ～ 17.
车用太 .2002h. 关于地震预测问题的八点思考 . 国际地震动态，（8）：19 ～ 23.
车用太等 .1984. 岩体工程地质力学入门 . 北京：科学出版社 .
车用太等 .2000b. 地震前兆异常落实工作指南 . 北京：地震出版社 .
陈春权 .2006. 谈电磁流量计的安装、使用及常见故障 . 中国农村水利水电，（3）：47 ～ 48.
国家发展改革委员会 .2002. 工程勘察设计收费标准 . 北京：中国物价出版社 .
何安华，汪成国，李晓东等 .2014. 新疆温泉井水温梯度观测实验及结果分析 . 大地测量及地球动力学，34（1）：51 ～ 54.
何安华，赵刚，薛娜等 .2009. 沙河地震台地热对比观测分析 . 大地测量及地球动力学，29（4）：51 ～ 54.
蒋风亮，李桂茹，王基华等 .1989. 地震地球化学 . 北京：地震出版社 .
刘耀炜，陈华静，车用太 .2006. 我国地下流体观测研究 40 年发展与展望 . 国际地震动态，（7）：3 ～ 12.
刘跃，翟华表，王秀辰等 .2007. 极 5 井流量与动水位的对应关系 . 防震减灾科技学报，9（4）：56 ～ 58.

马文娟，何案华，曹开等 .2010.“九五”前兆仪器与“十五”前兆管理系统的整合 . 地震研究，33（4）：360 ～ 364.

漆贯荣，王蒲风，周绍祥等 .1983. 理科常用数据手册 . 西安：陕西人民出版社 .

全国地震标准化技术委员会 .2004. 中华人民共和国国家标准：地震台站观测环境技术要求（GB/T1951.4—2004）. 北京：中国国家标准化管理委员会发布 .

全国地震标准化技术委员会 .2006. 中华人民共和国地震行业标准：地震台站建设技术规范 . 地下流体台站水位和水温观测台站（DB/T 20.1—2006）. 北京：中国地震局发布 .

全国地震标准化技术委员会 .2012. 中华人民共和国地震行业标准：地震地下流体观测方法 . 井水和泉水流量观测（DB/T 50—2012）. 北京：中国地震局发布 .

全国地震标准化技术委员会 .2012. 中华人民共和国地震行业标准：地震地下流体观测方法 . 井水和泉水温度观测（DB/T 49—2012）. 北京：中国地震局发布 .

全国地震标准化技术委员会 .2012. 中华人民共和国地震行业标准：地震地下流体观测方法 . 井水位观测（DB/T 48—2012）. 北京：中国地震局发布 .

沈照理，刘光亚，杨成田等 .1985. 水文地质学 . 北京：科学出版社 .

舒优良，张世民，燕不渝 .2003. 周至深井流量观测数字化技术改造及应用 . 地震地磁观测与研究，24（2）：53 ～ 57.

唐九安 .1999. 计算固体潮潮汐参数的非数字滤波调和分析方法 . 地壳形变与地震，19（1）：

汪成国，赵刚，高守权等 .2012. 新 30 井不同深度下的水温观测试验及其结果 . 地震，32（3）：37 ～ 46.

汪新文等 .1999. 地球科学概论 . 北京：地质出版社 .

王大纯，张人权，史毅虹等 .1995. 水文地质学基础 . 北京：地质出版社 .

王道，许秋龙，陈玲等 .1999. 新疆地下热水特征及其与地震活动的关系 . 地震地质，31（1）：58 ～ 62.

王海涛，贾秀玲，岳力 .2013. 水位潮汐因子异常变化与地震活动关系的分析 . 防震减灾学报，29（1）：55 ～ 58.

王建刚 .2000. 数字量水堰 . 河海大学学报，28（2）：85 ～ 87.

夏帮栋 .1995. 普通地质学 . 北京：地质出版社 .

许秋龙，陈化静 .2006. 地下流体数字化改造中几个技术性问题的探讨 . 地震，26（1）：107 ～ 114.

许秋龙，王道 .2001. 地下流体数字化观测条件和技术研究，内陆地震，15（1）：39 ～ 48.

许秋龙 .2009. 新疆地下流体数字化改造项目中的几个特点 . 内陆地震，23（2）：160 ～ 165.

燕金刚 .2005. 超声波流量计及在测量中应注意的几个问题 . 中国仪器仪表，（9）：112 ～ 114.

赵刚，何案华，马文娟等 .2011. 不同动态背景的地热对比观测研究 . 地震学报，33（1）：1 ～ 11.

周广川，胡伏生，何江涛等 .2014. 地下水科学概论（第二版）. 北京：地质出版社 .

周华兴，迟宝友，迟杰等 .2003. 规范《薄壁矩形量水堰》的设计与应用 . 水道港口，20（1）：26 ～ 30.

# 后　记

《地震地下水物理动态观测方法》即将付梓，实现了近年来笔者的心愿。撰写这本书的起因是笔者与现任地下流体学科技术协调组、管理组组长刘耀炜研究员共同承担了地震行业科研专项课题《地下流体物理观测方法技术标准研究(200708019)》工作，笔者承担了地下水物理动态观测实验和方法验证工作，获得了一些新的观测结果和认识。同时，笔者长期从事地下流体物理和化学观测技术方法研究，积累了一些经验，希望与从事地下流体监测预报工作的同仁共享这些成果。另外，本书也可作为《地下流体观测方法　井水位观测（DB/T 48—2012)》《地下流体观测方法　井水和泉水温度观测（DB/T 49—2012)》《地下流体观测方法　井水和泉水流量观测（DB/T 50—2012)》三个地震行业标准的宣贯材料供读者参考。

本书除基本知识内容外，主要介绍了观测实验获得的一些结果。如开展了动水位观测井孔泄流装置试验，确定了震荡作用、水中气泡对副管影响程度，确定了副管连接方式、副管长度等一些关键技术指标；开展了井水位观测仪器校测方法试验，进行了模拟和数字化仪器对比试验，确定数字式水位仪校测最小间隔时间。进行了观测环境、探头位置、井孔水文地质条件分析，梳理出直接影响井水温观测资料质量的环节和因素，并提出了提高观测质量的方法。进行了不同类型井孔温度梯度观测对比试验，对探头放置位置提出具体指标。从通用的 1 种流量观测方法和测量仪器中，通过调研和实验选择了 5 种类型仪器进行了试验分析，确定了 4 种适合地下水流量观测的仪器类型等。尽管这些试验结果和结论还有待进一步深入研究，但目前的成果对观测技术人员提高地下水物理动态观测资料质量仍具有指导与参考意义。

本书的出版首先感谢地震行业科研专项课题提供的研究机会，使笔者能够将一些不成熟的想法通过试验工作进行验证，并将一些观测结果和认识总结在本书中。本书的试验工作得到新疆维吾尔自治区地震局地下水研究中心同仁的大力支持，高小其、朱成英、汪成国、李晓东、李新勇、王新刚、高守泉、周欣等同志参加野外观测试验和学术讨论，为本书的完成奠定了基础。感谢地下流体学科组原组长车用太研究员，为本书的成稿提供了大量基础资料和图件。感谢刘耀炜研究员在合作工作中给予的帮助和指导，并审阅本书提出了中肯的修改建议。几经补充完善，本书得以成形，但由于本人知识面有限，对一些科学问题的认识尚显肤浅，难免存在错误与不足，恳请读者批评指正。

作者

2016 年 9 月